中生代三疊紀

爬蟲類的興起

1. 年代   2億5217萬年前～2億130萬年前
2. 時代名稱的由來   因為歐洲這時期的地層好像分成三疊似的
3. 插圖舞台   阿根廷的伊斯基瓜拉斯托
4. 代表的展示博物館   聖胡安大學自然科學博物館（阿根廷）

大約在 2 億5217萬年前，一般所說的「恐龍時代」——中生代（Meozoic）拉開了序幕。這是在古生代末發生的生命史上最大滅絕事件後餘生的生物大為繁榮的時代。

中生代可分為：「三疊紀」（Triassic Period）、「侏羅紀」（Jurassic）、「白堊紀」（Cretaceous）三個時期。插圖所繪為中生代最早的時期——三疊紀，大約2億3000萬年前的光景。舞台為代表性化石產地，阿根廷的伊斯基瓜拉斯托（Ischigualasto）。

這個時期最醒目的就是稱為主龍類（學名：Archosauria）的爬蟲類興起。所謂主龍類是鱷類跟恐龍類所屬之爬蟲類中的一支。插圖中央所繪的就是代表該時期，體長達 7 公尺的巨大主龍類「蜥鱷」（學名：Saurosuchus）。乍看下，蜥鱷好像是巨大而且肉厚的鱷類。但是牠的四肢不像現生鱷類突出於軀體側面，而是往軀體下方延伸。因此，據推測，牠與現生鱷類不同，應該能夠快速奔跑。此外，在遠離水濱的內陸昂首闊步，是牠與現生鱷類最大的不同之處。蜥鱷家族成員最終演化為現生的鱷類。

與蜥鱷競爭的是一種肉食性恐龍，名為「黑瑞龍」（學名：Herrerasaurus），牠也是主龍類的一支。後來，甚至還出現體長超過10公尺的恐龍種類，不過這個時期體型最大的恐龍，差不多只有 3～4公尺。

另一方面，在牠後面可以見到身影的是一種「二齒獸」（學名：Dicynodon），牠的家族成員之一最後演化為哺乳類。

三疊紀的陸上是鱷類和恐龍的祖先、哺乳類的祖先相互競爭拓展開來的時代。經過這個時期，最後構築出恐龍興盛繁榮的時代。

蜥鱷
主龍類

黑瑞龍
獸腳亞目（恐龍：主龍類）

人人伽利略系列02

徹底瞭解恐龍的種類、生態和演化！

恐龍視覺大圖鑑

830種恐龍資料全收錄

人 人 出 版

人人伽利略系列02

徹底瞭解恐龍的種類、生態和演化！

恐龍視覺大圖鑑

1 徹底復原！ 112種恐龍

協助 小林快次／林 昭次／藤原慎一

2 恐龍學的最新研究

協助 小林快次／菲利普・柯里（Philip J. Currie）

恐龍的生活

協助　小林快次／齋木健一／Kenneth Carpenter ／真鍋 真／
平山 廉／林 昭次／大橋智之／藤原慎一

恐龍時代的生死對決

協助　小林快次／齋木健一／佐藤たまき／小西卓哉／平山 廉／對比地孝亘

資料篇 830種恐龍資料

序言
恐龍時代

協助　小林快次／齋木健一

恐龍時代約開始於 2 億3000萬年前，在大約 1 億6000萬年的時間內繁盛一時。本書以插畫還原各不同種類的恐龍面貌。在序言中，將介紹恐龍繁盛時期──中生代的「三疊紀」、「侏羅紀」、「白堊紀」分別是什麼樣的時代，現在就讓我們去看看吧！

中生代三疊紀
中生代侏羅紀
中生代白堊紀

二齒獸的一種
（單弓類）

異平齒龍（學名：Hyperodapedon）
主龍類

中生代侏羅紀

巨型恐龍的時代

1. 年代　　　　　　　2億130萬年前～1億4500萬年前
2. 時代名稱的由來　　源自法國的侏羅山脈（Jura Region）
3. 插圖舞台　　　　　中國的準噶爾盆地（Dzungaria）
4. 代表的展示博物館　日本福井縣立恐龍博物館

　　緊接著三疊紀之後的中生代第二個紀，即為「侏羅紀」。眾所周知的，這是個「恐龍時代」。三疊紀出現的恐龍到了這個時代，衍生出大量的新種。

　　這個時代的恐龍中，最引人注目的是一種稱為「蜥腳類」（學名：Sauropoda），以蕨類和種子植物的葉為食的巨型植食性恐龍。體長20公尺以上的種類不少，全世界各地都發現到牠們體型巨大的化石。插圖為中國大陸西北部準噶爾盆地的當時復原情景圖。

　　成群結隊的巨型恐龍是一種名為「馬門溪龍」（學名：Mamenchisaurus）的蜥腳類恐龍，體長約35公尺，是世界上最大型的恐龍之一。而牠的頸部占全身長度的一半。根據近年來的研究，蜥腳類很難將頸部抬高去吃高處的樹葉，科學家認為牠們會將脖子伸長，左右移動，以便吃到更廣範圍的植物。

　　雖然牠們是極大型的恐龍，但是如果因為生病或受傷而變得非常衰弱時，也許也會成為小型肉食性恐龍的獵物。在插圖中繪出與馬門溪龍一起奔跑，伺機而動的獸腳類（學名：Theropoda）肉食性恐龍「冠龍」（學名：Guanlong）。冠龍的體長不足4公尺，是一種小型恐龍，屬於在後來時代中，君臨恐龍世界之頂點的暴龍類（學名：Tyrannosauridae）。冠龍是至今所發現、報告的恐龍中，最為古老的暴龍類恐龍。

　　另一方面，在插圖的後方被大型恐龍追著跑，長得像鴕鳥般的恐龍是一種稱為「泥潭龍」（學名：Limusaurus）的獸腳類恐龍。雖然是獸腳類，不過從牠沒有牙齒等特徵來看，科學家認為牠們是植食性恐龍。由於前肢指頭的特徵（隻數等）跟現生鳥類十分相似，因此被認為是證實鳥類之恐龍起源說的材料。

　　有形形色色的恐龍出現，構築出恐龍時代的侏羅紀。它的繁榮就由接下來的白堊紀傳承了下去。

泥潭龍
獸腳類

中華盜龍
（學名：Sinr
獸腳類

冠龍
獸腳類

馬門溪龍
蜥腳類

9

最後的恐龍時代

1. 年代　　　　　　　1億4500萬年前～6600萬年前
2. 時代名稱的由來　　源於該時代的歐洲地層因為石灰質的關係呈白色
3. 插圖舞台　　　　　阿拉斯加的德納里國家公園和保護區（Denali National Park and Preserve）
4. 代表的展示博物館　白堊紀的化石在全世界各地的自然博物館多有展示

　　大約在 2 億5217萬年前中生代展開時，所有的大陸都聚集在一起，形成盤古大陸（Pangea）。其後，大陸逐漸分裂，到了白堊紀，大陸的配置差不多就跟現在一樣了。

　　就一般所知，白堊紀是個溫暖的時代。據研究，在這樣的溫暖氣候下，從侏羅紀持續發展起來的恐龍黃金時代變得更為穩固。插圖所描繪的是白堊紀晚期的阿拉斯加。雖然說白堊紀相當溫暖，不過當時阿拉斯加的位置跟現在差不多在相同緯度（大約北緯65度），因為高緯度的關係，日照時間少，因此氣候絕對談不上「一年到頭都是溫暖的」。但是根據近年來的調查，已經陸續闡明即使在氣候嚴峻的阿拉斯加，也有各式各樣的恐龍棲息在這裡。

　　位在插圖中央的是體長約 5 公尺的肉食性恐龍「白熊龍」（屬名：Nanuqsaurus），是屬於獸腳亞目暴龍科的恐龍，跟雷克斯暴龍（學名：*Tyrannosaurus rex*）相較，體積比較小，重量也比較輕。現在大家都知道白堊紀出現各式各樣種類的暴龍家族成員，牠們在世界各地的生態系中，都站在頂點的位置。而圖中一群正在逃離白熊龍的是蜥腳類植食性恐龍──埃德蒙頓龍（學名：Edmontosaurus）以及屬於角龍類的厚鼻龍（學名：Pachyrhinosaurus）。此外，已經確認還有許多不同種類的恐龍棲息在這裡。

　　現在，北美洲和亞洲間隔著白令海峽（Bering Strait），但是在白堊紀當時，斷斷續續出現的「白令陸橋」讓兩邊的大陸相連，阿拉斯加成為北美洲的門戶。藉由今後的研究，我們將能夠闡明是什麼樣的恐龍棲息在這個門戶，也能夠知道牠們是否經過這裡擴展到其他地區。

　　歷經 1 億5000萬年以上盛極一時的恐龍，屬於牠們的時代卻在6600萬年前閉幕了。目前推測可能跟巨大的隕石撞擊有關。

埃德蒙頓龍
蜥腳類

白熊龍
獸腳類

厚鼻龍
角龍類

11

1

徹底復原！
112種恐龍

協助 小林快次／林 昭次／藤原慎一

在長達 1 億6000萬年的恐龍時代，恐龍完成了多種多樣的演化。從長年的化石研究等，古生物學家將恐龍分成多個族群。在Part1中，將根據恐龍分類逐一介紹。針對為人熟知的暴龍、三角龍等代表性恐龍，將同時刊載「骨骼復原」和「生物形態復原」的精美插圖。另外，除了介紹這些恐龍的模式種之外，也會以插圖介紹同族群的其他物種。

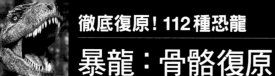

暴龍：骨骼復原

以強而有力顎部傲視群雄的超級肉食性恐龍——暴龍

在Part1中，我們將透過3D電腦繪圖方式重建代表性恐龍的「骨骼復原圖」和「生物形態復原圖」，並同時介紹恐龍真實多彩的全貌以及有關恐龍的最新研究。第一個登場的主角是知名度與受歡迎程度皆相當高，又名霸王龍的暴龍，希望您在閱讀骨骼復原圖（右邊）和生物形態復原圖（16～17頁）的同時，也能享受恐龍世界的樂趣。在18～19頁，

也將會針對暴龍類的成員與鳥類之間的關係進行解說。

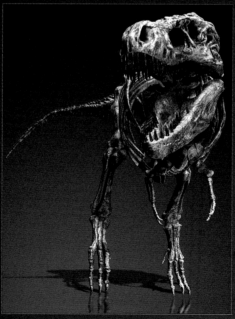

呈現即將起跑姿態的暴龍全身骨骼復原圖。目前科學家尚未找齊完整的暴龍全身骨架化石，因此通常會參考現生爬蟲類的骨骼等進行補足復原。

暴龍：生物形態復原

擁有高性能的鼻子、顎部、牙齒……。
一旦被牠聞到，連骨頭都會被吞食

■學　　名：*Tyrannosaurus rex*
■學名意義：暴君蜥蜴
■推估體長：約 12 公尺（體高約 4 公尺）
■推定體重：約 6 公噸
■生存年代：7060 萬年前～6600 萬年前左右
■棲息區域：北美。有溼潤森林的平原

在19世紀末，位於紐約的美國自然史博物館開始正式蒐集恐龍的化石。該館的古生物學者奧斯本（Henry Fairfield Osborn）派遣著名的化石獵人——布朗（Barnum Brown）到國內外到處搜尋生物化石，而布朗也果然不負所託接二連三地採集到了恐龍和哺乳類的化石。

1902年，布朗在美國蒙大拿州荒野發現了露出於山丘斜面的骨骼化石。當他們挖掘地面，清除砂石，並逐漸慢慢切割化石時，發現那裡有目前為止所未見過的恐龍化石。之後奧斯本趕緊對布朗攜回的標本進行研究，並且在1905年所發表的論文中將其命名為「雷克斯暴龍」（學名：*Tyrannosaurus rex*，以下簡稱暴龍）。在1915年時，史上第一個暴龍全身骨架復原標本首次完成。

雖然暴龍的化石從以前開始就一直深受注目，但事實上，至1980年代為止，所記錄的標本中，全身化石保存率最高的也只有48％，幾乎所有標本化石保存率都在30％以下。

到了1990年，出現了可使暴龍研究突飛猛進的一大發現。那就是在美國南達科他州荒野進行恐龍化石調查的民間研究所，發現了露出山崖壁面的暴龍脊椎骨（背骨的一部分）化石。該化石的標本即以該發現者，亦即女性古生物學家韓卓克森（Susan Hendrickson）的名字命名，暱稱為「Sue」。Sue的骨骼化石保存率實際大約達73％，是目前為止的標本中最佳者，至今仍未能發現比Sue更優質的標本。

到了現在，我們已經逐漸了解暴龍的一些詳細生態，例如牠們擁有非常強而有力的顎部以及靈敏的嗅覺等。暴龍在肉食性恐龍中可說是最「強壯」者，因此也被稱為「超級肉食性恐龍」。

靈敏的嗅覺

透過電腦斷層掃描（CT scan）拍攝顱骨內容納腦部的空間，即可推估出腦部的形狀。分析暴龍顱骨化石的結果，發現跟身體的大小相較，與嗅覺有關，稱為「嗅球」（olfactory bulb）的這個部位非常巨大，因此古生物學家認為暴龍擁有敏銳的嗅覺。

連獵物骨頭一起咬碎吞食

古生物學家認為暴龍的頭部骨頭比起其他「獸腳亞目」（學名：Theropoda，請參考18～37頁）更為強壯，並且有大塊肌肉附著。此外，根據推算結果，其咬合力（施加在單1根後面牙齒的力）最大達6公噸，因此暴龍疑似會連獵物的骨頭也都咬碎吞食到肚子裡去。

再者，暴龍的牙齒相當粗厚，邊緣像鋸齒般凹凸不平。據表示，這個像鋸齒般凹凸的結構可以協助暴龍撕裂獵物的肉塊。

利用前肢支撐身體站起來

與巨大的身軀相比，暴龍的前肢可說極為短小。古生物學家認為暴龍的前肢很難作為制伏獵物等用途使用。而另一方面，近年來，在經由考量骨骼的可活動範圍和肌肉的附著方式後所進行的模擬結果，推測暴龍應該是從蹲下姿勢利用前肢支撐身體站起來。

🪐 有羽毛嗎？

在2012年時有報告表示，比雷克斯暴龍更具祖先特徵的暴龍家族成員「華麗羽暴龍（學名：*Yutyrannus huali*，意即有美麗羽毛的暴君）的成體化石有羽毛的痕跡。該化石是在中國發現的，推估體長約達9公尺。自此以後，在基於「其他的大型暴龍成員也可能長有羽毛」的想法下，有時描繪暴龍時，會在背側和尾巴部位添加羽毛。由於雷克斯暴龍本身並未經確認有羽毛，因此這裡顯示的是沒有羽毛的傳統復原圖。

17

代表性的獸腳類

歷史最悠久，演化成為鳥類的一大族群──獸腳類

雷克斯暴龍是代表「暴龍類（暴龍超科）」（學名：Tyrannosauroidea）的有效模式種。暴龍類不是只有雷克斯暴龍而已，還有其他幾種近親種也是屬於暴龍類。

包括暴龍類在內的所有肉食性恐龍都包含於「獸腳類」（獸腳亞目）中。獸腳類主要是二足步行，係構成具有與蜥蜴類似骨盤（也稱骨盆）形狀的「蜥臀目」（蜥臀類，學名：Saurischia）的類群之一。獸腳類中也有一小部分是植食性的種類或是雜食性種類。

1996年時，首度出現了「有羽毛恐龍」（feathered dinosaurs）的報告。該種有羽毛恐龍也是屬於獸腳類。從這次報告後，有關各種獸腳類的化石中有羽毛或羽毛痕跡的報告也陸陸續續出現。結果現在大部分的獸腳類復原圖中，姑且不論長短、大小，大多數的獸腳類恐龍都會被描繪成帶有羽毛的模樣。

獸腳類的代表性恐龍

恐龍的兩大類群是包含三角龍類（學名：Triceratops）在內的「鳥臀目（也稱鳥盤目）」（學名：Ornithischia）以及分成獸腳亞目和蜥腳形亞目的「蜥臀目」。本頁將介紹獸腳亞目（如下①～⑭的分支圖，離越近表示親緣關係越近）的代表性種類。

分支圖

蜥腳形亞目 ①原始獸腳亞目 ②角鼻龍下目 ③斑龍科 ④棘龍科 ⑤異特龍科 ⑥美頜龍科 ⑦暴龍科 ⑧似鳥龍下目 ⑨鐮刀龍科 ⑩阿瓦拉慈龍科 ⑪偷蛋龍科 ⑫傷齒龍科 ⑬馳龍科 ⑭鳥類

鳥臀目 蜥臀目

似鳥龍　鐮刀龍　暴龍　比較大

人類（身長160公分）

中華龍鳥　虛形龍　食肉牛龍　異特龍　棘龍

m　0　1　2　3　4　5　6　7　8　9　10　11　12　13　14

虛形龍屬（①）／ *Coelophysis*

虛形龍又稱腔骨龍，為原始獸腳類的一種。生活在約2億年前的世界各大區域，行動極為敏捷。

■推估體長：2～3公尺
■推估體重：15～25公斤左右
■生存年代：2億年前左右
■發現地區：北美洲、非洲

棘龍屬（④）／ *Spinosaurus*

棘龍為獸腳類中最大型者，一般認為它是以魚類為食。此外，本復原圖中的脊柱排列方式以及腳部的結構皆是根據近年來發表的水棲說所繪製的。

■推估體長：14公尺
■推估體重：10公噸
■生存年代：1億年前左右
■發現地區：北非

食肉牛龍屬（②）／ *Carnotaurus*

食肉牛龍又名牛龍，屬於角鼻龍下目（學名：Ceratosauria）。具有前肢短小、眼睛上方長有「角」以及頭部較短等特徵。

■推估體長：7.5公尺
■推估體重：2公噸
■生存年代：7500萬年前左右
■發現地區：南美洲

異特龍屬（⑤）／ *Allosaurus*

異特龍被認為是在約1億5000萬年前陸地上「最強大」的動物。據表示，異特龍可以利用前肢銳利的爪子獵捕與自己體型差不多大小的獵物。

■推估體長：9公尺
■推估體重：2公噸
■生存年代：1億5000萬年前左右
■發現地區：北美洲

追溯演化過程，發現大量「似鳥特徵」

就目前所了解的範圍，獸腳類是最早的恐龍族群之一。在距今約 2 億3000萬年前（中生代三疊紀晚期）所出現的早期恐龍中，就已經有包含一種獸腳類的恐龍了。

獸腳類也包含一些較為晚近，歷史算「新」的種類。鳥類是恐龍殘存的後代，亦即是獸腳類的同類。換句話說，在距今6600萬年前，當其他的恐龍都滅絕時，唯有獸腳類保住鳥類這點「血脈」。

從「恐龍演化為鳥類」的觀點來看，或許即可輕易看出獸腳類中各種類恐龍與鳥類的關聯性。亦即我們可從獸腳類恐龍，窺視出諸如翅膀、卵、生態等鳥類各種特徵的演化過程。

例如，經確認結果，已經證實前面所提到過的最早期獸腳類恐龍中，也有與鳥類一樣，具有骨骼出現空洞化現象

的恐龍種類。比暴龍親緣關係更接近鳥類的「似鳥龍下目（又稱似鳥龍類）」（學名：Ornithomimosauria），暫且不論其個體是否可以飛行，但經確認的結果，化石有翅膀的痕跡。然而由於幼體並未發現有翅膀痕跡，因此學者認為早期的翅膀並不是用來飛行的，而是發展用來求偶之用。在比似鳥龍下目親緣關係又更接近鳥類的「偷蛋龍科」（學名：Oviraptoridae）中，有發現抱卵姿態的化石。據表示，該姿態與現生鳥類極為類似。偷蛋龍類的卵形狀呈上下對稱的橢圓形，但與鳥類親緣關係又更接近的「傷齒龍科」（學名：Troodontidae）的卵則是呈上部較大，下部較小的非對稱形（所謂的蛋形）。在獸腳類恐龍中，與鳥類親緣關係越近的種類，其「似鳥性」也就越強。

在獸腳類恐龍中，不僅有暴龍代表的「強者演化」之路外，也可從中看出「鳥類的演化」。

華龍鳥屬（⑥）／ *Sinosauropteryx*

華龍鳥屬為美頜龍科（學名：Compsognathidae）中的一屬，是世界上一個被發現有羽毛的恐龍。從頸部到尾巴都長有羽毛，尾巴為紅褐色，呈明暗條紋模樣。

■推估體長：1公尺
■推估體重：1公斤
■生存年代：1億2000萬年前左右
■發現地區：東亞

龍（⑦）／ *Tyrannosaurus*

龍是獸腳類中，最高度演化為肉食性的恐龍。

■推估體長：12公尺
■推估體重：6公噸
■生存年代：6600萬年前左右
■發現地區：北美洲

鳥龍屬（⑧）／ *Ornithomimus*

鳥龍擁有細長的頸部和喙狀嘴，是又稱為「鴕鳥恐龍」「似鳥龍類」（似鳥龍下目）的模式種。擁有翅膀。

■推估體長：3.5公尺
■推估體重：200公斤
■生存年代：7300萬年前左右
■發現地區：北美洲

鐮刀龍屬（⑨）／ *Therizinosaurus*

鐮刀龍擁有帶著利爪，長達3.5公尺的手臂。被認為可能是屬於植食性恐龍。

■推估體長：10公尺
■推估體重：5公噸以上
■生存年代：7000萬年前左右
■發現地區：東亞

伶盜龍屬（⑬）／ *Velociraptor*

伶盜龍是馳龍類（學名：Dromaeosauridae）中的一屬。馳龍類與偷蛋龍類和傷齒龍並列為最接近鳥類的恐龍種類。在伶盜龍的後肢的第二個腳趾上長有大型的鐮刀狀趾爪。

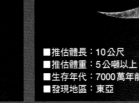

■推估體長：2公尺
■推估體重：25公斤左右
■生存年代：7800萬年前左右
■發現地區：東亞

始祖鳥屬（⑭）／ *Archaeopteryx*

傳統對鳥類的定義是以始祖鳥為起點，具有其衍生特徵者。

■推估體長：50公分
■推估體重：500公克
■生存年代：1億4800萬年前左右
■發現地區：歐洲

其他的獸腳類

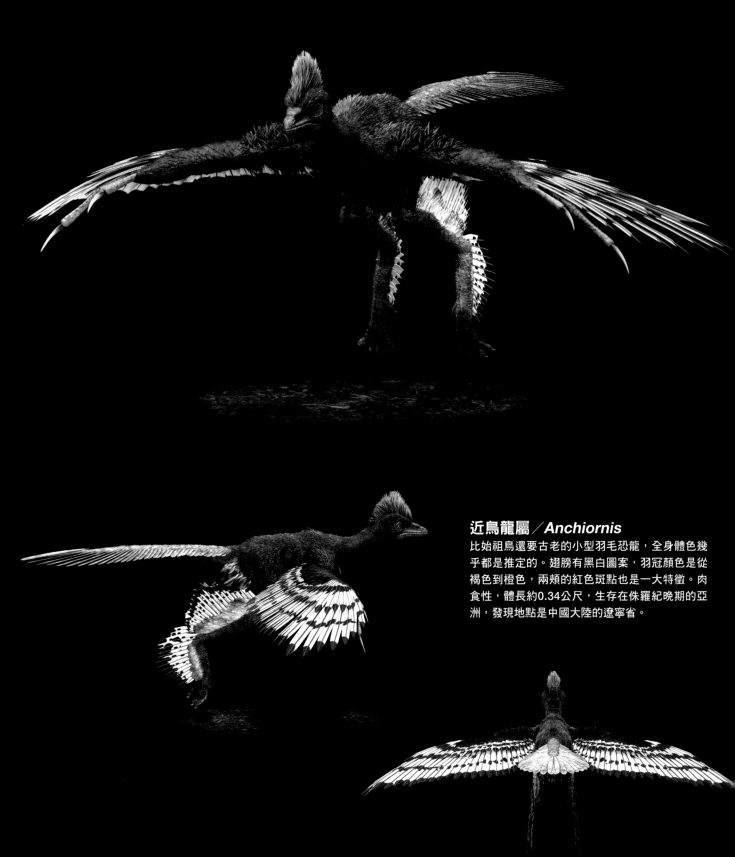

近鳥龍屬／*Anchiornis*

比始祖鳥還要古老的小型羽毛恐龍，全身體色幾乎都是推定的。翅膀有黑白圖案，羽冠顏色是從褐色到橙色，兩頰的紅色斑點也是一大特徵。肉食性，體長約0.34公尺，生存在侏羅紀晚期的亞洲，發現地點是中國大陸的遼寧省。

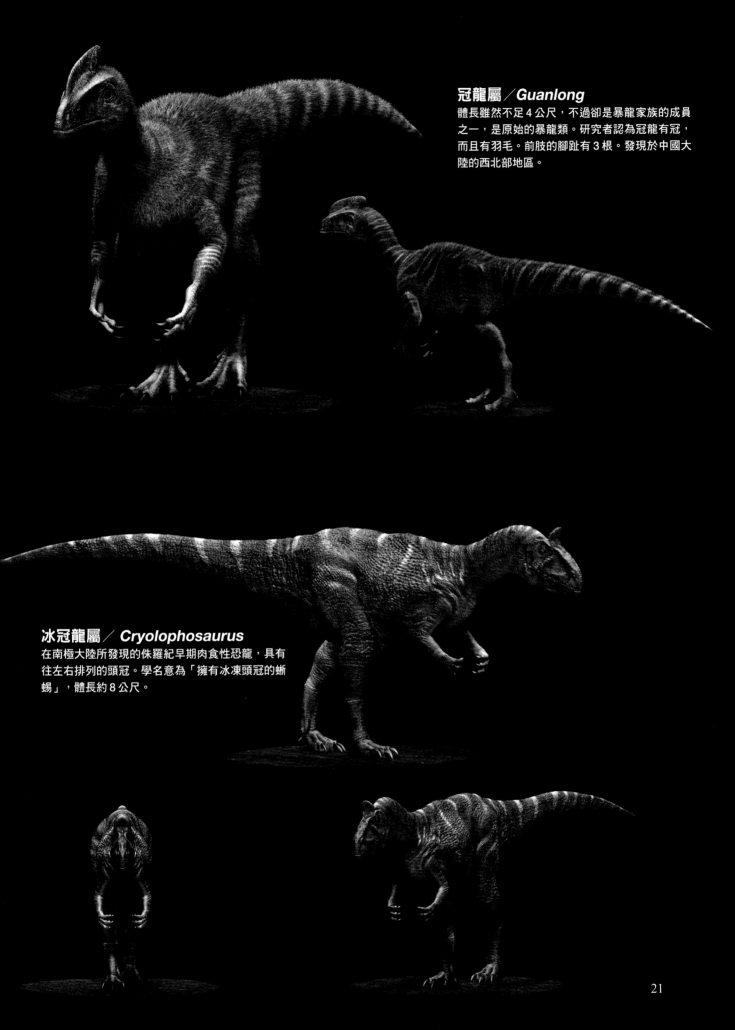

冠龍屬／*Guanlong*

體長雖然不足 4 公尺，不過卻是暴龍家族的成員之一，是原始的暴龍類。研究者認為冠龍有冠，而且有羽毛。前肢的腳趾有 3 根。發現於中國大陸的西北部地區。

冰冠龍屬／*Cryolophosaurus*

在南極大陸所發現的侏羅紀早期肉食性恐龍，具有往左右排列的頭冠。學名意為「擁有冰凍頭冠的蜥蜴」，體長約 8 公尺。

其他的獸腳類

美頜龍屬／*Compsognathus*

體長僅約70公分，是非常小型，也是最小恐龍的一種。生活在侏羅紀晚期的歐洲。可快速奔跑，雖有學者指出其可能是以昆蟲為食，不過根據研究推測牠也捕食小型的脊椎動物。

侏羅獵龍屬／*Juravenator*

侏羅紀晚期，體長約75公分的小型肉食性恐龍。上顎少牙齒，頭部的開口部長，尾部的關節突起成弓形。被認為是一種夜行性恐龍。

中華盜龍屬／*Sinraptor*
侏羅紀中期到晚期生活在亞洲的肉食性恐龍。扁平的頭骨
為其特徵，體長約7.5公尺。學名意為「中國的盜賊」。

似松鼠龍屬／*Sciurumimus*
生存在侏羅紀晚期，體長約70公分的肉食性
恐龍。大大的顱骨和短短的後腳為其特徵。
由於尾部有長長的羽毛，因此學名意為「似
松鼠的蜥蜴」，發現地區為德國南部、巴伐
利亞地區。

其他的獸腳類

雙冠龍屬／*Dilophosaurus*

侏羅紀早期生活在北美洲、亞洲的原始
獸腳類。從鼻子到頭部的冠狀突起為其
特徵，肉食性，體長約6公尺。

單冠龍屬／*Monolophosaurus*

侏羅紀中期生活在亞洲的肉食性恐龍。具有頭冠，與異特龍
有接近親緣的關係。體長約5.5公尺。1984年發現幾乎完整
的骨骼化石。

亞伯達龍屬／*Albertosaurus*

白堊紀晚期棲息在北美洲的肉食性恐龍。與暴龍有親緣關係，但是體型比暴龍小，前腳比暴龍略長。古生物學家指出牠們可能採用團體狩獵的方式獵食。體長約10公尺。

偷蛋龍屬／Oviraptor

體長約 2 公尺的肉食性恐龍，有羽毛，會像鳥類抱卵以保持卵的溫度。1920年代在蒙古發現的偷蛋龍化石看起來好像正要偷其他恐龍的蛋，因此才會取含有「偷蛋」之意的學名。

似雞龍屬／Gallimimus

白堊紀晚期棲息在亞洲的雜食性恐龍，體長約 4 公尺。學名之意為「像雞的」。1970年代在戈壁沙漠發現到的，古生物學家推測似雞龍應該能夠快速奔跑。

鯊齒龍屬／*Carcharodontosaurus*

白堊紀早期至晚期棲息在非洲的大型肉食性恐龍，與生活在南美洲的南方巨獸龍屬（又稱南巨龍，學名：Giganotosaurus）是近親。體長約13公尺。在埃及、摩洛哥等北非地區皆有發現其化石。

虔州龍屬／*Qianzhousaurus*

白堊紀晚期，體長約9公尺的肉食性恐龍，具有優美的軀體，以及長有數條小突起的細長吻部，外號稱「匹諾曹暴龍」（Pinocchio rex），是2014年在大陸江西省發現的新種化石。

其他的獸腳類

南方巨獸龍屬／*Giganotosaurus*

是白堊紀生活在南美大陸的大型肉食性恐龍，體長約13公尺。雖然跟暴龍很相似，但兩者之間並無直接的血統關係。南方巨獸龍的頭部細長，前肢有 3 根腳趾。擁有銳利的牙齒，因此推測可以將獵物的肉和內臟切塊進食。

昆卡獵龍屬／*Concavenator*

又稱駝背龍， 白堊紀早期，體長約 6 公尺的肉食性恐龍。宛如瘤般的發達神經棘（從脊骨延伸出來的突起）是最大的特徵，不過目前仍不清楚該瘤狀物的功能。發現地區在西班牙。

建昌龍屬／*Jianchangosaurus*
白堊紀早期，體長約 2 公尺的植食性恐龍，長有原始的
羽毛。從牙齒和上下顎的結構推測牠應該是植食性的，
並且擁有可迅速奔跑的體型。發現地區在中國大陸。

似鱷龍屬／*Suchomimus*
白堊紀早期生活在非洲的肉食性恐龍，是1998年發表
的新種，體長約11公尺。研究者認為似鱷龍屬恐龍與
棘龍屬恐龍是近親，具有跟鱷類相似的細長頭部為其
一大特徵，學名之意為「鱷魚模仿者」。

其他的獸腳類

特暴龍屬／*Tarbosaurus*

白堊紀晚期生活在蒙古的大型肉食性恐龍，體長約12公尺。擁有長滿大牙齒的巨大頭部和粗壯的後肢，而前肢相對纖小等特徵都與暴龍相似，因此有「亞洲的雷克斯暴龍」之稱。

恐手龍屬／*Deinocheirus*

過去只發現腕部周圍的化石，不過由於在2006年和2009年發掘到2具化石，近年來已經闡明了恐手龍的全貌。恐手龍擁有細長的頭部、矮矮胖胖的身體、背部有帆狀突起等，這些都是在近緣種身上看不到的特徵。從手背的骨骼特徵等而被分類在獸腳亞目的「似鳥龍下目」（學名：Ornithomimosauria）。體長約11公尺，體重約6.4公噸。

帝龍屬／*Dilong*

2004年10月發表的小型暴龍類，體長1.6公尺。具有健壯的頭部、截面成D字型的牙齒等暴龍類的特徵。擁有羽毛，跟大型暴龍類相較，前肢較長，前肢有3根腳趾。在中國大陸東北發現的。

傷齒龍屬／*Troodon*

白堊紀晚期棲息在北美大陸等地，與鳥類相近的小型獸腳類。體長1.8公尺、2足步行型，具有纖細而長的手和腳。第2腳趾上擁有大型、可縮回的鐮刀狀趾爪，頭部有非常大的眼睛。從腦容量與身體的比例，學界推測傷齒龍是「最聰明的」恐龍。

其他的獸腳類

馳龍屬／*Dromaeosaurus*
白堊紀晚期棲息在北美洲的小型肉食性恐龍，體長約
1.8公尺，後腳的第2趾有銳利鐮刀狀趾爪。學名之
意為「奔馳的蜥蜴」。

重爪龍屬／*Baryonyx*
白堊紀早期棲息在歐洲各地的肉食性恐龍，體長約10公尺。與棘
龍是近親的關係，根據推測應該是魚食性。前肢具有大指爪。

鑄鐮龍屬／*Falcarius*

白堊紀早期，體長約 4 公尺的植食性恐龍。上下牙齒長得像樹葉一般，適於將植物磨碎。擁有足以容納消化食物所需，長度很長之腸子的寬廣骨盆。發現地區是北美大陸、猶他州。

福井盜龍屬／*Fukuiraptor*

1995～1999年在日本福井縣發現的，2000年才被命名之白堊紀早期的中型肉食性恐龍，體長 5 公尺。一般認為牠們是侏羅紀棲息在北美大陸，位處生態系頂點之異特龍家族的成員，但是也有說法認為牠們有大指爪等特徵，應該屬於大盜龍屬（學名：Megaraptor）。是日本第一個命名的獸腳類。

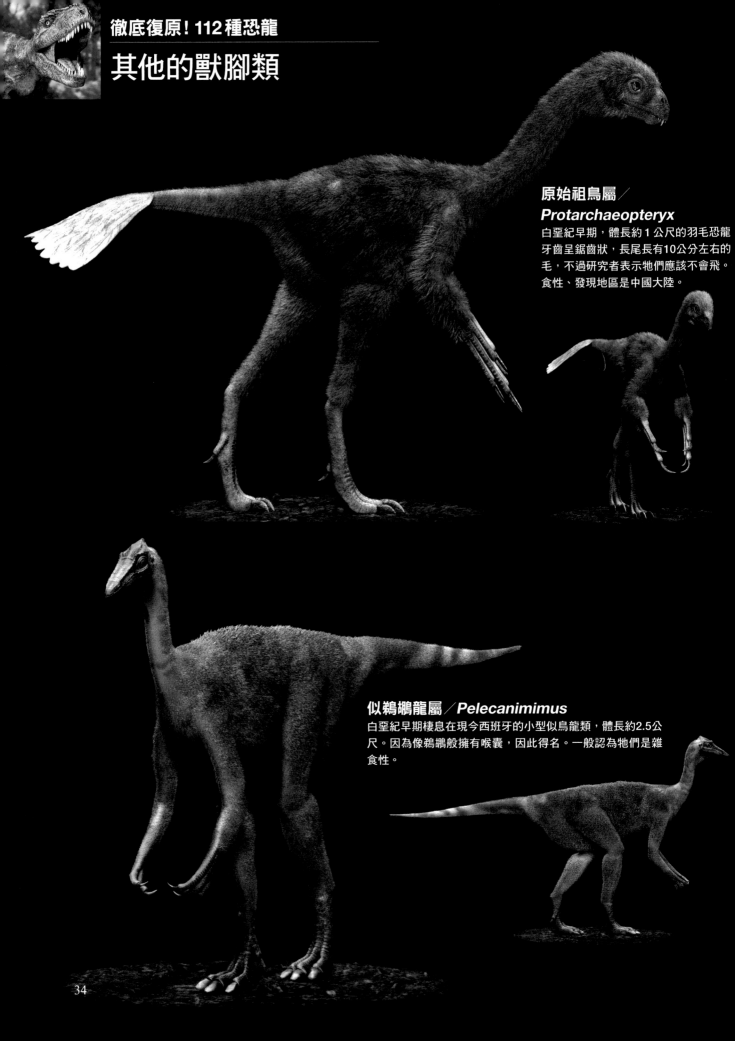

其他的獸腳類

原始祖鳥屬／
Protarchaeopteryx
白堊紀早期，體長約 1 公尺的羽毛恐龍
牙齒呈鋸齒狀，長尾長有10公分左右的
毛，不過研究者表示牠們應該不會飛。
食性、發現地區是中國大陸。

似鵜鶘龍屬／*Pelecanimimus*
白堊紀早期棲息在現今西班牙的小型似鳥龍類，體長約2.5公
尺。因為像鵜鶘般擁有喉囊，因此得名。一般認為牠們是雜
食性。

馬晉龍屬／*Mapusaurus*
又稱為地龍，是白堊紀棲息在南美洲體長約13公尺的肉食性恐龍，是南方巨獸龍的近緣種。該恐龍被發現時至少都有 8 個個體的化石聚集在一起，因此被認為牠們是採取團體行動的。

小盜龍屬／*Microraptor*
白堊紀早期生活在亞洲的小型羽毛恐龍，體長約0.8公尺。2003年有報告指出發現小盜龍的四肢與尾巴擁有長正羽的化石，據此認為小盜龍有可能用四翼在樹林間滑翔。發現地區為中國大陸遼寧省。

其他的獸腳類

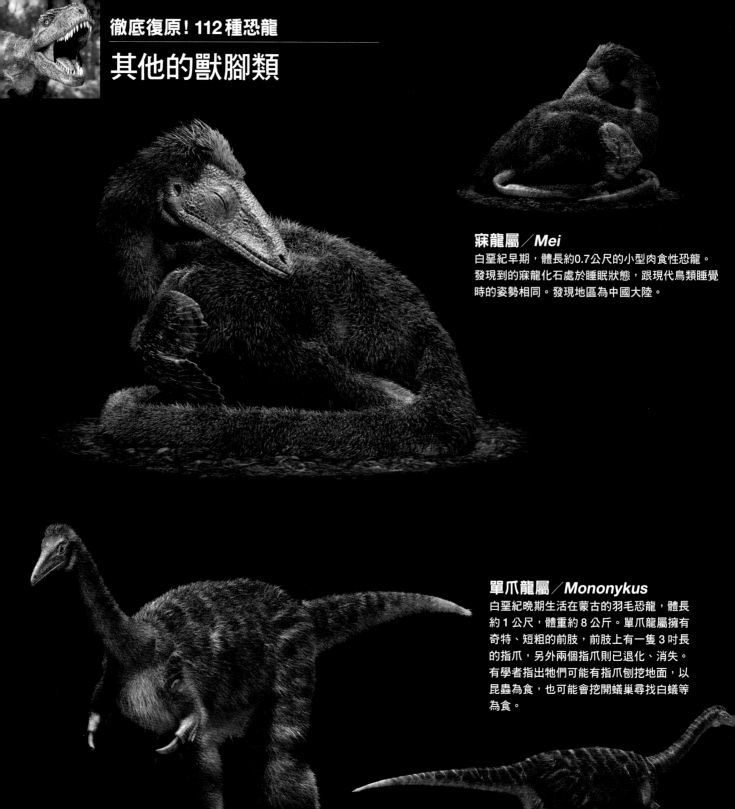

寐龍屬／*Mei*

白堊紀早期，體長約0.7公尺的小型肉食性恐龍。發現到的寐龍化石處於睡眠狀態，跟現代鳥類睡覺時的姿勢相同。發現地區為中國大陸。

單爪龍屬／*Mononykus*

白堊紀晚期生活在蒙古的羽毛恐龍，體長約1公尺，體重約8公斤。單爪龍屬擁有奇特、短粗的前肢，前肢上有一隻3吋長的指爪，另外兩個指爪則已退化、消失。有學者指出牠們可能有指爪刨挖地面，以昆蟲為食，也可能會挖開蟻巢尋找白蟻等為食。

羽暴龍屬／*Yutyrannus*

體長約 9 公尺，在中國遼寧省發掘出來的肉食性暴龍類。大型的暴龍類中，最早被發現證據，證明是羽毛恐龍的就是華麗羽暴龍，該發現提高了所有暴龍類都有羽毛的可能性。

血王龍屬／*Lythronax*

白堊紀晚期，體長約 7 公尺的肉食性恐龍。擁有跟暴龍類似的寬廣顱骨，大而堅利的牙齒，可能會將獵物的骨頭咬碎，或是將肉撕裂。發現地區為北美的猶他州。2013年發表。

劍龍：骨骼復原

背部約有20片骨板、尾部長有4根棘刺的劍龍

接下來我們要介紹的是擁有像劍一樣扁平的背部骨板而且尾部帶有棘刺的「劍龍」（屬名：Stegosaurus）以及牠的同類。被稱為「劍龍類（劍龍下目）」（學名：Stegosauria）的恐龍，牠們具有其他類恐龍類所沒有的骨骼形態。由骨頭構成的骨板和棘刺究竟具有什麼作用呢？

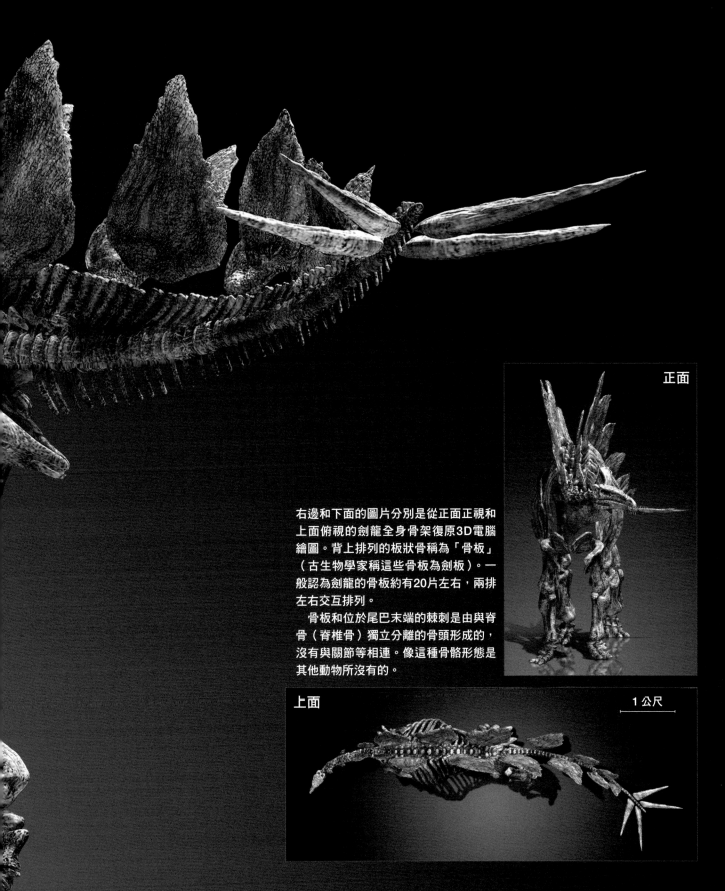

右邊和下面的圖片分別是從正面正視和上面俯視的劍龍全身骨架復原3D電腦繪圖。背上排列的板狀骨稱為「骨板」（古生物學家稱這些骨板為劍板）。一般認為劍龍的骨板約有20片左右，兩排左右交互排列。

　　骨板和位於尾巴末端的棘刺是由與脊骨（脊椎骨）獨立分離的骨頭形成的，沒有與關節等相連。像這種骨骼形態是其他動物所沒有的。

正面

上面

1公尺

實際上背部的骨板相當脆弱。可利用尾部的棘刺攻擊肉食性恐龍

■學　　名：*Stegosaurus armatus*（裝甲劍龍）
■學名意義：有屋頂的蜥蜴
■推估體長：約7公尺（最大個體）
■推估體重：2.6公噸
■生存年代：1億5500萬年前～1億4900萬年前左右
■棲息區域：北美洲。有溼潤森林的平原

骨板若用於防禦就太脆弱了

過去曾經認為劍龍背上的骨板乃水平生長，是作為防禦之用。但在調查化石內部結構後，發現該骨板裡面充滿「空隙」，因此現在的看法是認為如果要作為盾牌使用，可能強度不足。骨板中布滿血管，表面覆蓋著角質（角蛋白）。生物學家認為劍龍靠骨板接觸太陽光和風以調節體溫。

喉嚨也有骨片

喉嚨部分聚集著像石礫般的骨片（參考38頁）。在1877年為劍龍命名時，還不知道這「喉甲」的存在，直到1914年發現的化石，才明白劍龍有喉甲。該種骨片稱為「皮內成骨」（osteoderm），據表示，這和現代鱷類背部的鱗甲結構的起源一樣。劍龍的巨大骨板和尾部棘刺也是皮內成骨大型化的結果。

🪐 小臉的植食動物

大部分劍龍成員的頭部相對身體而言非常小。頭部靠近地面，無法向上抬高，因此被認為只能吃生長於低矮位置的植物。此外，劍龍的腦部也非常小（請參考43頁內文）。

「劍龍」（屬名：Stegosaurus）的學名意思為「有屋頂的蜥蜴」。在19世紀後期首次發現該化石時，作為劍龍商標的背部骨板是一片片散亂地出土，因此對於該骨板是如何排列在背部的一無所知。1877年，馬什（Othniel Charles Marsh）在為劍龍命名及發表報告時，認為劍龍的骨板應該是水平覆蓋在背部，因此命名時，就取名有「屋頂」和「覆蓋」之意的「stego」（有屋頂的）。之後，隨著化石數量的增加以及內部組織的研究結果，闡明了骨板應該是豎立在背部的。

骨板是研究劍龍類恐龍的重點之一。最近，日本大阪市立自然史博物館的林昭次研究員等人，即發表了與骨板和尾部末端棘刺相關的研究。

林研究員的團隊利用電腦斷層掃描分析骨板和棘刺的微結構（microstructure），發現骨板內部充滿「空隙」。再者，骨板表面還有很多凹槽，凹槽邊緣有連接至內部的細小孔道。

骨板內部充滿「空隙」即表示骨板不足以作為防禦之用，而骨板表面的凹槽被認為是血管的通道。長期以來的說法認為骨板照射到陽光時，可使血液溫度升高（體溫上升）；而當骨板吹到風時，血液的溫度就會降低（體溫下降）。而經過研究顯示，這種說法的可信度非常高。此外，從骨板大小之不同可以推測骨板可能也作為成體劍龍之間求偶行動或雄性間爭奪地盤時使用的裝飾物。

另一方面，從研究中也可得知棘刺非常銳利，內部骨質緻密，可作為武器使用，而且被視為非常厲害的武器。

代表性的劍龍類

演化出獨特的骨骼形態——劍龍類

劍龍是「劍龍類」家族的代表物種。劍龍類與甲龍類（甲龍下目，學名：Ankylosaurus）共同構成了「裝甲類」（裝甲亞目，學名：Thyreophora）（請參考下面的分支圖）。裝甲類為擁有骨板或骨甲的恐龍族群，其中的劍龍類具有背部擁有發達的骨板，尾部末端有棘刺的特徵。

裝甲類屬於恐龍的兩大分類之一的「鳥臀目」。鳥臀目是指擁有與鳥類相似之骨盤（也稱骨盆）結構的恐龍類群，一般考古學家認為該類群的恐龍都屬於植食性恐龍。再者，說起來或許稍微有些複雜，鳥類雖然說是恐龍的後裔，但並不包括在鳥臀目中。

相對於其他大多數的鳥臀目恐龍繁盛於白堊紀（1億4500萬年前～6600萬年前），劍龍類則繁盛於侏羅紀（2億年前～1億4500萬年前），並於白堊紀中期左右

劍龍的家族成員

下面分支圖（cladograms）顯示的是恐龍的分類族群。劍龍類屬於恐龍兩大分類之一「鳥臀目」中的一個類群。和劍龍類共同構成裝甲類的甲龍類，其代表恐龍——甲龍（或稱背甲龍，學名：Ankylosaurus）即是全身覆蓋著小骨片組成的「骨甲」。在本頁中，將介紹原始的裝甲類以及代表的劍龍類。

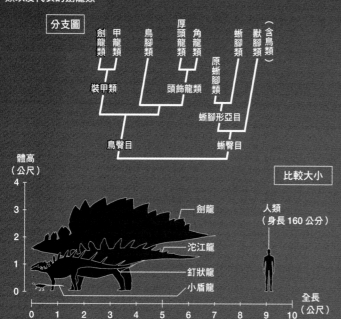

腿龍屬／*Scelidosaurus*
是一種體型和骨片都比小盾龍大的裝甲類。身體的側面和後肢也都有骨片，主要是以四足步行。

■推估體長：3.8公尺
■推估體重：65公斤
■生存年代：1億9000萬年前左右
■發現地區：歐洲
■名字意義：腿蜥蜴

華陽龍屬／*Huayangosaurus*
華陽龍屬是劍龍類中最原始、最早期的代表種類之一。除了尾巴有兩對棘刺外，肩膀上也有長長的棘刺。

■推估體長：4公尺
■推估體重：300公斤
■生存年代：1億6500萬年前左右
■發現地區：東亞
■名字意義：華陽（曾經是四川省的一縣）的蜥蜴

小盾龍屬／*Scutellosaurus*
原始裝甲類的一種。與劍龍相比，其背部的骨片小很多。前肢短小，此外，尾巴占體長一半以上，主要是以二足步行。

■推估體長：1.3公尺
■推估體重：10～20公斤
■生存年代：1億9000萬年前左右
■發現地區：北美洲
■名字意義：有小盾牌的蜥蜴

便已經消失。提到侏羅紀的植食性恐龍，最有名的應屬腕龍屬（學名：Brachiosaurus）這類以擁有數十公尺體長以及長頸、長尾為特徵的「蜥腳類」族群。蜥腳類恐龍會活用本身巨型身體的優勢，以高處的植物為主食；相對於此，大多數的劍龍類恐龍則以生長在地面的蕨類植物為主要食物。

逐漸巨型化的背部骨板

　　屬於劍龍類的恐龍除了骨板和棘刺外，還有幾個共通的特徵，例如腦部很小。雖然腦組織不會變成化石，但可以藉由調查顱骨化石中容納腦部的「腦顱」（brain case）空間大小，進而推斷出腦部的大小。結果發現劍龍類的腦部最多只有 2 顆乒乓球大而已。

　　推測已滅絕動物的「聰明度」方法之一就是參考腦部占身體的比例。比起其他種恐龍，劍龍類牠們腦部占身體的比例非常小。但牠們與嗅覺有關的「嗅球」卻比較大，因此被認為只對嗅覺比較敏感。

　　背部上的骨板是劍龍類的標誌。在追溯比劍龍還更原始的親緣成員，可以發現越古老的家族成員，背部的骨板越小。就像侏羅紀早期地層中所發現的「小盾龍」（學名：Scutellosaurus）和「腿龍」（又稱肢龍、稜背龍，學名：Scelidosaurus）的化石，牠們背部排列的就是小骨片。這些樣貌既不屬於劍龍類，也不屬於甲龍類。換句話說，隨著演化的進展，劍龍類的背部骨片逐漸發展成骨板和棘刺，並且也逐漸巨型化，之後才誕生出像劍龍這種具有大型骨板的恐龍。

狀龍屬／*Kentrosaurus*

名肯氏龍的釘狀龍屬是劍龍類的一種，牠的特徵是從背部後方到尾巴，不是板狀骨而是成對的棘刺排列。釘狀龍係生活在非洲的恐龍。

推估體長：4公尺
推估體重：300公斤
生存年代：1億5000萬年前左右
發現地區：非洲
名字意義：有尖刺的蜥蜴

劍龍屬／*Stegosaurus*

劍龍類中最大級的物種。背部擁有發達的大型骨板。

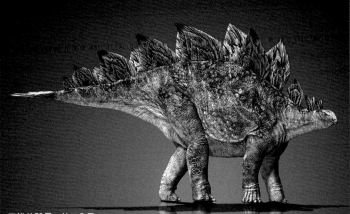

■推估體長：約7公尺
■推估體重：2.6公噸
■生存年代：1億5000萬年前左右
■發現地區：北美洲
■名字意義：有屋頂的蜥蜴

江龍屬／*Tuojiangosaurus*

工龍屬是劍龍類的一種，尾巴末端有兩對水平生長的棘刺。此外，根據當發現的化石，推測其肩膀可能也長有棘刺。

推估體長：6～7公尺
推估體重：1.1公噸
生存年代：1億6000萬年前左右
發現地區：東亞
名字意義：沱江（河川名稱）的蜥蜴

米拉加亞龍屬／*Miragaia*

長長的脖子是米拉加亞龍屬的特徵，與其他劍龍類不同的是牠們可以吃到高處的植物。此外，目前只找到肩膀之前的前半身化石以及骨盆化石。

■推估體長：7～9公尺
■推估體重：約3公噸
■生存年代：1億5000萬年前左右
■發現地區：歐洲
■名字意義：發現地葡萄牙的地區／地球上完美的女神

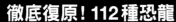
厚頭龍：骨骼復原

擁有石頭般厚實頭骨之族群中體型最大的物種

日本在以恐龍為主題，特別拍攝的恐龍戰隊系列電視節目《獸電戰隊強龍者》和《爆龍戰隊暴連者》中，都可以看到「厚頭龍（又稱腫頭龍）」（學名：Pachycephalosaurus）的身影，因此也讓牠擁有像「石頭」般厚實頭部的印象深入觀眾腦海。然而相信很多人並不太知道有項研究結果表示，實際上牠們不會用頭去撞擊。厚頭龍的「頭部」正是學界爭論的最大焦點。

正面

左邊圖片是從強調頭部角度所見到厚頭龍。代表這類恐龍的「厚頭龍類（厚頭龍亞目）」（學名：Pachycephalosauria），其最大的特徵就在頭部。仔細觀察右頁的厚頭龍，可以發現牠的頭部為「圓頂」狀，並有厚厚的隆起（圓頂內部也是骨頭）。此外，圓頂的邊緣還圍著大小不同的突起棘狀物。

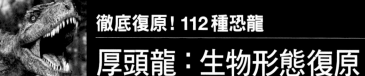

會用頭撞擊？還是不會？像石頭般堅硬的「頭骨」，是一直爭論不休的焦點

■學　　名：*Pachycephalosaurus wyomingensis*（懷俄明厚頭龍）
■學名意義：有厚（pachy）頭的（cephalo）蜥蜴（saurus）
■推估體長：約4.5公尺
■推估體重：400公斤左右
■生存年代：6700萬年前～6600萬年前左右
■棲息區域：北美洲的淫潤森林和山岳地帶

在19世紀後半期以後，從美國中西部的懷俄明州和南達科他州，陸陸續續發現了數具擁有厚實頭骨的恐龍化石。於是在1943年時，美國的化石獵人布朗（Barnum Brown）以及史萊克（Erich Maren Schlaikjer）便為該類的恐龍取名為「Pachycephalosaurus」，意思是「有厚頭的蜥蜴」。

厚頭龍的頭部像圓頂隆起，圓頂內部幾乎全是骨頭，厚度約達25公分。在1970年代，由英國古生物學家加爾東（Peter Galton）等多位學者提出看法表示，這些厚實的頭骨是用來「撞擊」的，而這項說法也在此之後被視為主流。他們認為：厚頭龍就像現代的大角羊（學名：*Ovis canadensis*）一樣，雄性間會用頭互相撞擊，作為求偶打架或爭奪地盤之用。

但另一方面也有其他的研究者認為「無法撞擊」。2004年，美國加州大學的古德溫（Mark Goodwin）等人，對包含厚頭龍在內的近緣種恐龍的頭骨斷面進行分析的結果，指出至少成體厚頭龍，其頭部結構是無法承受撞擊的。亦即如果撞擊的話，很有可能會因撞擊而引起腦震盪。

但是，另外在2012年時，美國威斯康辛大學奧斯哥斯分校（The University of Wisconsin Oshkosh）的彼得森（Joseph E. Peterson）等人提出了一份報告，表示有發現在頭骨表面有外傷性凹陷傷口的厚頭龍化石，而這個傷疤正是厚頭龍會以頭撞擊的證據。

從厚頭龍被命名開始，已經經過了70多年的歲月，但有關厚頭龍的頭部議題至今依然爭論不休。

充滿骨質的頭部

顱頂向外隆起，乍看之下，內部似乎是空洞的，但實際上是厚厚的骨頭。

頭部後方和上顎前方有很多的角狀或瘤狀突起，因此呈現凹凸不平的感覺，而這些也全是由骨質構成。

☄ 用頭「互相推擠」？

也有說法表示即使厚頭龍無法承受用顱頂撞擊時的衝擊，牠們還是會像相撲中，用頭頂對方胸部一樣的手法，以互相推擠的方式來競爭。根據這種說法，日本國立科學博物館（東京上野）在過去展示中，就有將復原的2具厚頭龍骨架，以其中1隻的頭部推頂另一隻厚頭龍身體的姿態展出。

以喙狀嘴摘取樹葉食用

一般認為厚頭龍的同類（厚頭龍亞目）都是植食性動物。在嘴部前方有由角質（角蛋白）形成的喙狀嘴。利用該喙狀嘴和彎曲的「前齒」，可以將葉子等撕碎放入口中。

再者，牙齒呈鋸齒狀。在食用放入口中的樹葉等時，這種鋸齒狀即可發揮很大的功效。

奔跑的速度很快

推斷恐龍跑速的方法之一就是觀察牠的後肢和尾巴的結構及長度。

厚頭龍的後肢骨頭很長。再者，根據近緣種的化石來推斷，牠的尾巴長，有大量肌腱分布，結構堅硬。如果將尾巴保持伸直的狀態，即可平衡地快速奔跑。

代表性的厚頭龍類

頭部也可成為鑑別種類的重點——厚頭龍類

厚頭龍屬是「厚頭龍類」的代表，模式種為懷俄明厚頭龍。被歸於此類的恐龍，其特徵為二足步行、顱頂部分骨頭厚實、且在顱頂周圍長有大小的突起物。

厚頭龍類與三角龍屬（學名：Triceratops）所代表的恐龍類（角龍類），其共通點就是在頭部四周具有「裝飾物」，因此這兩類恐龍便共同構成了「頭飾龍類（頭飾龍亞目）」（學名：Marginocephalia）。角龍類（角龍下目，學名：Ceratopsia）的頭部有發達的頸盾（frill）結構。一般認為頭飾龍類的恐龍全是屬於植食性動物。

多樣化的頭部形狀和強度

厚頭龍類恐龍的頭部形狀各不相同。例如從加拿大化石中出土的「劍角龍」（學名：Stegoceras），其顱頂就不像美國的厚頭龍顱頂一樣高高隆起；蒙古所出土的「平頭龍」（學名：Homalocephale）的顱頂則是像熨斗一樣平坦。此外，美國所發現的「冥河龍屬」（學名：Stygimoloch）恐龍則是以生長在頭顱後側的長尖角而聞名。

有關厚頭是否會用頭撞擊的爭論已經於46頁有所敘述。但即使一樣是厚頭龍類，生物學家普遍認為劍角龍似乎是會用頭撞擊。

2011年美國俄亥俄大學的斯奈維利（Eric Snively）等人，在利用電腦斷層掃描（CT scan）對劍角龍進行攝影和分析之後，再將之與長頸鹿、牛科的白腹小羚羊（學名：Cephalophus leucogaster）等現代會用頭撞擊的動物頭骨進行比較，結果發現劍角龍具有不遜於長頸鹿等動物的海綿狀結構。換句話說，劍角龍頭骨吸收衝擊的性能比起現在部分會以頭撞擊的動物還要好。

頭部會隨著成長變高、變厚？

在有關厚頭龍類的研究中，也有如下的說法。美國蒙大拿州立大學的霍納（Jack Horner）等人注意到分布於美國西部「地獄溪地層」（Hell Creek Formation）中某個地層所出土的恐龍化石——厚頭龍、比厚頭龍小型的冥河龍以及更小型的龍王龍屬（學名：Dracorex）等三者的頭部棘刺之配置非常相像（請參考右頁插圖），因此於2009年提出假說表示，這三種很可能實際上是同一種類，只是成長階段不同的個體。亦即最小型的龍王龍是其中年齡最小者，隨著成長，逐漸變成冥河龍，厚頭龍。此外，顱頂部分也會隨著成長漸漸變高、變厚。

期待今後各種有關厚頭龍「石頭」般厚實頭部的研究成果。

厚頭龍和三角龍都是屬於頭部有裝飾物之家族的成員

下面分支圖顯示的是恐龍的分類族群。厚頭龍所屬的厚頭龍類隸屬於恐龍兩大分類之一「鳥臀目」中的一個類群，與擁有巨大頸盾和3根角狀物的三角龍所屬的族群——角龍類共同構成「頭飾龍類」。

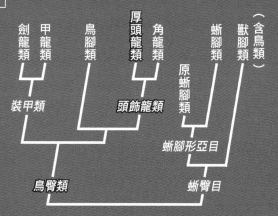

分支圖

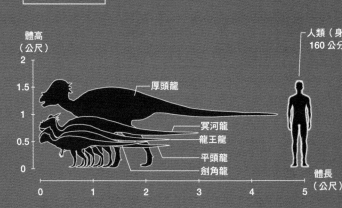

比較大小

厚頭龍的家族成員

厚頭龍屬所代表的厚頭龍類，生活在相當於恐龍時代末期的白堊紀。目前為止所知道的物種數，包含原始種在內，約有15種。此外，各種說明文所示的「體長」是指從頭頂到尾巴末端的長度，基本上為成體的估計值。

劍角龍屬／*Stegoceras*

在厚頭龍類中，屬於生活在比較古老年代者。其頭骨內部吸收衝擊的結構極為發達，因此被認為牠們會用頭撞擊。

- ■推估體長：2公尺
- ■推估體重：30公斤左右
- ■生存年代：7600萬年前左右
- ■發現地區：北美洲
- ■名字意義：有角（ceras）的屋頂（stego）

平頭龍屬／*Homalocephale*

平頭龍屬的特徵是沒有隆起的顱頂，為平坦的頭顱。平頭龍屬的化石是在亞洲蒙古發現的，因此學界推測厚頭龍類可能起源於亞洲。

- 推估體長：2.4公尺
- 推估體重：30公斤左右
- 生存年代：7000萬年前左右
- 發現地區：東亞
- 名字意義：平坦的（homalo）頭部（cephale）

厚頭龍屬／*Pachycephalosaurus*

厚頭龍屬是最大型的厚頭龍類恐龍，生活於恐龍時代的最末期。

- ■推估體長：4.5公尺
- ■推估體重：400公斤左右
- ■生存年代：6600萬年前左右
- ■發現地區：北美洲
- ■名字意義：有厚頭的蜥蜴

龍王龍屬／*Dracorex*

有隆起的顱頂，頭顱後側長有許多尖銳的突起。有說法表示龍王龍屬是厚頭龍的幼體。

- 推估體長：2.4公尺
- 推估體重：30公斤左右
- 生存年代：6600萬年前左右
- 發現地區：北美洲
- 名字意義：龍（draco）王（rex）

冥河龍屬／*Stygimoloch*

頭顱後側的部分突起非常尖銳，比起其他厚頭龍類成員，也相對較長。也有說法表示冥河龍是厚頭龍進入成體前的階段（亞成體）。

- ■推估體長：3公尺
- ■推估體重：150公斤左右
- ■生存年代：6600萬年前左右
- ■發現地區：北美洲
- ■名字意義：來自冥河（stygi）的惡魔（moloch）

擁有可不斷更換之高性能牙齒的植食性恐龍

「鳥腳類」是曾經在全世界興旺繁盛的植食性恐龍族群。牠們的體型形形色色，有些並擁有冠飾或扁平的喙狀嘴等獨特外表。屬於鳥腳類的「副櫛龍屬（又名副龍櫛龍屬）」（學名：Parasaurolophus）尤其擁有極長的冠飾及極佳的牙齒更換系統。副櫛龍的冠飾是使用在何種目的上呢？此外，鳥腳類能興旺繁榮的原因又是什麼呢？

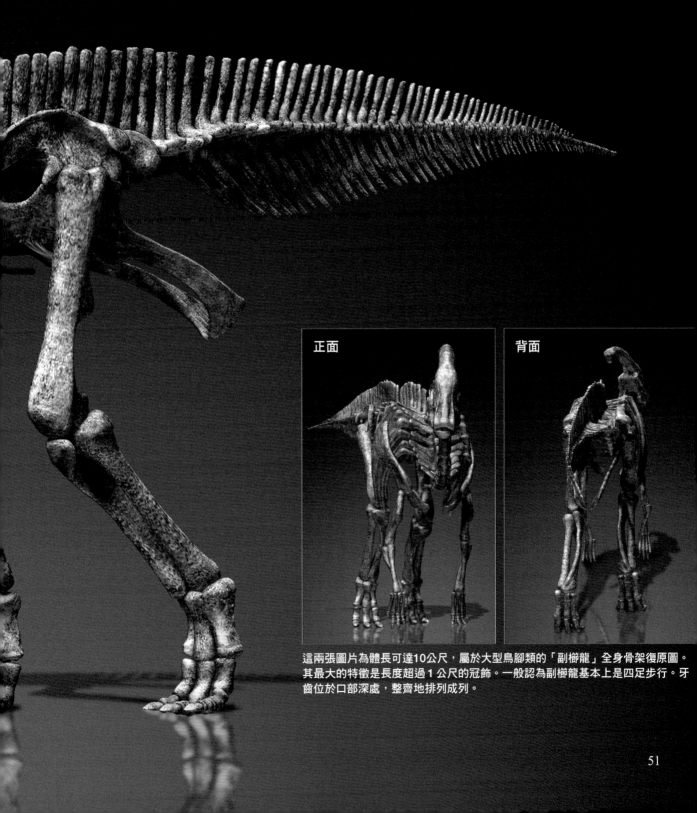

這兩張圖片為體長可達10公尺，屬於大型鳥腳類的「副櫛龍」全身骨架復原圖。其最大的特徵是長度超過1公尺的冠飾。一般認為副櫛龍基本上是四足步行。牙齒位於口部深處，整齊地排列成列。

副櫛龍：生物形態復原

因喙狀嘴得名的綽號

一般認為副櫛龍的同類（鴨嘴龍類，科名：Hadrosauridae）雖然長相多少與副櫛龍有差異，但同樣都擁有扁平的喙狀嘴，並會利用喙狀嘴咬下植物食用。由於鴨嘴龍類的喙狀嘴與現生鴨子的喙部形狀類似，因此在英文裡有時會將鴨嘴龍稱做「duck-billed dinosaurs」。

會以中空的冠飾發出聲音？

多數鳥腳類都不具有角或鎧甲等大型裝飾。因此在鳥腳類當中，副櫛龍長長的冠飾是相當特殊的結構。副櫛龍的冠飾內部為中空，有說法表示副櫛龍乃利用使空氣（呼吸）通過冠飾，來發出與同伴溝通的低沉聲音。經證實，部分的鴨嘴龍也有冠飾，但長度不及副櫛龍。

功能強大的喙嘴能磨碎任何食物

鴨嘴龍類擁有身為恐龍十分少見的特徵，亦即能將上顎骨與下顎骨以類似互相磨擦的方式活動，因此能將食物「磨碎」。此外，牠們還擁有能快速更換磨損後之牙齒的機制（於54頁文中會詳細介紹）。因此古生物學家認為牠們也能食用硬堅的葉片及種子。

■學　　名：*Parasaurolophus walkeri*（沃克氏副櫛龍）
■學名意義：與櫛龍（saurolophus）相近（para）
■推估體長：8～10公尺
■推估體重：1～4公噸
■生存年代：8000萬年前～7300萬年前左右
■棲息區域：北美洲

冠飾是中空的，與鼻腔相連，功能是「樂器」

「櫛龍」（學名：Saurolophus）這類恐龍，其學名意義為「有冠飾的爬蟲類」。牠們是體長大約12公尺，以四足步行的植食性恐龍，並且擁有名符其實的小型冠飾。加拿大的古生物學家帕克斯（William Parks）在1922年發表了擁有與櫛龍相似特徵的恐龍「副櫛龍」（屬名：Parasaurolophus）的報告。但是副櫛龍的冠飾又長又大，長度可達1公尺。

眾所皆知，副櫛龍冠飾內部是中空的。一般來說，古生物學家不會剖開稀有的標本並進行內部分析。這是因為無法保證能再次發現相同化石的緣故。不過，帕克斯在提出副櫛龍的報告時，由於冠飾的一部分偶然斷裂，因此他能清楚得知冠飾內部為中空，並與鼻腔相連。

在他一發表報告之後，古生物學家們便圍繞著冠飾的功能，展開熱烈討論並提出假說。有人把重點放在內部的中空，認為是當副櫛龍在水中游泳時可當作呼吸管使用。也有人認為同樣是在水中游泳時，使水不會直接進入肺臟的結構。不過不論是哪一種假說，都欠缺關鍵性的證據。

在這些假說中被認為最有力的，是在1980年代由美國古生物學家威顯穆沛（David B. Weishampel，1952～）所提出，作為「樂器」功用的假說。威顯穆沛檢測了空洞的形狀及大小，表示藉由將空氣送入空洞，可發出類似法國號等管樂器的低頻聲音。或許副櫛龍在與同伴溝通時就是使用這種低沉的聲音。該假說現在也還獲得一定的支持，也不斷有相關研究成果發表出來。

代表性的鳥腳類

外表不顯眼卻曾在整個大陸繁盛的植食性恐龍——鳥腳類

副櫛龍屬於鳥臀目中稱為鳥腳類的族群。雖然名稱中有「鳥」這個字，但該族群只是擁有與鳥類相似的骨盆及四肢，事實上與鳥類並沒有直接關係。

鳥腳類並不像劍龍或甲龍般擁有能保護身體的骨板，也沒有像厚頭龍的「石頭般厚實頭部」，或像三角龍的角或頭盾。雖然副櫛龍擁有巨大的冠飾，但這可說是例外的特徵，因為鳥腳類整體的特徵可說是「沒有值得一提的顯著特徵」。

不過這個「不顯眼」的族群，卻從侏羅紀一路興旺繁盛到白堊紀，棲息地也擴展到所有的大陸。在日本及附近區域，例如薩哈林島（庫頁島）所發現的「日本龍屬」（學名：Nipponosaurus）和福井縣的「福井龍屬」（學名：Fukuisaurus），以及現在在北海道鵡川町挖掘中的恐龍，全部都屬於鳥腳類。

鳥腳類為何能繁榮興盛呢？許多古生物學家認為是其極佳的牙齒性能使然。同樣也是副櫛龍所屬的「鴨嘴龍類」，在鳥腳類中是尤其成功的族群。鴨嘴龍類的牙齒擁有幾項共通的特徵。

超過1000顆的備用牙齒

其一是下顎內部擁有超過1000顆的備用牙齒。因此即使露出表面的牙齒受到磨損，下一顆牙齒也會迅速生長並遞補上去。

其次，在2012年，美國佛羅里達州立大學的艾利克森（Gregory Erickson）等人指出，副櫛龍的牙齒本身也具有優秀的特徵。艾利克森等人在研究鴨嘴龍類的牙齒時，發現到它們是由琺瑯質、象牙質及齒堊質等6種組織所構成的。順帶一提，包含其他恐龍的多數爬蟲類牙齒組織是2種，牛及馬等現生植食性哺乳類則是4種。

由於組織種類不同代表硬度不同，因此進食（植物）時磨損的程度也就不同。結果組織種類愈多種，牙齒表面的凹凸就愈發達。凹凸愈多，牙齒就會有如複雜的洗衣板一般，愈容易磨碎植物。若單比較牙齒的組織數，則鴨嘴龍類的牙齒擁有超越現生草食性哺乳類的性能。基於此研究成果，科學雜誌《Science》在2012年10月，發表了一篇將鴨嘴龍類評論為「白堊紀的牛」的解說文章。

鳥腳類的代表性恐龍

鳥腳類在以骨盆結構分類的二大恐龍族群中的「鳥臀目」中也屬種類繁多者，種數超過100種，在此介紹代表性的種類。

分支圖

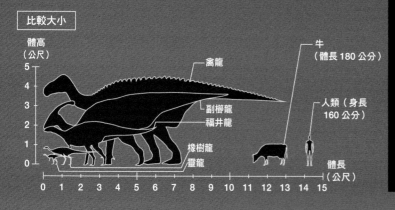

比較大小

靈龍屬／*Agilisaurus*

靈龍屬在鳥腳類中屬小型種，有些研究人員將牠們定位在原始鳥腳（稜齒龍類，屬名：Hypsilophodon）。

- ■推估體長：1.7公尺
- ■推估體重：10公斤
- ■生存年代：1億6500萬年前左右
- ■發現地區：中國西南部的四川省
- ■名字意義：靈敏（agili）的蜥蜴（saurus）

橡樹龍屬／*Dryosaurus*

橡樹龍屬是僅擁有約和山羊相同體重的小型品種，是禽龍屬的同類。外形來說，除了擁有喙狀嘴之外，並沒有顯著的特徵。

- ■推估體長：3公尺
- ■推估體重：70公斤左右
- ■生存年代：1億5000萬年前左右
- ■發現地區：美國中西部的猶他州等地
- ■名字意義：樹（dryo）的蜥蜴（saurus）

鬣龍屬／*Iguanodon*

龍是在恐龍研究史中最早期（1825年）被記錄的恐龍。由於從同一處挖掘
大量化石，因此被認為群居的可能性很高。擁有圓錐尖狀的拇趾。

■推估體長：10～13公尺
■推估體重：4～8公噸
■生存年代：1億2500萬年前左右
■發現地區：西歐的比利時等地
■名字意義：鬣蜥的（iguan）牙齒（odon）

豪勇龍屬／*Ouranosaurus*

豪勇龍屬恐龍的特徵是一部分脊椎骨延長，在背部形成「背帆」。在鳥腳類
中，不是在頭部，而是身體上出現這樣特徵的恐龍也算非常稀有。豪勇龍是
禽龍的同類。

■推估體長：6～8公尺
■推估體重：1～4公噸
■生存年代：1億2000萬年前左右
■發現地區：西非的尼日
■名字意義：勇敢的（ourano）蜥蜴（saurus）

福井龍屬／*Fukuisaurus*

發現於日本福井縣勝山市的福井龍是2003年被正式記錄的恐龍。雖然為禽
龍的同類，但體型比較小，被認為屬於比較原始的物種。

■推估體長：5～6公尺
■推估體重：700公斤前後
■生存年代：1億3000萬年前左右
■發現地區：日本的福井縣
■名字意義：福井的（fukui）蜥蜴（saurus）

日本龍屬／*Nipponosaurus*

日本龍屬是鴨嘴龍類的一種，化石發現於薩哈林島（現在的庫頁島）。古生
物學家認為該化石是成長為成體之前階段的化石。

■推估體長：4公尺以上
■推估體重：1～4公噸
■生存年代：8300萬年前左右
■發現地區：庫頁島
■名字意義：日本的（nippono）蜥蜴（saurus）

鴨嘴龍屬／*Hadrosaurus*

鴨嘴龍是「鴨嘴龍類」（科名：Hadrosauridae）的代表種，喙部特別寬闊。

■推估體長：7～8公尺
■推估體重：1～4公噸
■生存年代：8200萬年前左右
■發現地區：美國東部的紐澤西州
■名字意義：重的（hadro）蜥蜴（saurus）

埃德蒙頓龍屬／*Edmontosaurus*

埃德蒙頓龍屬是在白堊紀晚期北美洲非常繁盛的鴨嘴龍類。在化石中，也有
發現被暴龍攻擊的個體化石。

■推估體長：9～12公尺
■推估體重：4～8公噸
■生存年代：7600萬年前左右
■發現地區：加拿大西部的亞伯達省（Alberta）等地
■名字意義：埃德蒙頓地層的（edmonto）蜥蜴（saurus）

慈母龍屬／*Maiasaura*

慈母龍是「育兒恐龍」的代表。一般認為牠們會集體築巢，並會把食物帶回
巢穴以餵養幼龍。慈母龍屬於鴨嘴龍類家族的成員。

■推估體長：7～9公尺
■推估體重：1～4公噸
■生存年代：7600萬年前左右
■發現地區：美國北部的蒙大拿州
■名字意義：好媽媽（maia）蜥蜴（saura）

青島龍屬／*Tsintaosaurus*

青島龍屬為鴨嘴龍類的成員之一。雖然與副櫛龍類似，但冠飾是從額頭以幾
近垂直的角度聳立。

■推估體長：8～9公尺
■推估體重：1～4公噸
■生存年代：7000萬年前左右
■發現地區：中國東部的山東省
■名字意義：青島的（tsintao）蜥蜴（saurus）

冠龍屬／*Corythosaurus*

白堊紀晚期棲息在北美大陸的植食性恐龍，體長約 9 公尺的大型鳥腳類。頭部的骨質頭冠內部是中空的，學名意思是「戴頭盔的蜥蜴」。

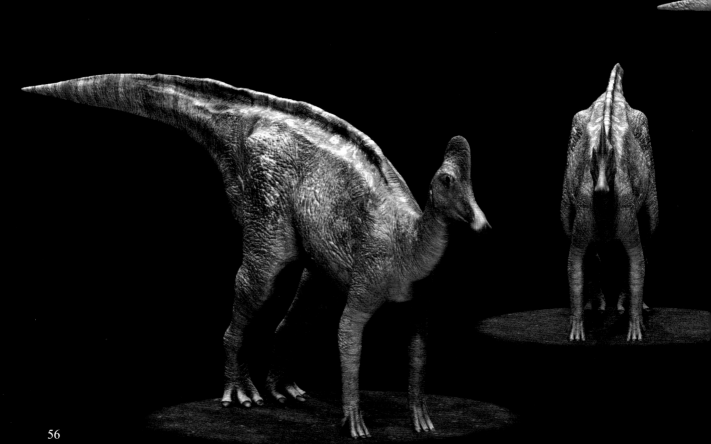

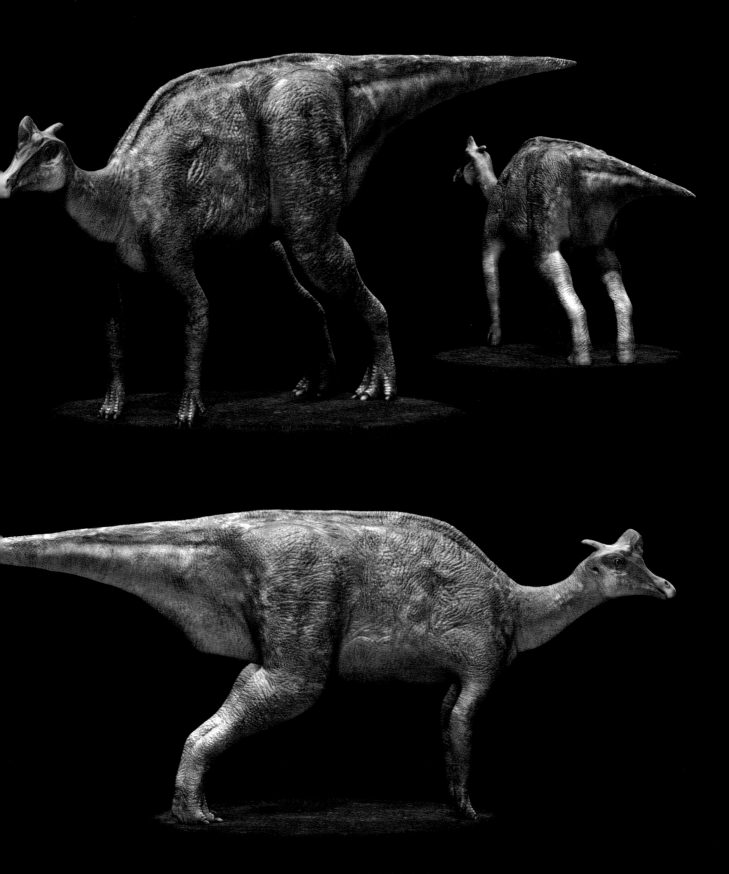

賴氏龍屬╱*Lambeosaurus*
白堊紀晚期棲息在北美大陸的植食性恐龍,是體長大約 9 公尺的大型鳥腳類。頭部擁有獨特形狀的頭冠,頭部後方突出一根棒狀骨是牠的一大特徵。

美甲龍：骨骼復原

「身披鎧甲」且尾端有骨質瘤塊的美甲龍

從頸部、背部、側腹、四肢到尾巴都布滿骨刺（骨質突刺），在尾巴末端有像成人臉龐般大小的骨質瘤塊。此外，還具有如同低重心之重型坦克車般的寬廣巨大體型，這就是歸屬於甲龍類族群的「美甲龍」（屬名：Saichania）。一般認為甲龍類是以稱為皮內成骨的骨骼組織作為護具和武器，來保護身體及攻擊敵人。近年來，科學家也已經逐漸闡明甲龍類身體武器和護具的生成過程。

右側和下面圖片是從正面和背面所見到的美甲龍全身骨架復原圖。排列在全身大大小小的圓形骨質突刺，稱為「皮內成骨」。這種皮內成骨非常堅硬，因此只要將前後肢向下彎曲蹲下，即可成為防護身體的銅牆鐵壁。此外，皮內成骨是獨立的，並未與脊椎骨或肋骨等其他骨頭相連。

再者，尾巴的椎骨互相牢固連結，而連接骨頭的「肌腱」也已經骨化變硬。美甲龍只要揮舞尾巴，即可用尾巴末端骨質瘤塊構成的尾錘攻擊或威嚇敵人。

正面

背面

1公尺

美甲龍：生物形態復原

幾乎完整保存了「全身鎧甲」的前半身

■學　名：*Saichania chulsanensis*（庫爾三美甲龍）
■推估體長：5～7公尺
■推估體重：2～4公噸
■生存年代：7500萬年前～7000萬年前左右
■棲息區域：蒙古南部的南戈壁省
■學名意義：美麗的東西

敏銳的嗅覺

利用電腦斷層掃描（CT scan）可以得知甲龍類的頭部擁有結構曲折的鼻腔通道。由於鼻道發達，因此一般認為牠們應該擁有敏銳的嗅覺。根據推測，與嗅覺有關的部位「嗅球」占整體腦部的比例很大。

保護頸部的「圍巾」

大多數的甲龍類具有環繞頸部的發達骨板和皮內成骨。這種「圍巾」有保護頸部的作用。學者指出美甲龍應該也具有同樣的骨骼結構，因此現在對於美甲龍，也是按照此種形態進行復原。

從頭部到背部、側腹，連四肢都覆蓋著骨甲

美甲龍的背部、側腹以及四肢等全身都覆蓋著皮內成骨，因此具有值得誇耀的高「防禦力」。再者，其皮內成骨與屬於劍龍類的劍龍背部所擁有的骨板以及現在鱷類背部的鱗甲都是一樣的成因。

揮舞骨質瘤塊，擊退敵人

在甲龍下目中，有些恐龍尾巴末端具有大型的骨質瘤塊（甲龍）。根據以電腦斷層掃描分析該骨質瘤塊的內部結構，並計算若被該骨質瘤塊打中時之衝擊力的研究顯示，如果是巨型骨質瘤塊的話，則其衝擊力之大，足以毀壞對手的骨骼。美甲龍也屬於甲龍類恐龍，因此應該也會使用這種骨質瘤塊來攻擊和威嚇敵人。

「美甲龍」（屬名：Saichania）是一種全身披有骨質甲板的植食性恐龍。不只背部，連頭部、頸部、側腹部、四肢和尾巴都覆蓋著大大小小叫做「皮內成骨」的小骨片。據研究報告表示，利用皮內成骨的武裝來保護身體的「甲龍類」就有40種以上，不過像美甲龍這樣，覆蓋在全身的骨質甲片都保存完整者，實在非常稀少。

現在，各方正在討論有關該美甲龍的復原問題。最早的美甲龍化石是從分布於蒙古中南部白堊紀晚期的地層中發現的，於1977年，由波蘭古生物學家瑪麗安斯卡（Teresa Marya ska）所報告。不過，發現到的化石是只有以頭顱為中心的前半身部分。

像恐龍這類大型脊椎動物，很難可以發現保存完好的全身骨架化石。特別是甲龍類，發現有全身骨骼者恐怕世界上也屈指可數。雖然所發現的美甲龍化石只有前半身，但幾乎保存完整。由於是前所未見的形態，因此被認定為新種。

不過由於只有前半身的化石，所以無法組成全身骨架。因此科學家便拿被認為可能是美甲龍的其他標本（這裡的則是欠缺頭顱）與最早發現的前半身「合體」。前頁所介紹的美甲龍全身骨架就是由這種組合構成的。換句話說，「全身披有鎧甲」的一半以上，都是後來才找到的。

但是在距發現超過35年後的2013年，加拿大亞伯達大學（University of Alberta）的阿爾布爾（Victoria M. Arbour）博士和柯爾（Philip J. Currie）博士指出：「欠缺頭顱的標本」實際上不是美甲龍的。博士等人表示從肩胛骨等可看出形狀特徵之不同，因此不應將其歸入美甲龍。

如果這個指摘是正確的，那麼美甲龍的後半身就變成行蹤不明了。這樣一來，也自然不能標榜牠是「全身披有鎧甲」的說法。有關美甲龍的今後研究爭論，值得我們特別注意。

全身穿戴防彈衣以提高防禦力的恐龍——甲龍類

美甲龍所屬的「甲龍類（甲龍下目）」與劍龍等所屬的「劍龍類（劍龍下目）」共同構成了「裝甲類（裝甲亞目）」（學名：Thyreophora）。裝甲類的恐龍都是植食性恐龍，大多為四足步行。

甲龍類具有寬廣體型、背部布滿著皮內成骨形成的骨甲、四肢短粗、重心低的特徵。牠們大致可分以為兩大科，分別是以代表種來命名，一個稱為「甲龍科」（學名：Ankylosauridae），另一個稱為「結節龍科」（學名：Nodosauridae）。如何區分這兩類族群呢？比較容

易的方法就是看牠們尾巴末端是否有骨質瘤塊構成的尾錘。通常甲龍科的恐龍尾巴末端有骨質瘤塊，而結節龍科的恐龍則沒有。前頁的美甲龍具有骨質瘤塊，因此被歸類為甲龍科。

形成甲龍類「鎧甲」的背部皮內成骨並不是單純的骨塊。據2004年和2010年發表的研究報告中表示，瑞士蘇黎世大學的塔特薩爾（Glenn J. Tattersall）和日本大阪市立自然史博物館的林昭次博士等人，在對包含美甲龍在內的數種甲龍類之皮內成骨進行調查的結果，發

美甲龍的家族成員

甲龍類是隸屬於恐龍兩大分類之一「鳥臀目」中的一個類群（請參考下面的分支圖）。在本頁中，介紹的是代表性的甲龍類。下面的遼寧龍屬（學名：Liaoningosaurus）和右側的怪嘴龍屬（學名：Gargoyleosaurus）都是演化史中初期的原始種。右頁上面的是結節龍科恐龍，其餘的都為甲龍科恐龍。

分支圖

劍龍類／甲龍類／鳥腳類／厚頭龍類／角龍類／原蜥腳類／蜥腳類／獸腳類（包含鳥類）

裝甲類　頭飾龍類

鳥臀目　蜥腳形亞目　蜥臀目

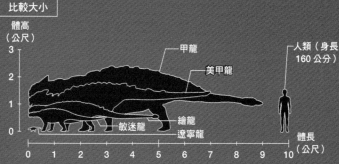

比較大小

體高（公尺）

人類（身長160公分）

甲龍
美甲龍
敏迷龍
繪龍
遼寧龍

體長（公尺）

怪嘴龍屬／*Gargoyleosaurus*

每塊覆蓋背部的皮內成骨都很大。被認為其生存環境與背部擁有骨板的劍龍是共通的。牠究竟隸屬於甲龍科呢？還是結節龍科呢？雖然目前還在爭論中，但可知牠是屬於原始種。

- ■推估體長：3～4公尺
- ■推估體重：100～200公斤
- ■生存年代：1億5400萬年前左右
- ■發現地區：美國中西部的懷俄明州
- ■名字意義：類似有翅膀之怪物「滴水嘴獸」（gargoyle）的蜥蜴（saurus）

敏迷龍屬／*Minmi*

敏迷龍是1964年，於南半球第一種發現的甲龍類恐龍，被歸類為原始的甲龍科。這裡呈現的是尾端沒有瘤塊的復原圖。

- ■推估體長：2～3公尺
- ■推估體重：50～100公斤
- ■生存年代：1億1200萬年前左右
- ■發現地區：澳洲東北部的昆士蘭州
- ■名字意義：發現地的交叉路口名稱（minmi）

遼寧龍屬／*Liaoningosaurus*

原始甲龍類之一種。從所發現到的化石很小，以及其顎部特徵來看，應該屬於幼體。頭部周圍的皮內成骨發達。

- ■推估體長：0.34公尺（幼體）
- ■推估體重：略小於10公斤（幼體）
- ■生存年代：1億2250萬年前左右
- ■發現地區：中國東北的遼寧省
- ■名字意義：遼寧省（liaoning）的蜥蜴（saurus）

現宛如是由數層骨骼組織交錯縫合般的結構。該結構可說與現代的防彈衣一樣，兼具強度和彈性。

事實上，甲龍類在幼體時，並不具有這種皮內成骨，而是隨著成長，才逐漸形成的。現代擁有類似這種防身「鎧甲」的動物，在哺乳類當中包括有犰狳類（科名：Dasypodidae）；爬蟲類中也有烏龜等，不過像犰狳和烏龜等動物是在幼體時便擁有硬質的背板和甲殼。在動物的生命史上，甲龍類的這點可說是前所未有的。

溶化自身骨骼作為產生鎧甲的原料

日本林昭次博士和德國波昂大學的史坦恩（Martina Stein）等人於2013年發表了一篇關於皮內成骨究竟是以何種材料形成的論文。林博士等人對於數種甲龍類的四肢骨骼和肋骨等身體各部位骨片化石進行調查結果，發現甲龍類在成長後才開始擁有皮內成骨，這可從牠們體內骨骼斷面內有很多組織溶解的痕跡中得到確認。博士等人表示，從這裡可看出甲龍類皮內成骨的材料是來自於自身身體的其他骨骼。

林博士並發現骨骼開始有溶解痕跡的個體，其身體發育的成長速度就變得較遲緩。和植物的年輪一樣，骨骼也有年輪，成長越快，年輪間隔就越寬。甲龍類則是骨骼一開始溶解，其間距就會變窄。針對這個現象，林博士等人表示：「在甲龍類的成長過程中，與其讓身體變得高大，不如優先選擇發育鎧甲，來提高防禦力。」

果然如此一來，身披鎧甲的甲龍類成功地取得了一定時期的興盛，也拓展了在世界各地的勢力。

結龍屬／*Sauropelta*

結龍屬的頸部有數個尖刺，最後一對特別長。再者，與其他甲龍類相比，巴較長。屬於結節龍科的一種。

- 推估體長：7～8公尺
- 推估體重：1～4公噸
- 生存年代：1億1400萬年前左右
- 發現地區：美國北部的蒙大拿州以及中西部的懷俄明州、猶他州。
- 名字意義：蜥蜴的（saurus）甲盾（pelta）

埃德蒙頓甲龍屬／*Edmontonia*

埃德蒙頓甲龍屬的腰部和「臀部」很寬，肩膀有長刺。在北美西北部的許多地區都有發現到牠們的化石，是白堊紀晚期最繁盛的甲龍類恐龍之一。屬於結節龍科恐龍。

- 推估體長：6～7公尺
- 推估體重：1～4公噸
- 生存年代：7300萬年前左右
- 發現地區：美國北部的蒙大拿州以及中西部的懷俄明州等
- 名字意義：屬於埃德蒙頓層（edmonton）者。

龍屬／*Pinacosaurus*

龍屬是生活於亞洲的恐龍，屬於甲龍科。目前為止總共發現超過15具不同長階段的化石。

- 推估體長：5公尺
- 推估體重：0.5～2公噸
- 生存年代：7800萬年前左右
- 發現地區：蒙古南部的南戈壁省、中國東部的山東省。
- 名字意義：厚板（Pinaco）的蜥蜴（saurus）

甲龍屬／*Ankylosaurus*

甲龍尾巴末端擁有骨質瘤塊構成的尾錘，為甲龍科代表種。甲龍的尾巴短，末端平直，擁有比人類臉部還大的瘤塊（尾錘）。該瘤塊非常硬，一般認為是用來摔打攻擊敵人之用。

- 推估體長：7～9公尺
- 推估體重：1～6公噸
- 生存年代：6600萬年前左右
- 發現地區：美國北部的蒙大拿州以及加拿大中西部的亞伯達省等地
- 名字意義：皮內成骨所結合（Ankylo）的蜥蜴（saurus）。

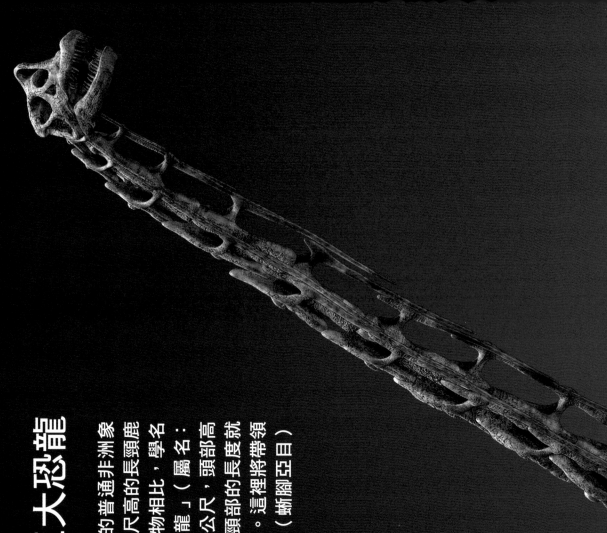

長頸巨龍：骨骼復原

擁有凌駕長頸鹿之長頸的巨大恐龍

棲息在現代陸地上的大型動物有個體體重超過 6 公噸的普通非洲象（學名：Loxodonta africana）和頭部可伸到近 5 公尺高的長頸鹿（這些數值都是雄性值）。實際上與這些現代的大型動物相比，學名中一部分帶有長頸鹿（giraffe）之意的「長頸巨龍」（屬名：Giraffatitan），體型更是巨大無比。長頸巨龍身軀體長約26公尺，頭部高度可超過10公尺，可以說擁有不合常理的巨大體型。頸部的長度就約占全身長度的一半，體重之重，更是與大象相差懸殊。這裡將常領大家一類長頸巨龍與其所屬的巨大恐龍族群「蜥腳類」（蜥腳亞目）的體型祕密。

正面

上面

長頸巨龍身長達26公尺，頸部比較上是向上垂直。在蜥腳類的頸骨等骨骼中布滿「空隙」，內含從肺部延伸的囊狀器官──氣囊。空氣會通過氣囊，所以有助於減輕骨骼的重量。

利用電腦繪圖所製成的此全身骨架復原圖，乃參考日本國立科學博物館（東京都台東區上野公園）所藏的迷惑龍（學名：Apatosaurus）之部分骨架標本。

囊內藏於骨骼的「空隙」內，所以可有助

1 公尺

1 公尺

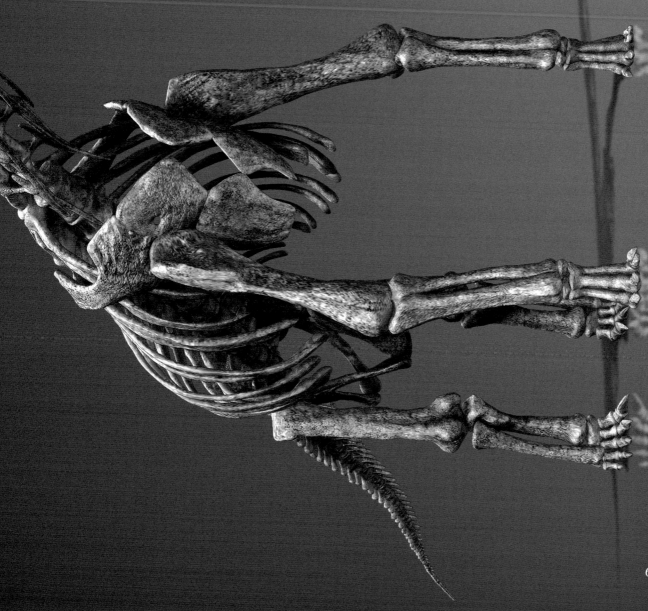

65

頸部長度約為長頸鹿的4倍，體重則達6頭大象之重

在非洲中部坦尚尼亞地區中所出土的恐龍化石「長頸巨龍」，是近年來才出現在一般大眾圖鑑上的恐龍。長頸巨龍具有長頸部和長尾巴，為一種體型巨大的植食性恐龍（蜥腳類）。體長約達26公尺，體重則達20公噸以上。

長頸巨龍過去曾經被稱為「腕龍」（學名：Brachiosaurus）。當聽到這裡時，或許您可能會認為「腕龍這個名字已經改掉消失了」，但事實上腕龍這個名稱目前還是「存在」，是指同時代棲息於北美的恐龍。

之所以會有這種情形，其發端是始於腕龍在1900年代剛開始被發現時，其全身化石並不完整所致。古生物學家根據這個不完整的標本，將該恐龍的學名取為「高胸腕龍」（學名：Brachiosaurus altithorax（B. altithorax））。之後又有報告指出，在坦尚尼亞發現屬於腕龍屬（學名：Brachiosaurus）的新種「布氏腕龍」

（學名：Brachiosaurus brancai）。雖說高胸腕龍的命名較早，但由於布氏腕龍的標本數多，也擁有較為完整的骨架，因此一般所稱的「腕龍」復原模型，大多是以布氏腕龍為根據。亦即直到最近才被區分為美洲和非洲兩個不同區域不同區域化石的恐龍種類。

但是，之後的研究指出兩者與其說是「同屬」中的「不同種」，還不如說是分屬於「不同屬」。據英國樸茨茅斯大學（University of Portsmouth）的泰勒（Michael P. Taylor）博士表示，兩者至少有26處顯著不同。因此將「後者」的布氏腕龍從腕龍屬分離出來，獨立為新屬──長頸巨龍屬。

註：例如「Brachiosaurus altithorax」是指「Brachiosaurus屬」中的「altithorax種」之意。再者，常會以屬名的首字母後加「.」來簡略。

■學　　　名　：Giraffatitan brancai（布氏長頸巨龍）
■推估體長　：約26公尺
■推估體重　：40～48公噸
■生存年代　：1億5600萬年前～1億5100萬年前左右
■棲息區域　：非洲中部的坦尚尼亞
■學名意義　：巨大的長頸鹿

巨大的「鼻腔」

額頭上隆起的部位就是鼻子的一部分。從電腦繪圖所繪製的全身骨架復原圖（64～65頁）中可以看出，在拱狀骨板兩側，有大大的孔洞。再者，古生物學家認為鼻道的入口是在上頷前方。

頸部比腕龍短一點

長頸鹿（成年雄性）的頸部約長比2.5公尺稍長一些，而長頸鹿的頸部長度則約達10公尺，相當於長頸巨龍的4倍左右。

長頸巨龍和腕龍雖說不同屬別，但兩者其實非常相似。不同的地方是長頸巨龍的頸部和尾巴比腕龍的稍短，且身軀和尾巴的上下寬度也稍窄。

高肩膀、前肢較長

蜥腳類的特徵之一，就是四肢具有如同柱子般垂直地面的結構。蜥腳類中的腕龍科成員，都是前肢長於後肢，因此可以將全身骨架撐起，使得肩膀位置可以像長頸鹿一樣變高，這樣一來頸部也自然可以高舉。

前肢的拇趾具趾爪，但與其他蜥腳類恐龍相比，算是小的。

美洲與非洲過去「陸地相連」

不只長頸巨龍和腕龍，在恐龍中，也有數種形態「極為類似」的恐龍，在地理上是分屬美國和非洲，而這些大多是從約1億5000萬年前左右的侏羅紀晚期的地層中所出土的恐龍種類。原因又是什麼呢？

在比侏羅紀還要早的時代「盤古大陸」（三疊紀），亦即早期的地球存在一個超大陸（Pangea）。雖然盤古大陸逐漸分裂，但在侏羅紀晚期，北美大陸和歐洲、歐洲西部和非洲大陸，它們的地理位置仍然都很接近，因此一般認為是透過歐洲，在北美大陸和非洲大陸的恐龍可能可以互相交流。也就是說在演化過程中，與長頸巨龍和腕龍有關的恐龍屬很有可能是來往於北美與非洲之間的。

地球生命史上出現過的最大型陸地動物——蜥腳類

長頸巨龍所屬的蜥腳類恐龍可說是「巨型恐龍」的代名詞。牠們擁有小型的頭部、長長的頸部、巨大的身軀和像柱子般粗壯的四肢以及長尾巴。蜥腳類的恐龍體長即使超過20公尺也不算稀奇，因為有的種類甚至可超過30公尺。蜥腳類可以說是地球生命史上曾經出現過的最大型陸地動物。

蜥腳類的體型究竟可以大到何種程度呢？

所謂「最大型」的種類，其體長都是「推測值」。基

本上體型越大的動物，很少能有可全身都形成化石保留者。可稱得上「最大型」恐龍者，有從在阿根廷的化石中所發現「阿根廷龍」（學名：Argentinosaurus）以及美洲的「超龍」（學名：Supersaurus）（請參考右頁下面）。這兩者的體長值都是根據部分的骨骼所推測出來的數值，因此根據研究人員的不同，數值也會有些許的變化。

即使這樣，在目前推測中的最大值大致是36公尺，體

長頸巨龍的家族成員

含有許多巨大體型種類的「蜥腳類」與原始小型的「原蜥腳類」，共同構成了蜥腳形亞目（學名：Sauropodomorpha）。蜥腳形亞目是隸屬於恐龍兩大分類中之一的「蜥臀目」（學名：Saurischia）。本頁將介紹蜥腳形亞目的代表性種類。

分支圖

劍龍類　甲龍類　鳥腳類　厚頭龍類　角龍類　原蜥腳類　蜥腳類　獸腳類（包含鳥類）

裝甲類　　頭飾龍類
鳥臀目　　蜥腳形亞目
　　鳥臀目　　蜥臀目

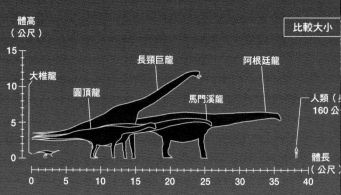

體高（公尺）

比較大小

大椎龍　圓頂龍　長頸巨龍　阿根廷龍　馬門溪龍

人類（身高）160公分

體長（公尺）

大椎龍屬／*Massospondylus*

大椎龍屬為原蜥腳類（學名：Prosauropoda）之一種，擁有大型的趾爪。前肢較短，因此一般認為大多是以兩足行走。有發現數個即將孵化的恐龍胚胎化石，有些體長僅約20公分。

- ■推估體長：4公尺
- ■推估體重：100～200公斤
- ■生存年代：1億9100萬年前左右
- ■發現地區：非洲南部的賴索托
- ■學名意義：長長的（masso）脊椎（spondylus）

圓頂龍屬／*Camarasaurus*

圓頂龍屬是大量生存於侏羅紀晚期北美洲的蜥腳類恐龍，含有 3～4 個不同物種。頭部稍大，具有下凹、形狀類似湯匙的牙齒。

- ■推估體長：18公尺
- ■推估體重：8～16公噸
- ■生存年代：1億5300萬年前左右
- ■發現地區：美國中西部的科羅拉多州、猶他州
- ■名字意義：脊椎有空腔（camara）的蜥蜴（saurus）

重70公噸。也有報導表示也發現超過該數值的恐龍，但就學術論文而言，目前還沒有任何研究報告的例子。

蜥腳類的體溫是個不可能的數值？

「體型龐大」的優點是不易被掠食者襲擊。但是相對的，也有許多缺點。例如體型越大，為了能持續維持該龐大的體型，食量自然也越大。此外，也有報告指出，恐龍如果體型越大，體溫就會變得越高，危及生命的可能性也就隨之變高。

在2006年，美國佛羅里達大學的吉魯利（James F Gillooly）博士等人，根據恐龍的體重，發表了推算體溫的方法。該報告指出，根據現代動物的數據顯示，體溫和體重大體上有所關連，亦即體重越重，體溫越高。若

假設蜥腳類恐龍的體重最大推測值約55公噸，則其推算出的體溫就約為「48℃」。

問題就在這「48℃」。吉魯利博士等人表示，幾乎所有的動物，可正常維持形成身體蛋白質的溫度最高是不超過45℃。實際上在現在，也沒有任何動物的數值超過該溫度。而「48℃」這個數值已經超過了該溫度數值的極限了。

此外，也有專家見解認為四肢可以支撐的身體重量也是有其限度。在目前蜥腳類恐龍中體型最大者，體長最多不超過約36公尺、體重則不超過約70公噸。想必今後也陸續會出現「發現史上最大型恐龍」的報導，但對於「如何支撐龐大體型」這點，應該也需要進行進一步的確認研究。

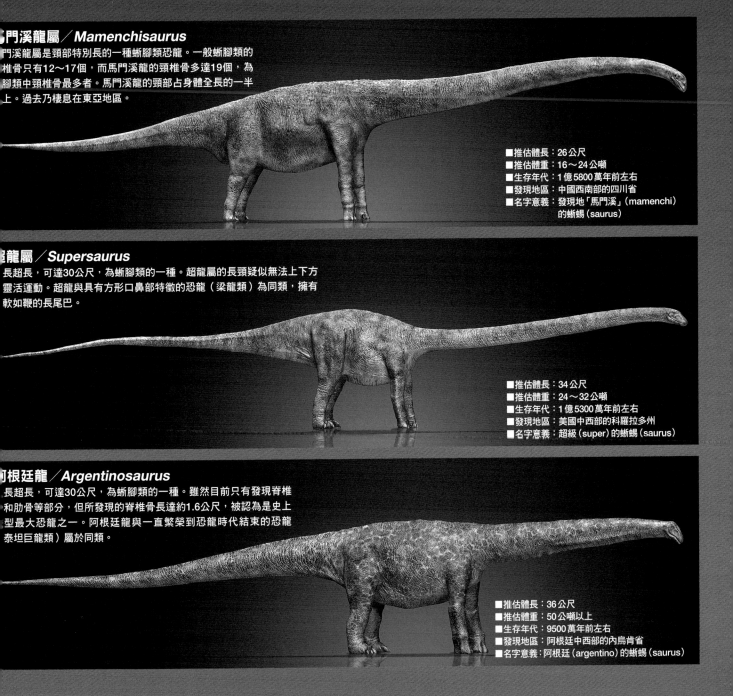

馬門溪龍屬／*Mamenchisaurus*

馬門溪龍屬是頸部特別長的一種蜥腳類恐龍。一般蜥腳類的頸椎骨只有12～17個，而馬門溪龍的頸椎骨多達19個，為蜥腳類中頸椎骨最多者。馬門溪龍的頸部占身體全長的一半以上。過去乃棲息在東亞地區。

- ■推估體長：26公尺
- ■推估體重：16～24公噸
- ■生存年代：1億5800萬年前左右
- ■發現地區：中國西南部的四川省
- ■名字意義：發現地「馬門溪」（mamenchi）的蜥蜴（saurus）

超龍屬／*Supersaurus*

體長超長，可達30公尺，為蜥腳類的一種。超龍屬的長頸疑似無法上下方靈活運動。超龍與具有方形口鼻部特徵的恐龍（梁龍類）為同類，擁有軟如鞭的長尾巴。

- ■推估體長：34公尺
- ■推估體重：24～32公噸
- ■生存年代：1億5300萬年前左右
- ■發現地區：美國中西部的科羅拉多州
- ■名字意義：超級（super）的蜥蜴（saurus）

阿根廷龍／*Argentinosaurus*

體長超長，可達30公尺，為蜥腳類的一種。雖然目前只有發現脊椎和肋骨等部分，但所發現的脊椎骨長達約1.6公尺，被認為是史上體型最大恐龍之一。阿根廷龍與一直繁榮到恐龍時代結束的恐龍（泰坦巨龍類）屬於同類。

- ■推估體長：36公尺
- ■推估體重：50公噸以上
- ■生存年代：9500萬年前左右
- ■發現地區：阿根廷中西部的內烏肯省
- ■名字意義：阿根廷（argentino）的蜥蜴（saurus）

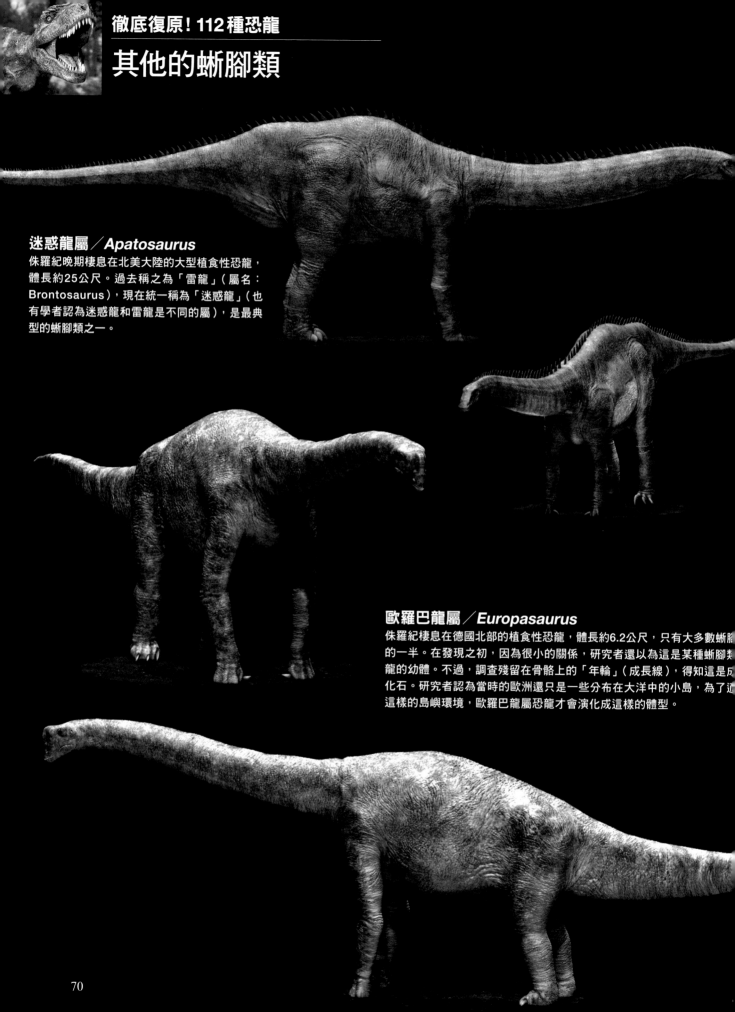

其他的蜥腳類

迷惑龍屬／*Apatosaurus*

侏羅紀晚期棲息在北美大陸的大型植食性恐龍，
體長約25公尺。過去稱之為「雷龍」（屬名：
Brontosaurus），現在統一稱為「迷惑龍」（也
有學者認為迷惑龍和雷龍是不同的屬），是最典
型的蜥腳類之一。

歐羅巴龍屬／*Europasaurus*

侏羅紀棲息在德國北部的植食性恐龍，體長約6.2公尺，只有大多數蜥腳類
的一半。在發現之初，因為很小的關係，研究者還以為這是某種蜥腳類
龍的幼體。不過，調查殘留在骨骼上的「年輪」（成長線），得知這是成
化石。研究者認為當時的歐洲還只是一些分布在大洋中的小島，為了適
這樣的島嶼環境，歐羅巴龍屬恐龍才會演化成這樣的體型。

蜀龍屬／*Shunosaurus*
侏羅紀中期，體長約15公尺的植食性恐龍。其特徵是在9公尺的尾巴前端有長達50公分的尾槌，尾槌有兩對尖刺。有學者指出該尾槌可能是用來擊退肉食性恐龍的。

梁龍屬／*Diplodocus*
侏羅紀晚期棲息在北美大陸，體長約26公尺的大型植食性恐龍。梁龍屬的特徵是口鼻部長，臉部低，頸部和尾部都很長。日本神奈川縣立生命之星地球博物館有梁龍化石的展示。

其他的蜥腳類

尼日龍屬／*Nigersaurus*

白堊紀早期，體長約10.5公尺的植食性恐龍。嘴部狀似吸塵器，其特徵是牙齒左右幾乎排成一直線。顱骨與頸部的關節連接成很容易朝下的結構，因此推測牠們會啃咬地面附近較嫩的植被來吃。發現地為尼日的泰內雷沙漠（Ténéré Desert）。

短頸潘龍屬／*Brachytrachelopan*

侏羅紀晚期，體長約10公尺的植食性恐龍。頸部長度遠比軀幹長度短許多，屬罕見的蜥腳類。有學者指出短頸潘龍屬的體型可能是為了適應在大型蜥腳類無法進入的森林裡面，啃食低矮植被而演化的。

阿馬加龍屬／*Amargasaurus*

白堊紀早期棲息在阿根廷的植食性恐龍，體長約12公尺，體重約 6 公噸。
從頸部到背部，排列著很長的尖刺。因為是細長易斷的尖刺，所以估計不是
用來防禦，而是像「帆狀物」般，具有展示、炫耀或是調節體溫的功能。

薩爾塔龍屬／*Saltasaurus*

白堊紀晚期棲息在南美大陸的植食性恐龍。其特徵是在
背部有由骨骼變化而成的小型骨板，學者認為這是保護
自己免於肉食性恐龍攻擊的「盾」。體長約12公尺，體
高約 3 公尺，在蜥腳類中屬小型，不過卻是擁有骨板之
陸上動物中，史上最大級的。

丹波龍／*Tambatitanis*

白堊紀早期，體長約10公尺的植食性恐龍。因是在日
本兵庫縣篠山市發現的，因此被暱稱為「丹波龍」。
2014年被認為是新種而發表，體型在蜥腳類中屬於中
型，在日本發現的恐龍中則屬大型。

三角龍：骨骼復原

■學　名：*Triceratops prorsus*（究竟三角龍）
■推估體長：5～6公尺
■推估體重：4公噸
■生存年代：6600萬年前左右
■棲息區域：北美洲西部
■學名意義：具有筆直（*prorsus*）三隻（*tri*）角
　　　　　　（*cerat*）的臉（*ops*）

以「3隻角的臉」為名的植食性恐龍

三角龍屬（學名：Triceratops）恐龍受歡迎的程度與暴龍不分軒輊，兩者可說是恐龍界的兩大明星。三角龍這種植食性恐龍不只具有3隻角和頭盾等顯眼特徵，還擁有可以抓取堅硬植物進食的堅硬顎部和牙齒。此外，有關三角龍的成長過程也已逐漸詳細闡明。現在就為各位介紹這種一直生存到恐龍時代結束的人氣恐龍以及具有個性頭飾的恐龍家族成員。

上面是由正面見到的三角龍全身骨架電腦繪圖。本電腦繪圖在製作之際，參考了日本國立科學博物館（東京都台東區上野公園）所藏的三角龍化石以及將化石以3D掃描的日本中庭測量顧問公司所提供的資料。又，現在日本國立科學博物館有常設的三角龍全身骨骼展覽。

三角龍：生物形態復原

角和頭盾的用途？

在三角龍的 3 隻角中，長在眼睛上方的 2 隻特別長。頭部後方具有龐大的鞍狀頭盾，而在頭盾邊緣則有19個突起。

頭盾和角的形狀與大小會隨著三角龍的成長階段而改變，因此被認為可作為分辨三角龍是否已達性成熟之用。此外，可能也作為同類之間的威嚇、爭鬥之用。再者，由於該角狀物非常堅硬，因此可能有助於防禦像暴龍之類的捕食者攻擊。

🪐 頭的成長過程

2006年所報告的三角龍成長過程。角一開始是朝上生長（a～c），從中途開始朝前伸展（d～e）。再者，也可看出頭盾邊緣的突起高度逐漸變低的過程。

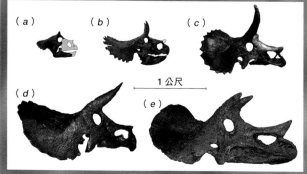

（a） （b） （c）

1公尺

（d） （e）

出處：John R Horner & Mark B Goodwin, Major cranial changes during *Triceratops* ontogeny, *Proceedings B*, 2006 November, Volume:273, Issue:1602, by permission of the Royal Society

口腔內長有像剪刀般的利齒

三角龍的成員都是喙狀嘴。以三角龍為例，牠的喙狀嘴像鉤子般向下彎曲。

再者，在口腔內部的上下顎，左右各有 1 排的齒列。每排齒列分別都擁有許多小牙齒，牙齒間互相交疊，沒有任何空隙。每排齒列的小牙齒，整體具有像利刃般的功能。此外上下齒列可以像剪刀一樣互相咬合。為了保持齒列的利刃功能，三角龍具有即使表面牙齒磨掉，從下方也會長出新牙的替換機制。即使是堅硬的植物，三角龍都可以利用喙狀嘴來啄取，並在口腔內部將食物磨碎。

可抵抗大型肉食性恐龍，巨大身軀達6公尺的三角龍

三角龍屬恐龍是生存於中生代白堊紀晚期（6600萬年前左右）北美洲西部的植食性恐龍。三角龍以四足步行，頭部具有龐大的頭盾，左右眼上方分別長有大角，鼻頭上則長有小角。三角龍與有名的肉食性恐龍「暴龍」生活在同時期、同區域。

三角龍的標本數量相對較多，其中也有幼體的部分頭顱化石。根據該化石所復原的頭部，從喙狀嘴到頭盾為止有38公分左右，約為成體的4分之1大小。眼睛上方的角只有3.5公分，頭盾也幾乎不太發達。

由於標本數較多，所以可研究的範圍自然也較多，其中也有如下的研究。美國蒙大拿州立大學的霍納（John R Horner）博士和加州大學的古德溫（Mark B Goodwin）博士在2006年發表的論文中，將大小不同的頭骨與三角龍成長過程相對應。

根據該研究指出，三角龍的角狀物隨著成長，不是單純地只向上變長而已。據研究表示，三角龍的角在剛開始是向上翹起生長，從某個階段開始，就不是向上而是朝前生長（左頁下方圖片）。再者，在三角龍的幼年時期，頭盾邊緣有許多尖尖的突起，但是從三角龍的角開始朝前成長時，這些突起的高度就會有逐漸變低的傾向。

以三角龍為名的種計有兩個：恐怖三角龍（學名：*T. horridus*）和究竟三角龍（學名：*T. prorsus*）。這兩個種最大的不同在鼻頭的角，「究竟三角龍」的角比較朝前方伸展。在2014年發表的研究中指出，由於恐怖三角龍被發現的地層比究竟三角龍的還古老，因此兩種應該是生存於不同時期。

以5根腳趾中的3根支撐體重

過去所見到的三角龍復原姿勢是肘部往旁邊大幅突出。日本名古屋大學藤原慎一博士利用三角龍化石和現生動物，針對前腳結構和肌肉的附著方式等進行詳細比較調查後，結果重新復原了三角龍在行走時的最自然姿勢。亦即「前肢的腳趾朝外，利用拇趾、食趾、中趾3根腳趾來支撐大部分的體重」。

擁有豐富個性之「頭盾」的草食性恐龍──角龍類

三角龍所屬的「角龍類（角龍下目）」，其英語名為「Ceratopsia」，這是「有角（cerat）的臉（ops）」之意。就如其名一樣，大多數角龍類的頭部都有角。角龍類和以具有如「石頭般厚實頭部」的厚頭龍為代表的「厚頭龍類」（厚頭龍亞目），由於頭部都具有裝飾物，因此，這兩類恐龍便共同構成了「頭飾龍類」（頭飾龍亞目）。

角龍類恐龍的角狀物形狀其實非常多樣，有像三角龍一樣，在兩眼上方長著略顯弧形之圓錐形角的種類，也有像尖角龍類（學名：Centrosaurus）一樣，在鼻頭長有顯眼長角的種類。此外，雖然一樣說是「角龍類」，但並不是所有的角龍類都一定長角，也有像鸚鵡嘴龍屬（學名：Psittacosaurus）一樣沒有角的種類或者是鼻頭沒有角，取而代之的則是發達的瘤狀物。

頭盾屬於角龍類的另一個特徵，它的形狀和大小實際上也形形色色，各有不同。既有像鸚鵡嘴龍屬這類沒有

三角龍的家族成員

下面分支圖乃顯示恐龍的分類族群以及角龍類的主要分類。角龍類是隸屬於恐龍兩大分類之一「鳥臀目」中的一個類群。與角龍類共同構成頭飾龍類的厚頭龍類是由代表性恐龍──厚頭龍這類擁有厚實頭部的恐龍成員所組成的類群。

角龍類的共同特徵是上顎的喙嘴具特殊骨質以及擁有向外突出的顴骨。再者，三角龍乃屬於開角龍亞科（學名：Chasmosaurinae）的成員。

分支圖

鸚鵡嘴龍科成員只有在亞洲發現，而原角龍科成員則是在亞洲和北美洲都有發現。尖角龍亞科成員和開角龍亞科成員則幾乎只有在北美洲有發現。

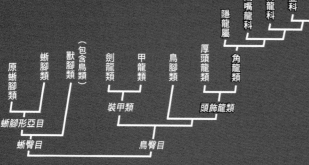

比較大小

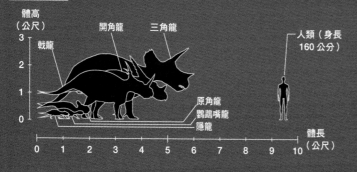

隱龍屬／*Yinlong*

角龍類中最原始且生存年代最早的恐龍。雖然沒有頭盾角狀物，但具有特的喙狀嘴骨質以及向外突出的顴骨等角龍類的特徵。再者，上顎長有2對牙。由於目前只在中國有發現化石，因此被認為角龍類是起源於亞洲。

■推估體長：1.2公尺
■推估體重：10公斤左右
■生存年代：1億6000萬年前左右
■發現地區：中國西北部的新疆
■名字意義：隱藏（yin）的龍（long）

鸚鵡嘴龍屬／*Psittacosaurus*

顴骨明顯向外突出。在化石中，有發現尾巴末端留有刺毛結構的化石。在龍類中被認為咀嚼力較弱，但具有幫助食物消化的胃石（gastrolith）。是孵化後開始到成年為止，成長過程最為人知的恐龍之一。

■推估體長：1.8公尺
■推估體重：10～20公斤
■生存年代：約1億2600萬年前左右
■發現地區：中國內蒙古、山東省
■名字意義：鸚鵡（psitt）蜥蜴（saur）

頭盾的恐龍，也有像戟龍屬（學名：Styracosaurus）這類在頭盾邊緣長有長刺的種類。以骨骼比較的話，三角龍的頭盾是板狀結構，而像尖角龍屬和開角龍屬（學名：Chasmosaurus）等頭盾骨上具有開孔的角龍也不少。

是否群居，可能依種類而有不同？

　　角龍類至少應該在幼年時期是群居動物。這是因為不只在中國發現至少有34隻聚集在一起的鸚鵡嘴龍幼體化石，在蒙古也有發現15隻聚集在一起的原角龍（學名：Protoceratops）幼體化石。至於三角龍，也有發現至少3隻幼體的化石聚在同一處的情形。像這種集體化石的發現，正是顯示牠們是群居的最佳證據。只是有沒有

成年恐龍在照顧這些幼年恐龍呢？目前的證據依然不足。由於只有發現幼體的集體化石，所以無法辨別究竟是因為幼年恐龍和成年恐龍分別居住呢？還是只有幼年恐龍死亡，成為化石，而照顧牠們的成年恐龍仍然繼續存活下去。

　　學界有人認為成年的角龍是否群居生活呢，會根據種類而有所不同。由於也有發現千隻尖角龍的集體化石，因此可以推論尖角龍應該是過著大規模的群居生活。但另一方面，三角龍的成體化石都只是發現單獨的個體而已，因此有專家認為成年的三角龍應該是單獨行動。

　　角龍類是外觀很顯眼的族群。如果有機會到博物館等有恐龍相關展示之處，可以好好欣賞角龍類牠們不同種類之間的面貌。

角龍屬／*Protoceratops*

認為是四足步行，而雖然擁有頭盾，但沒有角。一般認為原角龍是在鸚鵡嘴龍這類原始角龍類下一個演化階段的類型。原角龍生活在大型沙丘發達的沙漠地帶。有發現剛孵化的幼體（體長僅有23公分）化石。

■推估體長：約2公尺
■推估體重：50公斤左右
■生存年代：7800萬年前左右
■發現地區：蒙古南部的南戈壁省、中國中部的甘肅省等地
■名字意義：最早（prot）頭上長出角（cerat）的臉（ops）

戟龍屬／*Styracosaurus*

戟龍屬與尖角龍屬是屬於近親系統的成員。頭盾邊緣有突起（尖刺）排列，上側邊緣有3對特別發達的尖刺。鼻頭延伸出的角狀物長度約可達60公分。

■推估體長：4～5公尺
■推估體重：1～2公噸
■生存年代：7600萬年前左右
■發現地區：加拿大西部的亞伯達省
■名字意義：有槍狀裝飾物突起（styrac）的蜥蜴（saur）

角龍屬／*Centrosaurus*

亞洲遷往北美大陸的角龍類，平均體型中型。頭盾邊緣有尖刺。再者，頭盾中央上端有2對4根彎曲的突起（尖刺）。眼睛上方的角狀物非常小。被認為是屬於大規模的群居恐龍。

■推估體長：4～5公尺
■推估體重：1～2公噸
■生存年代：7700萬年前左右
■發現地區：加拿大西部的亞伯達省
■名字意義：有尖刺（centr）的蜥蜴（saur）

開角龍屬／*Chasmosaurus*

是擁有大大長長頭盾這類特徵性恐龍的代表種。形成頭盾的骨骼中，左右有對稱的大型開孔，這也是牠名字的由來。在這裡所介紹的恐龍中，開角龍與三角龍的血緣關係最近。

■推估體長：4～5公尺
■推估體重：1～2公噸
■生存年代：7600萬年前左右
■發現地區：加拿大西部的亞伯達省
■名字意義：有大洞（chasm）的蜥蜴（saur）

其他的角龍類

迷亂角龍屬／*Vagaceratops*
白堊紀晚期，體長約 7 公尺的植食性恐龍。頭盾呈方形，長度適中、大幅往後上方傾斜，末端還有數個向前彎曲的小角。過去曾被認為是開角龍屬的一種，但經過近年的解析，認為是別屬。發現地區是加拿大。

厚鼻龍屬／*Pachyrhinosaurus*
是棲息在白堊紀晚期之北美大陸的植食性恐龍，體長約 7 公尺。雖是大型的角龍類，不過沒有角，沒有角的原因目前尚未闡明。學名的意思是「有厚鼻的蜥蜴」。

準角龍屬／*Anchiceratops*
白堊紀晚期，體長約 6 公尺的植食性恐龍，棲息在北美大陸。在眼睛上方的兩隻額角較鼻角為長，朝外側彎曲，而頭盾則呈長方形。發現地區是加拿大的亞伯達省。

三疊紀的恐龍

曙奔龍屬／*Eodromaeus*

體長大約 1 公尺的小型肉食性恐龍。具有向嘴巴內部彎曲的牙齒、可穿過空氣之孔的頸部骨骼（含氣骨）等，被認為是最古老的獸腳類恐龍。可靈巧動作，一般認為曙奔龍屬恐龍是以小型動物為食。於1996年發現。

始盜龍屬／*Eoraptor*

在非洲發現的最古老恐龍之一，體長約 1 公尺，屬於小型恐龍。因為擁有中空而且輕盈的骨骼，因此認為始盜龍的身手應該非常靈活。始盜龍擁有利刃般適於肉食的鋸齒狀牙齒，也擁有呈樹葉狀，適於植食的牙齒。根據近年的研究認為牠們是頸部很長的大型植食性恐龍（蜥腳形亞目）的起源而備受矚目。於1991年首度被發現。

腔骨龍屬／*Coelophysis*

又名為虛形龍，是一種原始的獸腳類。體長2～3公尺，體重15～25公斤左右，研究者認為牠們的動作敏捷輕巧。目前認為牠們棲息在大約 2 億年前的世界各地。發現地區為北美大陸、非洲。

槽齒龍屬／*Thecodontosaurus*

三疊紀晚期的植食性恐龍，體長約2.5公尺，是被稱為原蜥腳類的一支。學名記載很早，1836年就有了。發現地區為英國。

板龍屬／*Plateosaurus*

三疊紀晚期棲息在歐洲的最早期大型植食性恐龍，體長約8公尺，是代表性的原蜥腳類恐龍。胖墩墩的軀體和小小的頭為其特徵，前肢明顯較小但有大型拇趾尖爪，這些尖爪可能用來防衛與幫助進食。1837年就有該屬恐龍的記載。

弗倫尤里龍／*Frenguellisaurus*

三疊紀的大型恐龍，體長約6～7公尺，大小大約是當時小型、中型恐龍的2倍以上。從大顆牙齒的表面呈鋸齒狀以及擁有鐮刀般彎曲而銳利的勾爪，可以判斷弗倫尤里龍是掠食者。前肢長度約是後肢的一半，因此可能是二足步行。1973年首度被發現。

艾雷拉龍屬／*Herrerasaurus*

三疊紀晚期的肉食性恐龍，是棲息在南美大陸的原始獸腳類，體長大約4.5公尺。學名之意即為「艾雷拉（Victorino Herrera，發現者之名）的蜥蜴」。

萊森龍屬／*Lessemsaurus*

三疊紀晚期，體長大約10公尺的植食性恐龍，是蜥腳形亞目恐龍的一屬。根據研究判斷其背部可能有隆起。屬名是以全球知名的古生物及科普作家「唐·萊森」（Don Lessem）為名。發現地區為阿根廷。

恐龍學的最新研究

協助　小林快次／菲利普・柯里（Philip J. Currie）

現在恐龍學已邁入新的紀元。近年來，已經演變到利用電腦斷層攝影（CT）掃描、電腦模擬的手法來研究恐龍的形貌和生態，因此能夠更進一步推測出恐龍的相關細節。恐龍中，被研究最多的就是「雷克斯暴龍」（學名：*Tyrannosaurus rex*）。雷克斯暴龍是出現在恐龍時代最後階段，最強悍的肉食性恐龍。在過去，恐龍學的研究主要是調查堅硬的骨骼、牙齒等化石、足跡、糞便的痕跡等。但是近年來，在骨骼化石中發現到被認為是血管和細胞等軟組織的痕跡，現在已嘗試從殘留的有機物闡明恐龍的生態。雷克斯暴龍究竟是什麼樣的生物呢？在Part2中將配合最新的恐龍學，且讓我們一窺最強的肉食性恐龍的全貌。

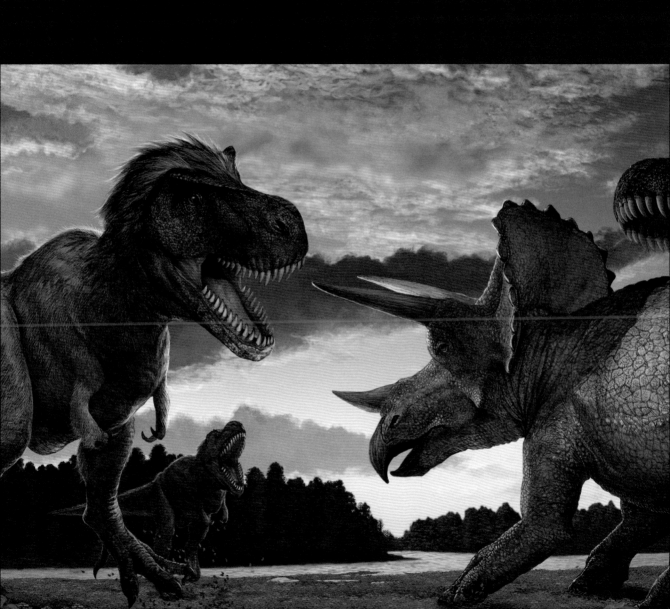

最強的肉食性恐龍

復原圖必須改了！長有羽毛的可能性極高

從大約 2 億3000萬年前一直延續到大約6600萬年前的恐龍時代，在末期，也就是白堊紀晚期雄踞生態系頂點的就是「雷克斯暴龍」。雷克斯暴龍的體型碩大，體長（從鼻尖到尾端）約13公尺、肩高約 4 公尺、推估體重達 6 公噸。古生物學家認為雷克斯暴龍擁有史上最強的

齧咬力，是最強的肉食性恐龍。

發現狀態良好的化石，研究因此大幅進展

因為發現狀態很好的化石，雷克斯暴龍是研究進展最顯著的恐龍之一。實際上，最近這幾年陸續有新發現。

暴龍

2005年，考古學家發表已發現前所未有的血管和細胞的痕跡。此外，傳統所繪的復原圖，暴龍的皮膚就像現生蜥蜴為鱗片狀，但是現在所繪的復原圖則以長有羽毛的暴龍形象為主流。暴龍家族的成員擁有細長的羽毛，這就相當於構造複雜之現生鳥類的羽毛原型。這樣的形象無疑顛覆了傳統對暴龍的認知。

成群結隊襲擊三角龍的暴龍

黃昏時分，數隻雷克斯暴龍正在夾擊三角龍。正如插圖所繪一般，古生物學家推測雷克斯暴龍極有可能是以數隻為一組（家族？）來捕捉獵物的。不管是在追捕腳程很快的個體，或是埋伏擊殺其他的個體，這樣的團隊行動也許都能發揮極強大的戰鬥力。

■三角龍（也稱三觭龍）
體長：8～9公尺
種類：角龍類
發現地點：北美洲
時代：白堊紀晚期
特徵：植食性。擁有非常大的頭盾和3根角。

在亞洲演化，在北美洲巨型化。直到滅絕者是君臨天下的恐龍之王

　　1902年，美國自然史博物館的職員布朗（Barnum Brown，1873～1963）在蒙大拿州發現大型恐龍的化石，該化石後來被古生物學家奧斯本（Henry Fairfield Osborn，1857～1935）命名為「*Tyrannosaurus rex*」[※1]，「Tyrannosaurus」是「暴君蜥蜴」、「rex」是「王」的意思。正如其名所示，它是非常強悍的肉食性恐龍，自從被發現以來就擁有超高的知名度，也非常受到大眾的喜愛。「雷克斯暴龍」是種名，與之血緣相近

的族群稱為「暴龍類」（暴龍超科）。

　　為暴龍命名的古生物學家奧斯本，其所發表的暴龍復原圖為身體近乎垂直，身體後方的尾巴拖曳在地面上（請參照95頁右下方的插圖）。當時，一般認為所有的恐龍都長成這樣。

　　後來，因為在足跡化石的周邊並未發現尾巴拖曳在地上所留下的痕跡，因此了解到尾巴拖地的姿勢是錯誤的。現在將暴龍復原為如86～87頁中所示尾巴與身體成

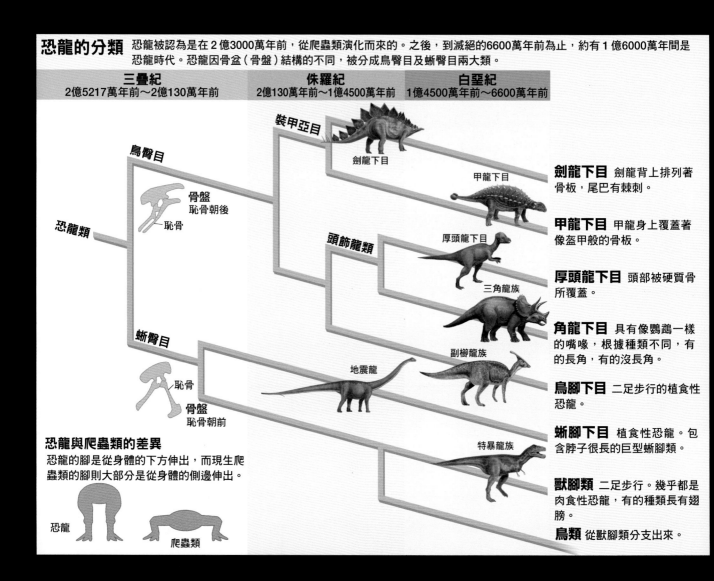

恐龍的分類　恐龍被認為是在2億3000萬年前，從爬蟲類演化而來的。之後，到滅絕的6600萬年前為止，約有1億6000萬年間是恐龍時代。恐龍因骨盆（骨盤）結構的不同，被分成鳥臀目及蜥臀目兩大類。

三疊紀	侏羅紀	白堊紀
2億5217萬年前～2億130萬年前	2億130萬年前～1億4500萬年前	1億4500萬年前～6600萬年前

鳥臀目
骨盤
恥骨朝後
恥骨
恐龍類
蜥臀目
恥骨
骨盤
恥骨朝前

裝甲亞目
劍龍下目
甲龍下目
頭飾龍類
厚頭龍下目
三角龍族
副櫛龍族
地震龍
特暴龍族

劍龍下目 劍龍背上排列著骨板，尾巴有棘刺。

甲龍下目 甲龍身上覆蓋著像盔甲般的骨板。

厚頭龍下目 頭部被硬質骨所覆蓋。

角龍下目 具有像鸚鵡一樣的嘴喙，根據種類不同，有的長角，有的沒長角。

鳥腳下目 二足步行的植食性恐龍。

蜥腳下目 植食性恐龍。包含脖子很長的巨型蜥腳類。

獸腳類 二足步行。幾乎都是肉食性恐龍，有的種類長有翅膀。

鳥類 從獸腳類分支出來。

恐龍與爬蟲類的差異
恐龍的腳是從身體的下方伸出，而現生爬蟲類的腳則大部分是從身體的側邊伸出。

恐龍

爬蟲類

水平的姿態。

暴龍與鳥類相近

　　根據骨盤（也稱骨盆）的形狀和結構恐龍大致可分為「蜥臀目」（也稱龍盤目或蜥盤目）和「鳥臀目」（也稱鳥盤目）。蜥臀目的代表為「腕龍」，鳥臀目的代表有三角龍和劍龍等。暴龍屬於蜥臀目中的獸腳亞目（學名：Theropoda）。

　　從意為「暴君蜥蜴」和傳統的暴龍復原圖來看，也許大家會有它與蜥蜴等爬蟲類是近親的印象。但是，現生爬蟲類和暴龍等恐龍在骨盤與大腿骨的連接方式等並不相同。相對於現生爬蟲類的腳是從身體的側邊伸出，恐龍的腳則是朝身體下方延伸，這一點跟鳥類十分相似。古生物學家認為鳥類是從小型的獸腳類演化而來。日本北海道大學從事恐龍分類和生態研究的小林快次副教授表示：「鳥類可以說是現今仍然存活的恐龍」。暴龍與現生鳥類的血緣關係比爬蟲類還要近。

暴龍類的共同特徵

　　目前已發現與暴龍為近親關係的暴龍類（暴龍超科）約有20種，暴龍類的共同特徵到底是什麼呢？小林副教授表示：「很難一語道盡」。以前認為共同特徵是手（前肢）很小、頭很大⋯⋯，但是現在已發現不符合該特徵的物種。

源於歐洲，也棲息在亞洲的暴龍家族成員

　　古生物學家認為暴龍類是在侏羅紀（年代請參照左圖）誕生於歐洲，其後在亞洲演化，白堊紀早期遷移到北美洲。暴龍在北美洲巨型化，最後誕生了登峰造極的雷克斯暴龍（7060萬年前～6600萬年前）。留在亞洲的家族成員也演變得越來越巨大，在蒙古等地誕生了大型的暴龍類「特暴龍」。順道一提，在中國發現為數眾多的暴龍家族成員，就連日本也於1995年在福井縣發現被認為是暴龍類的牙齒化石。

　　暴龍類演化的過程仍然充滿謎團。有說法表示：暴龍類不只是從亞洲遷徙到北美洲，可能在某段時期，暴龍類還往來於亞洲和北美洲之間。至於哪一種說法為真，目前仍未有定論。

巨大隕石的撞擊造成恐龍滅絕⁉

　　持續期間長達1億6000萬年的恐龍時代，大約在6600萬年前以「恐龍滅絕」的形式告終。有關恐龍滅絕的原因，目前有數種說法，還沒有定論。現在最有力的一種

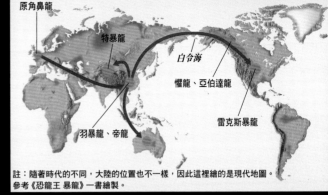

從亞洲遷徙到北美洲之後演化？

原角鼻龍
特暴龍
白令海
懼龍、亞伯達龍
雷克斯暴龍
羽暴龍、帝龍

註：隨著時代的不同，大陸的位置也不一樣，因此這裡繪的是現代地圖。
參考《恐龍王 暴龍》一書繪製。

插圖所繪為古生物學家認為的暴龍類遷徙路徑。在英國發現的侏羅紀中期的原角鼻龍被認為是最古老的暴龍類（暴龍超科）。一般認為暴龍類在歐洲誕生，後來遷徙到亞洲，在亞洲誕生「帝龍」（體長1.6～2公尺）等暴龍類。然後渡過在白堊紀早期還陸地相連的白令海，在北美洲演變得越來越巨大。北美洲暴龍類的最終型就是「雷克斯暴龍」。在亞洲的暴龍類也演變得相當巨大，誕生了「特暴龍」（體長約10公尺）。此外，在澳洲也發現暴龍類的部分化石。

說法是「隕石撞擊說」。大多數的研究者認為有巨大隕石撞擊墨西哥的猶加敦半島（Yucatán Peninsula），其所造成的氣候變遷讓恐龍滅絕了。但是，為什麼恐龍滅絕了，而鳥類、爬蟲類、哺乳類卻都劫後餘生呢？像這類我們不清楚答案的謎還有很多，有待科學家繼續努力研究。

發現大量的全身骨骼

　　根據了解，雄踞恐龍時代最後階段之生態系頂點的暴龍，目前已被發現大量狀態保存較為良好的化石。古生物學家認為如果發現到的恐龍化石超過全身一半以上的話，狀態就算是好的了。舉例來說，在1990年發現，被暱稱為「蘇（Sue）」（雌性）[2]的骨骼標本是全身達90%的化石。此外，像「史丹（Stan）」（雄性）[2]也達70%、「珍（Jane）」（幼龍）[2]也高達90%。擁有狀態良好的化石也是暴龍研究突飛猛進的一大原因。

※1：暴龍也稱霸王龍，目前唯一的有效種為模式種雷克斯暴龍（也稱雷克斯龍）。
※2：蘇在美國芝加哥的菲爾德自然史博物館（Field Museum of Natural History）展示。史丹收藏在美國堪薩斯州的黑山地質研究所（Black Hills Institute of Geological Research, Inc.），珍則置於美國伊利諾州羅克福德的伯比自然史博物館（Burpee Museum of Natural History）展示。此外，雄性和雌性的差異係根據骨骼大小等來推定的，目前仍未確定。

探究身體之謎 ①

發現血管和細胞的痕跡!?
侏羅紀公園將成為可能嗎？

　　長期以來大家都相信恐龍化石留下的都是堅硬部分，截至目前所研究的對象都是骨骼、牙齒、卵這些堅硬部分的化石，至於足跡也是間接殘留在土石表面的化石。然而，古生物學家在2005年發表從根本顛覆了這種常識的論文。論文中表示，他們從暴龍的骨骼化石內部發現血管的痕跡。而且該血管痕跡是有彈性的，好像只要一拉就會伸長一般。

任何人都覺得不可能存在的偶然發現

　　美國北卡羅萊納州立大學的瑪麗·史懷哲博士在1992年研究恐龍的骨骼微細結構時，偶然發現骨骼中有類似紅血球的紅色微粒。史懷哲博士剛開始也不相信這是紅血球，之後，她用特殊藥物將堅硬的部分溶化，開始尋找是否還有其他像細胞這類的痕跡。在經過使用多具化石持續實驗之後，發現在此之前任何人都沒想到會保存下來，像是血管和骨細胞的痕跡。

　　2005年論文發表之後，在研究者間引發「被認為是軟組織的東西並不是暴龍的，可能是源自細菌的物質」的討論。但是在後來經過各種追加試驗的結果，現在大多數的研究者已經認為恐龍的軟組織有可能留存到現代。

　　發現了軟組織的史懷哲博士更進一步挑戰採集暴龍的DNA。如果能夠找到完整形態的生命設計圖「DNA」的話，就算不能像電影《侏羅紀公園》（Jurassic Park）的劇情般讓恐龍復活，不過使用鳥類的DNA，製造出類似恐龍之生物的可能性還是很高的。

　　DNA是極易分解的物質，縱然留存到現在，也可能因為採集而接觸到空氣中的氧而立即分解。因此史懷哲博士等人在挖掘現場成立了實驗室，挖掘出來之後立即分析。雖然，目前已發現到一部分由DNA分解所形成的核酸，但是一直都未能發現到DNA。科學家認為一般條件良好的話，DNA最多能保存數百萬年。但是就像這次發現到顛覆常識的軟組織一般，未來在手法的改良下，或許有一天真的能獲得DNA的訊息也說不定。

保存下來的軟組織

一直以來大家都認為恐龍死後，組織中所含的有機物會被礦物質置換，能夠變成化石保存下來的只有骨骼、牙齒等堅硬的部分。但是古生物學家已經揭露也有例外的情況。下面照片就是古生物學家實際發現的血管及細胞的痕跡。科學家認為這些軟組織能夠保存下來，是因為當時掩埋的環境條件絕佳的緣故。

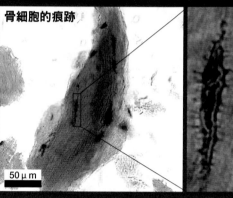

骨細胞的痕跡

50μm

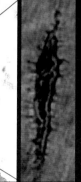

電子顯微鏡照片

跟有突起的骨細胞極為相似

上面是暴龍的骨骼（緻密骨）化石經過弱酸溶化之後所得到的纖維團，以及存在其中被認為是「骨細胞」的結構體。下為利用掃描式電子顯微鏡所拍攝之被認為是骨細胞的痕跡。一般，骨細胞是埋在骨骼之中，它們會伸出無數突起而彼此相連。照片中的模樣與擁有很多突起的骨細胞外形非常相似（1μm為0.001mm）。

1μm

也已解讀出蛋白質了！其序列與鳥類相似

蛋白質是我們身體的主要構成要素，它是由胺基酸鏈結而成的構造。史懷哲博士也對殘留在骨骼化石周圍的蛋白質進行分析。例如，分析覆蓋在獸腳類馳龍（也稱奔龍）科恐龍標本之腳趾上的白色纖維狀物質，發現到胺基酸。

再者，從胺基酸的結合情況來看，博士的研究團隊認為與「角蛋白」這種蛋白質非常類似。角蛋白是構成毛髮、皮膚、指甲等的蛋白質。換句話說，就是在腳趾發現趾甲的痕跡。此外，博士的研究團隊也成功地解讀出從暴龍骨骼中採集到之蛋白質的胺基酸序列，並於2007年和2008年發表結果。在解說中，博士等人都表示與鳥類的序列極為相似。

在什麼樣的情況下會保留軟組織呢？

若是因河川氾濫將泥沙等堆積物推湧過來，而瞬間將恐龍吞沒的話，就有可能殘留有機物。特別是若掩埋在砂岩堆積物中的話，因為排水狀況良好，科學家認為有機物不會完全分解，保留下來的可能性較高。此外，化石也受掩埋之處周遭物質的化學成分所左右，因此根據推測，周圍環境也殘留有機物非常重要。插圖所繪為突然被堆積物所掩埋而成為白骨的暴龍想像圖。

在發現全身骨骼的場合下，化石大多形成所謂的「死亡姿勢」（death pose）。死亡姿勢就是頸部大幅翻轉的姿勢。科學家認為這是死後僵直（rigor mortis）的結果。也就是說骨骼肌收縮，關節往肌力強的方向彎曲的結果，就變成這種不可思議的姿勢了。

河川氾濫所帶來的砂岩堆積物

掩埋在堆積物下的暴龍

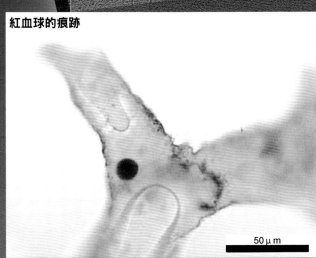

紅血球的痕跡

50 μm

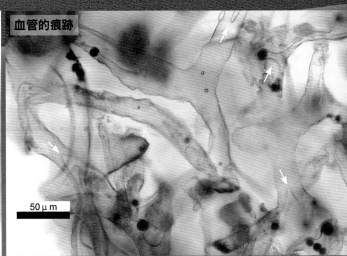

血管的痕跡

50 μm

在大腿骨發現血管的痕跡

上為在暴龍股骨（大腿骨）發現到疑似血管的組織痕跡。以弱酸洗去鈣等無機物，留下神似血管的分歧透明管狀物（右邊圖像中箭頭所指的分歧部位）。在左邊的放大圖中，可以看到在血管痕跡中有紅血球。據表示，這樣的紅血球僅存在於血管痕跡內部，且外形神似紅血球。現生動物的紅血球因為攜帶氧的關係，含有與氧氣結合的「血基質」（heme）。史懷哲博士利用雷射光照射發現到的紅血球以分析其成分，闡明含有類似血基質的物質。

恐龍是什麼顏色的呢？
是否長有羽毛呢？

　　長久以來都有一種看法認為「想要知道恐龍的體色是不可能的」。一直到數年以前，只要提到「恐龍的體色」，因為沒有科學性的證據，只能參考現生的動物加以想像。而打開這個難題之突破口的，竟然是對墨魚的研究。2006年，當時在美國耶魯大學攻讀博士學位的溫瑟爾（Jakob Vinther）博士在研究古烏賊的過程中，在古烏賊的墨囊化石內部發現殘留有現生烏賊所具，用來製造烏賊墨色色素的胞器「黑色素小體（也稱黑素體）」（melanosome）。

　　黑色素小體是大多數生物皆擁有的，因為很多時候它也決定體色，所以溫瑟爾博士開始調查其他的化石。於是，他發現在鳥類化石中也存在黑色素小體。該發現成為一個突破口，近年來已經陸陸續續闡明許多古生物的體色。

始祖鳥的顏色為黑和白

　　「始祖鳥」（學名：Archaeopteryx）是生活在侏羅紀晚期的最原始鳥類之一。一直以來，牠的想像圖全身都被畫得五彩繽紛，然而經過研究發現，事實上至少應該有一部分是黑色的。根據2011年所發表的論文，從始祖鳥的1根羽毛化石發現黑色素小體的痕跡。從它的密度和形狀來推測，羽毛有極高機率有黑色的部分。此外，2013年6月，有研究成果發表認為該羽毛應該是白色（正確來說，應該是像白色這種明亮的顏色）和黑色圖案所構成。

　　遺憾的是，直到今天仍未發現暴龍類的顏色痕跡。但是一般相信未來發現的可能性極大。

暴龍也長有羽毛!?

　　2012年4月，開始闡明了大型的暴龍類長有羽毛。最新在中國發現的，體長約9公尺的暴龍類「華麗羽暴龍」（學名：*Yutyrannus huali*）全身長有羽毛。在此之前，只有在暴龍類的小型種發現到羽毛。現在連大型種都發現羽毛，因此可以說暴龍類的家族成員大多長有羽毛的可能性大為提高。在本書Part2中的暴龍係參考華麗羽暴龍，繪出其長有羽毛的形象。

目前已發現之羽毛和體色的證據

將生活在恐龍時代的生物目前已確認體色或羽毛顏色的代表物整理如下。上半部分為已判明顏色的生物，下半部分為第一個現擁有羽毛的大型種暴龍——華麗羽暴龍。順道一提，科學家為羽暴龍的羽毛為細長的纖維狀。古生物學家認為始祖鳥和近龍（也稱近鳥）的羽毛還要更複雜一點，是類似現生鳥類，具羽軸的羽毛。

近鳥龍的
黑白圖案
這是第一個被推定出全身體色的古生物。翅膀有黑白的圖案，頭冠為褐色～橙色，面頰好像也有相同顏色的斑點。

■近鳥龍屬（學名：Anchiornis）
體長：0.34公尺
種類：獸腳亞目，屬傷齒龍科。
發現地點：中國遼寧省，2009年發表。
時代：侏羅紀晚期
特徵：肉食。比始祖鳥還要古老的小型羽毛恐龍。

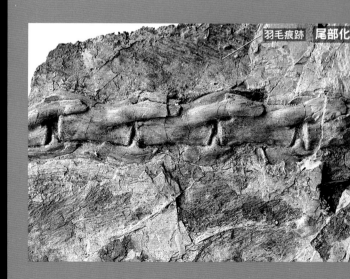

羽毛痕跡　尾部化

利用色素的有無判明體色

古生物可以藉由是否發現具有製造所有色素之胞器「黑色素小體」的痕跡來判明顏色。黑色素小體的顆粒為球形或細長形，可藉由顆粒是否井然有序排列來判斷顏色。若形狀是細長形則是帶黑色，如果是圓形則帶褐色。如果顆粒井然排列表示所呈現的顏色有光澤，如果顆粒分散，就表示沒有光澤。右為始祖鳥的羽毛，以及利用電子顯微鏡觀察該羽毛所發現到之黑色素小體的痕跡。因為顆粒細長（紅色箭頭所指的顆粒），因此推測應該是帶黑色的。

始祖鳥的羽毛

電子顯微鏡的照片

華龍鳥是褐色的

身大部分是褐色，尾巴好是由褐色和亮色構成的條圖案。

■中華龍鳥屬（學名：Sinosauropteryx）
體長：1公尺
種類：獸腳亞目，屬虛骨龍類。
發現地點：中國遼寧省，1990年發表。
時代：白堊紀早期
特徵：肉食。是第一個被發現的羽毛恐龍。

始祖鳥為黑與白

翅膀羽毛邊緣為黑色，而內側應該是白色（亮色）。順道一提，也有說法認為腳上也有羽毛。

■始祖鳥
全長：0.5公尺
種類：蜥臀目。原始的鳥類。
發現地點：德國，1861年發表。
時代：侏羅紀晚期
特徵：肉食。鳥類的起源？

■華麗羽暴龍
全長：9公尺
種類：獸腳亞目，暴龍超科。
發現地點：中國遼寧省，2012年發表。
時代：白堊紀早期
特徵：肉食。

在大型暴龍類身上發現羽毛

在此之前，僅於幼龍和小型的暴龍類身上發現羽毛，大型的暴龍類第一個被發現到羽毛的就是華麗羽暴龍。左邊照片即為其化石的情形，在骨骼周圍可以看到羽毛的痕跡。其羽毛為細長的纖維狀，後頭部的羽毛長，大約有20公分。

因為該發現，所有暴龍類皆有羽毛的可能性大為提高。但是也有說法認為應該只是生活在寒冷地區的暴龍類才擁有保溫用的羽毛，另外也有研究者主張並非所有的暴龍類都有羽毛。

連站立起來的方式、走路方式都有可能復原

直到數十年前，一般所繪的暴龍形象都還是像「酷斯拉」一樣，挺直站立，尾巴拖曳在地面上行走。但是因為在足跡化石的周遭並未發現尾巴拖曳所造成的痕跡，因此現在的復原圖都繪成尾巴近乎水平的姿勢（請參考86～87頁）。

再者，現在連蹲下、站起來、行走等行動也都能推敲到最細微的動作。美國奧勒岡大學（University of Oregon）的史蒂芬斯（Kent A. Stevens）博士詳細測定恐龍化石的形狀，根據測得的數據在電腦上進行姿勢和動作的重現。

挂著小腕站起來

史蒂芬斯博士的研究團隊從骨骼的關節面形狀計算出骨骼的可活動範圍，然後根據得到的資料，精密的計算

從蹲下的姿勢要站起來時的樣子

根據史蒂芬斯博士的模擬製作完成的暴龍企圖站起來的樣子。膝蓋深深彎曲、撐著腕（前腳）站起來。在此之前，一般主流想法認為尾巴是用來平衡，但史蒂芬斯博士從腕部肌肉的連接方式等來計算，認為以腕部支撐的方式較為自然。

註：插圖編繪係參考自史蒂芬斯博士之研究室的網站。

http://ix.cs.uoregon.edu/~kent/paleontology/presentations/index.html

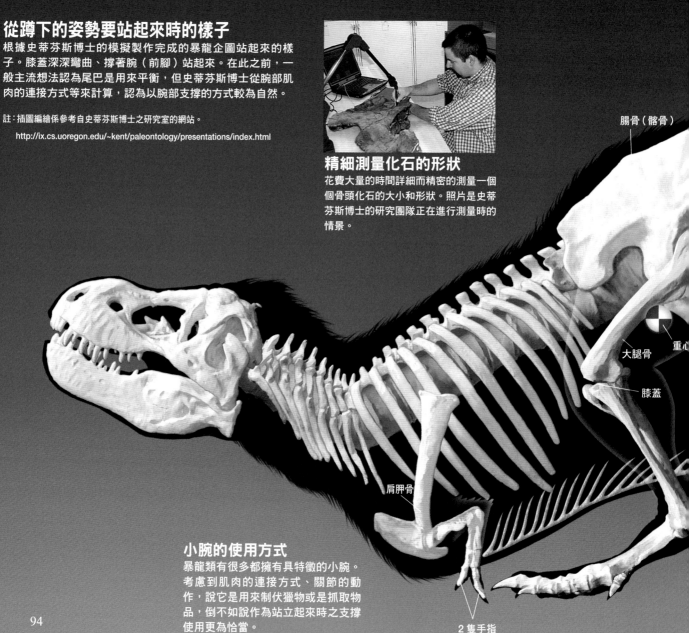

精細測量化石的形狀
花費大量的時間詳細而精密的測量一個個骨頭化石的大小和形狀。照片是史蒂芬斯博士的研究團隊正在進行測量時的情景。

腸骨（髂骨）

重心

大腿骨

膝蓋

肩胛骨

小腕的使用方式
暴龍類有很多都擁有具特徵的小腕。考慮到肌肉的連接方式、關節的動作，說它是用來制伏獵物或是抓取物品，倒不如說作為站立起來時之支撐使用更為恰當。

2隻手指

出骨骼如何運動並加以復原。此外，他們還實際在電腦上活動暴龍的骨骼，重現個體如何活動。下面插圖是從蹲下的狀態想要站起來時的情形。根據史蒂芬斯博士團隊的研究，當暴龍企圖站起來時，膝蓋應該會深深的彎曲，變成前傾的姿勢，腕（前腳）拄著地面，以腕為支撐讓身體站起來。

　　順道一提，科學家認為恐龍休息時是成彎曲著後腳蹲下，尾巴拖曳在地面上的狀態。擁有巨大身軀的暴龍，也許光是站起來就需要耗費大量的能量。

坐骨

恥骨

骨盤形狀
骨盤（也稱骨盆）是由腸骨（髂骨）、坐骨、恥骨所構成。恥骨比坐骨更往前突出是蜥臀目的特徵。

腳後跟

通常是踮腳站立
腳後跟一直懸在空中，成腳尖站立的狀態。

模擬的樣態
上面是史蒂芬斯博士所完成之模擬的一部分。他們的研究團隊算出膝關節的最大可動範圍，在電腦上實際活動的情形。左為膝蓋伸直的狀態，中央為膝蓋稍微彎曲、右為膝蓋完全彎曲的狀態。

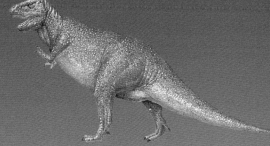

1983 年 Newton 雜誌所刊登的暴龍
在過去的Newton雜誌中，根據當時的想法將暴龍畫得好像是酷斯拉一樣。插圖是刊登在1983年10月號的暴龍。當時幾乎所有的恐龍都被繪成尾巴拖曳在地面上的姿勢。

暴龍在當時是奔跑速度最快的恐龍嗎？

　　肉食性恐龍暴龍是否會追捕植食性的恐龍呢？暴龍的奔跑速度到底快不快呢？

奔跑速度的推定值依據研究者而有極大差異

　　奔跑速度是在推定體重、肌肉量和骨骼運動方式的情況下推導出來的。因為每位研究者的推定方法不同，所以算出來的速度也有很大差異。

　　舉例來說，有說法認為要讓重達 6 公噸的巨大身軀運動需要龐大量的肌肉，而如果以從骨骼導出的肌肉量幾乎是無法奔跑（時速大約18公里左右）的。這個結果是於2002年所發表的英國皇家獸醫學院哈欽森博士（John Hutchinson）使用CG重現出來的跑步方式。也

跑步中的暴龍

在計算奔跑速度時，體重、肌肉量和骨骼運動方式的推定都是不可或缺的。在此介紹幾個研究案例。此外，古生物學家認為恐龍為了移動巨大的身軀，後腳肌肉非常發達。中間這幅插圖就是研究者所推定的肌肉樣態。近年來，研究者們皆認為從大腿骨延伸到尾部的肌肉，在於計算腳的跑速方面特別重要。

運動尾部肌肉幫助腳部活動！

有肌肉（長尾大腿肌）從尾部往大腿骨延伸，因此只要揮動尾部，拉動大腿骨，似乎就能幫助腳的運動。一般認為恐龍在移動時，為了保持身體重量的平衡，會揮動著尾巴。不過，說不定尾巴在幫助跑動方面也有重要的功能。

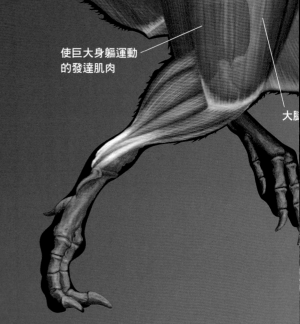

使巨大身軀運動
的發達肌肉

大腿

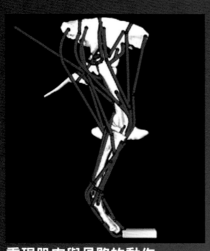

重現肌肉與骨骼的動作

圖像為後腳的部分，以紅色線表示肌肉。在哈欽森博士的研究中，他參考了現生動物，像圖像所示般仔細推定肌肉的依附方式及與骨骼的連接方式，復原肌肉與骨骼的運動方式。

就是在電腦上，仔細地重現肌肉的連接方式，在復原暴龍的跑步方式的同時，計算其可能存在的全身肌肉量，然後算出跑速。

但是，美國洛磯山博物館的古生物學家霍納（Jack Horner）博士等人就是從這樣幾乎無法奔跑的結果，倡議暴龍很難追捕獵物或是狩獵，應該主要是以腐肉維生的「腐食動物」的說法。

若加上尾部肌肉，應該就有快速奔跑的可能性

跟上面所述相對的，2007年，英國曼徹斯特大學的席勒斯博士（William Sellers）和曼寧博士（Phillip Manning）提出不同的奔跑方式，發表暴龍的奔跑時速

約可達30公里。

再者，2011年，加拿大亞伯達大學的研究團隊發表了奔跑速度更快的論文。暴龍有連接尾部和大腿骨（後腳的大腿骨）的肌肉，藉由尾部動作而能拉動後腳，幫助腳部運動。如果加上該肌肉的力量，奔跑速度可以變得更快。遺憾的是該研究團隊並未發表具體的速度數據。但是如果推定正確的話，暴龍甚至有可能在當時的恐龍中，奔跑速度名列前茅。這麼一來，暴龍說不定就是會狩獵，會追捕獵物的最強掠食者。

推定體重和肌肉量

此為暴龍最有名的骨骼標本之一「蘇」的身體大小推定圖像（左為骨骼，右邊二幅是推定之最小與最大體積）。根據經過詳細測定所製作出來的骨骼資料，依附上 3 維度的肌肉。根據2011年發表之哈欽森博士團隊的研究，發育完成的成體暴龍體重最少也有6公噸，蘇好像比這個數字還要重0.95公噸。根據計算，最大的個體可達10公噸。順道一提，一般認為暴龍是急速成長的，在成長期時，1 天約可增加 5 公斤，1 年體重增加可達1.8公噸。也有研究者認為年輕時身體較輕，跑的速度會比較快。

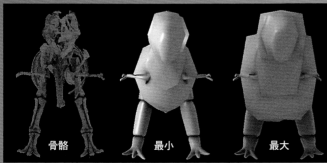

骨骼　　　最小　　　最大

探究生物體之謎 ②

以高達 6 公噸的力，連獵物的骨頭都咬碎的顎部是史上最強的！

　　將獵物撕裂，連骨頭都咬得粉碎的啃食殆盡，這是一般人對暴龍的印象。

　　暴龍的頭骨粗壯而且堅硬。拿它跟侏羅紀最強的肉食性恐龍「異特龍」的頭骨相較就更容易明白了（請參考插圖）。研究者推測暴龍強而有力的顎部和頸部上面，皆依附著粗大的肌肉。

　　暴龍的顎部力量非常強大，根據計算，其咬合力（施加在單 1 根後面牙齒的力）最大達 6 公噸。這樣的力，可以說是有史以來陸生生物中最強大的。異特龍的咬合力最大約900公斤，因此暴龍能以該力之 6 倍以上的力嚼碎獵物。順道一提，人類以最大的力量咬合時，施加在單 1 根後面牙齒上的力約為100公斤。

　　光是這樣強大的力量就足以將獵物連骨頭都咬碎了。事實上，古生物學家從暴龍的糞便化石中，發現到被認為是植食性恐龍的骨頭。暴龍似乎連獵物的骨頭也都會咬碎吞食到肚子裡去。

暴龍也會自相殘殺嗎？

　　暴龍會吃什麼樣的恐龍呢？一直以來，在角龍類的三角龍、鳥腳下目鴨嘴龍科的埃德蒙頓龍屬的骨頭化石上都可以發現暴龍的齒形痕跡，因此推測暴龍是將生活在同時代的植食性恐龍當做獵物。

　　但是古生物學家的發現並不僅僅只於此。令人意外的是：也在暴龍的化石上發現到被其他暴龍啃咬所殘留的齒形。或許暴龍彼此就會有劇烈的競爭，甚至於同種相食（cannibalism）也說不定。

暴龍擁有強而有力的顎部

插圖所繪為暴龍和異特龍的頭部。暴龍的骨骼比異特龍還要強韌，肌肉量亦較多，其咬合力是史上最強的。因為有強而有力的顎部，所以暴龍被稱為「史上最強的肉食性恐龍」。

■異特龍
全長：8～12公尺
種類：獸腳亞目
發現地點：美國和坦尚尼亞
時代：侏羅紀晚期
特徵：侏羅紀最強的肉食性恐龍

註：暴龍和異特龍的插圖縮尺比例並不相同。

異特龍

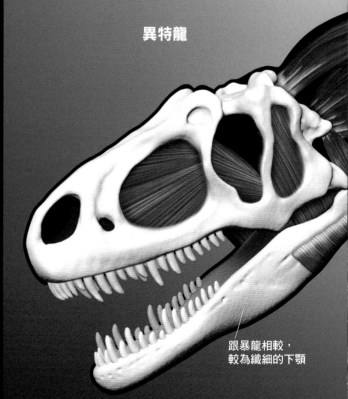

跟暴龍相較，較為纖細的下顎

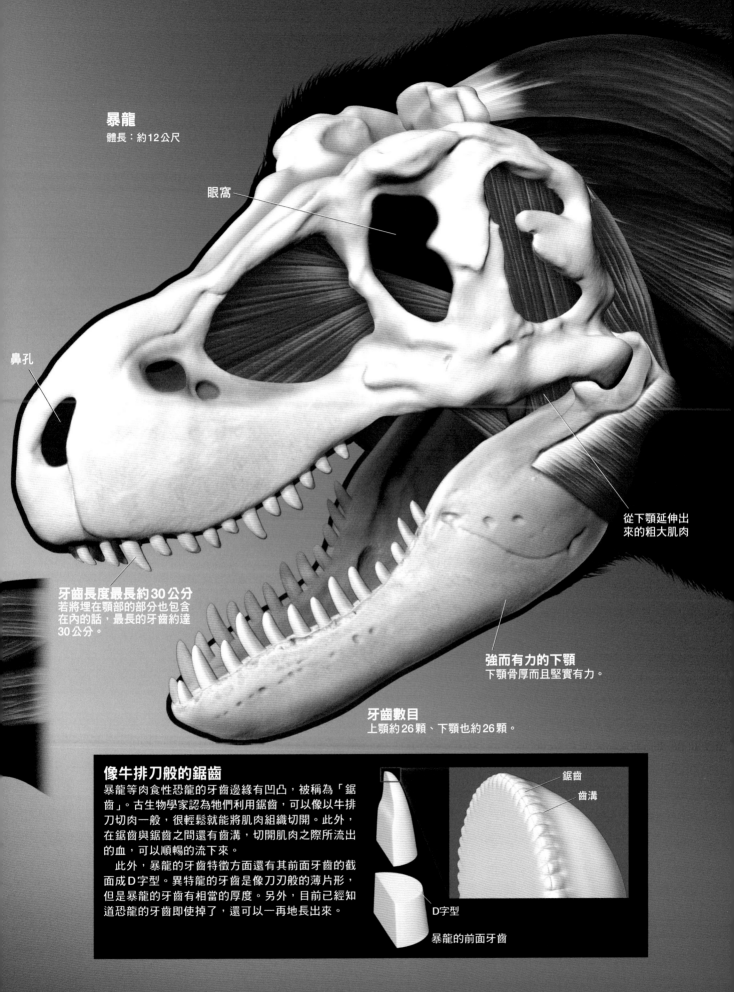

暴龍
體長：約12公尺

眼窩

鼻孔

牙齒長度最長約30公分
若將埋在顎部的部分也包含
在內的話，最長的牙齒約達
30公分。

從下顎延伸出
來的粗大肌肉

強而有力的下顎
下顎骨厚而且堅實有力。

牙齒數目
上顎約26顆、下顎也約26顆。

像牛排刀般的鋸齒

暴龍等肉食性恐龍的牙齒邊緣有凹凸，被稱為「鋸
齒」。古生物學家認為牠們利用鋸齒，可以像以牛排
刀切肉一般，很輕鬆就能將肌肉組織切開。此外，
在鋸齒與鋸齒之間還有齒溝，切開肌肉之際所流出
的血，可以順暢的流下來。

　　此外，暴龍的牙齒特徵方面還有其前面牙齒的截
面成D字型。異特龍的牙齒是像刀刃般的薄片形，
但是暴龍的牙齒有相當的厚度。另外，目前已經知
道恐龍的牙齒即使掉了，還可以一再地長出來。

鋸齒

齒溝

D字型

暴龍的前面牙齒

已判明腦的形狀！是眼睛銳利、嗅覺靈敏的最強掠食者？

幾千萬年前的古生物並沒有留下腦部化石。因此，美國俄亥俄大學（Ohio University）古生物學家魏特摩（Lawrence Witmer）博士的研究團隊使用醫院用來攝影人體內部的電腦斷層掃描，詳細分析恐龍的頭骨，進行推測腦部構造的研究。

首先，使用電腦斷層掃描儀掃描特定恐龍的多個化石標本，再利用電腦繪圖加以組合，製造出連內部都正確的頭骨資料。然後將頭骨內部與鳥類等現生生物的構造相較，推測鼻腔、淚腺等各式各樣器官所在的位置。據此，詳細的推估出暴龍的腦部形狀。

三角龍

暴龍

在黑暗中鎖定獵物的暴龍

這裡所繪的是鼻子靈敏，在黑暗中發現到遠方之三角龍的暴龍。右頁所繪為暴龍與現生鱷類的腦部形狀之比較。雖然暴龍的腦部形狀與鱷類相似，但是暴龍的嗅球大而且發達，應該擁有敏銳的嗅覺。

柯里博士　*Philip Currie*　加拿大亞伯達大學生物科學系教授，美國古脊椎動物學會前任會長。1949年出生於加拿大安大略省，多倫多大學畢業、麥基爾大學（McGill University）生物學科結業，生物學博士。專攻古生物學，專門研究恐龍的成長和多樣性、肉食性恐龍的系統分析以及鳥類起源的闡明。

對恐龍的認識

在發現中華龍鳥不到半年的時間內，我再度遠赴中國。這次，我們發現了2個其他種類的標本。在這2個標本中，也有發現到羽毛的痕跡。

並且在其中的一個標本，除了發現有與中華龍鳥標本中所見到的羽毛痕跡外，同時也確認存在著與現代鳥類羽毛一樣的痕跡。這個發現是個轉捩點。當然爭論並沒有停止，但人們已經慢慢地認同恐龍是鳥類的祖先。

鳥類和恐龍的演化途徑不同？

自從發現始祖鳥（學名：Archaeopteryx）[2]以來，人們就發覺鳥類和恐龍可能有某些關連。但1915年時，丹麥科學家海爾曼（Gerhard Heilmann）的研究卻指出了問題點。

根據海爾曼分析始祖鳥化石的報告指出：「比起其他已知的動物種類，鳥類和恐龍確實比較類似，但鳥類的鎖骨或叉骨（furcula）[3]與魚類、兩棲類及哺乳類較為接近，因此鳥類和恐龍是不相同的。」

由於當時並不知道恐龍也有鎖骨，因此這個結論是合乎邏輯的。海爾曼承認「鳥類和恐龍事實上是很類似的」，但失去的骨骼並沒有突

[2]：始祖鳥
在1861年，於德國的侏羅紀晚期地層中發現。最早的鳥。被認為是位於鳥類和恐龍分界線上的動物。

[3]：叉骨
鳥類的2個鎖骨已經連結融合成一塊，這塊連結的鎖骨稱為「叉骨」。

103

然出現，因此他認為鳥類不是從恐龍衍生來的。鳥類與恐龍很可能是從具有鎖骨的鳥類和恐龍的共同祖先各自分支演化來的。

鎖骨的失察，導致長年的誤解

在1925年左右，海爾曼的論文從丹麥文被翻譯成英文。在這時候，閱讀過海爾曼著作的英語圈人士，都認為「海爾曼的著作內容非常有邏輯，應該是正確的」。但在1923年美國的博物館發現了偷蛋龍※4（又名竊蛋龍，請參考106頁插圖）的化石。事實上，這個偷蛋龍的骨骼結構中是有叉骨的。但是大家都有先入為主的觀念，認為海爾曼的論文內容應該是正確的，所以在1970年代之前，大家都沒有察覺到偷蛋龍其實是有鎖骨的。

直到1970年代之後，大家才知道幾乎所有的肉食性恐龍都有鎖骨。像偷蛋龍這種，雖然有鎖骨但卻被誤認的例子也有好幾起。換句話說，「鳥類的祖先不是恐龍」這種觀念的大前提是建立在「恐龍沒有鎖骨」的想法下。而這種想法是打從一開始時就弄錯了（有關現在的分類請參考下面插圖）。

恐龍大滅絕的說法並不完善

加拿大亞伯達省（加拿大西部）大概是研究恐龍滅絕的最佳場所之一。此外，其他可以獲

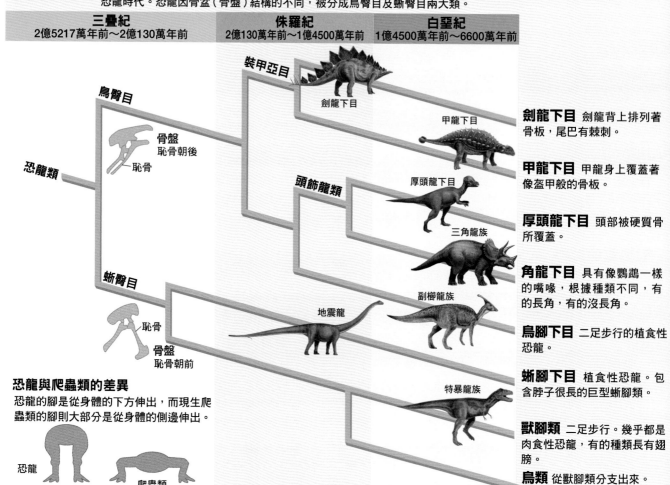

恐龍的分類 恐龍被認為是在2億3000萬年前，從爬蟲類演化而來的。之後，到滅絕的6600萬年前為止，約有1億6000萬年間是恐龍時代。恐龍因骨盆（骨盤）結構的不同，被分成鳥臀目及蜥臀目兩大類。

三疊紀	侏羅紀	白堊紀
2億5217萬年前～2億130萬年前	2億130萬年前～1億4500萬年前	1億4500萬年前～6600萬年前

鳥臀目

裝甲亞目

劍龍下目

甲龍下目

頭飾龍類

厚頭龍下目

三角龍族

副櫛龍族

恐龍類

骨盤
恥骨朝後

恥骨

蜥臀目

恥骨

骨盤
恥骨朝前

地震龍

特暴龍族

劍龍下目 劍龍背上排列著骨板，尾巴有棘刺。

甲龍下目 甲龍身上覆蓋著像盔甲般的骨板。

厚頭龍下目 頭部被硬質骨所覆蓋。

角龍下目 具有像鸚鵡一樣的嘴喙，根據種類不同，有的長角，有的沒長角。

鳥腳下目 二足步行的植食性恐龍。

蜥腳下目 植食性恐龍。包含脖子很長的巨型蜥腳類。

獸腳類 二足步行。幾乎都是肉食性恐龍，有的種類長有翅膀。

鳥類 從獸腳類分支出來。

恐龍與爬蟲類的差異
恐龍的腳是從身體的下方伸出，而現生爬蟲類的腳則大部分是從身體的側邊伸出。

恐龍

爬蟲類

※4：偷蛋龍
體長約1.7公尺的獸腳類，名字帶有「蛋（ovi）小偷（raptor）」之意。之所以會取這個名字是因為發現化石之初，看起來牠像在偷竊別種恐龍的蛋，故取名為偷蛋龍。之後，找到了偷蛋龍在孵卵的證據，才洗刷了牠的汙名。

※5：恐龍滅絕
學界普遍認為在白堊紀晚期，地球曾經受到直徑10～15公里左右的小行星撞擊，這個原因導致發生包含恐龍在內的地球規模動物大滅絕。

羽毛的演化模式

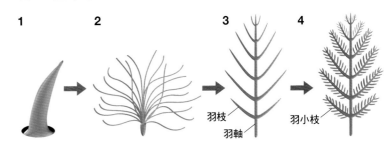

上面描繪的是羽毛的基本演化過程。首先從鱗片延伸的結構物（1）演變成像現代鳥類的綿羽狀（絨羽）結構（2）。之後再演變成具羽軸和羽枝（3），最後再由羽枝分出羽小枝（barbule），形成現代鳥類的羽毛（4）。一般認為中華龍鳥的羽毛是相當於本模式中第2階段的結構。

1　2　3　4

羽枝
羽軸
羽小枝

得恐龍滅絕最佳證據的地方還有美國蒙大拿州（北美）及北美的西部地區。

我認為我們對於恐龍滅絕[※5]的理解太過於單純化，幾乎不夠完善。當然並不是說現在的理解是錯誤的，我只是認為我們過度放大看待目前為止所獲得的證據。

地球上的恐龍果真是在短時間內急速滅絕？還是有部分的恐龍在地球上的某處，一直生存到所謂的哺乳類時代呢？像這些事情，我們一無所知。

在小行星撞擊以前，恐龍的多樣性就已經變低了

在恐龍滅絕的1500萬年前，在亞伯達省某個地區曾經有45種恐龍在那裡生活。但在時間稍後的地層，恐龍化石數量減少，目前為止可確認的只有25種，這是很重大的事件。到了接近恐龍末期的地層，結果只剩6種恐龍化石。換句話說，在1000萬～1500萬年內，45種的恐龍減少到只剩6種。這一定是發生了什麼事情，才會有這樣的結果。

我認為當時的亞伯達省應該是因為氣候變動等各種因素造成恐龍多樣性變低，又因小行星墜落在該處而使得恐龍幾乎全部滅絕。恐龍不只是大型化的動物，也是一種很特殊的動物，所以不應該會那麼輕易地就滅絕。我認為如果是更早的時期，也就是存在著多樣化恐龍的時期，就算是發生小行星撞擊，也不可能導致滅絕。

這裡我只是想表達，在亞伯達省所發生的事，並不表示在南美洲或者蒙古就一定會發生。或許在將來地球的某處，我們會發現在大量滅絕時代中倖存恐龍的避難所。

為什麼鳥類可以逃過大滅絕的厄運？

鳥類的標本很難保存，因此牠們在大滅絕時期到底發生了什麼，我們很難捕捉全貌。這是因為牠們很容易被捕食，還有在牠們沒有變成化石之前，也容易腐蝕和破損。

白堊紀的鳥類可以分成兩個系統，一個是反鳥亞綱類（學名：Enantiornithes）[※6]另一個是現代鳥類。占當時鳥類種類一半的反鳥亞綱類與恐龍在同時期滅絕。那麼，為什麼現代鳥類可以存活，而反鳥亞綱類卻滅絕了呢？

不管怎麼說，鳥類都是比較小型。因此與大型動物相比，牠們較容易從大災難中倖存下來。例如個體壽命30年左右的大型動物，遠比1年內有1次以上世代交替的小型動物，更易受到環境的影響。因此會倖存下來的，通常都是小型動物。

此外，鳥類比恐龍容易生存下來的理由，除了牠們的體型大小以外，還有一點，就是鳥類是恆溫動物（endotherm）[※7]。不過關於這部分，目前還不是了解的很詳細。為了瞭解究竟生死的界線是什麼，我們需要更多的資訊，我想這可能需要再花100年的時間。

恆溫性的小型恐龍為了保溫而獲得羽毛

從看過中華龍鳥的標本後，我就在思考牠們要獲得羽毛的理由。中華龍鳥的羽片中間為軸狀，從那裡再長出枝狀結構（上面插圖的2）。一般認為羽毛的功能是保溫。

※6：反鳥亞綱類
　　在白堊紀繁盛的鳥類，體型大小約只有麻雀一樣的程度。比始祖鳥更接近現代鳥類，但牠們的骨骼與現代鳥類不同。生物學家認為牠們在大滅絕時期，與恐龍一起滅絕了。

※7：恆溫動物
　　恆溫動物是指具有體溫不會隨著環境溫度變化而改變，幾乎維持一定溫度機制的動物。

大型動物可以透過身體質量對體溫進行某種程度的調控。身體越大，相對於身體質量的表面積比例就越小。雖然消化食物或者運動肌肉時會產生熱量，但大型動物因為身體表面積的比例相對較小，所以不易散熱，因此也比較容易維持一定的體溫。

如果有恆溫性的小型恐龍存在的話，那麼牠們勢必需要某些的保溫功能。於是在1970年代就有假說提出，表示「照理應會發現包裹著羽毛的恐龍」，至少應該會找到小型恐龍是恆溫動物的證據。假設這些小型恐龍需要某些保溫機制的話，那比較合理的想法就是羽毛。

被利用在求愛、孵卵等種種用途的羽毛

我認為之後尾羽龍屬（學名：Caudipteryx）[8]的發現是很重要的一步。尾羽龍的身體覆蓋著羽毛，這羽毛應該就是為了保溫之用。此外，尾羽龍的前肢和尾部都長有呈扇狀、長而硬的羽毛，而這些羽毛被認為應該是求偶炫耀（display）[9]用的。

類似鳥類的恐龍，都具有良好的視力。牠們的眼球非常大，掌管視覺的大腦部位也較大。換句話說，牠們可以進行視覺交流。一般推測具有羽毛的恐龍，牠們會藉由自己既長且硬以及鮮豔的羽毛，來讓自己更為顯眼或者使自己看起來盡可能地大。

另外也有說法表示，生長在前肢上的長羽毛，是為了護卵之用。偷蛋龍以及在蒙古等地所發現的偷蛋龍近緣種化石，就是最佳例子之一。曾經就發現6～7具在巢穴中，蹲伏在卵上死亡的母恐龍化石。

羽毛逐漸演化而形成了翅膀

恐龍雖然擁有長羽毛，但它的長度還不足以到能飛翔的程度。站在捕捉獵物的立場或者是逃避捕食者追捕的立場，獸腳類應該是會「想要快一點捕捉到獵物」或者「想要可以逃離捕食者」。恐龍的長羽毛被認為帶有空氣動力學的優勢，可以稍微滿足這些需求。

例如：前肢和尾巴，如果長有某種程度長的羽毛，從懸崖跳下時，就不會垂直墜落，而是會稍微向前。雖然僅有些微之差，但這裡產生

孵卵的羽毛恐龍「偷蛋龍」的示意圖
在巢穴上正在孵卵的偷蛋龍示意圖。一般認為恐龍會有羽毛主要是為了保溫。此外，羽毛也逐漸演化成為求偶行動的炫耀展示和孵卵之用。事實上，也發現了好幾具呈孵卵姿態的偷蛋龍化石。

※8：尾羽龍
偷蛋龍的近緣種。生物學家認為尾羽龍的尾部和前肢上長有羽毛，該羽毛具有像現代鳥類尾羽的羽軸，形狀呈左右對稱。

※9：求偶炫耀
在求偶之際，為了讓對方留下印象的行為。

了天擇（natural selection）※10作用。透過天擇作用，當羽毛較長的個體生存下來，自然羽毛就會逐漸加長，進一步更具空氣動力學優勢，最後終於開始可以飛翔。

這個假說有很大的爭論餘地。儘管如此，但在現階段，仍然無法給予答案。不過只有一點可以確定的是「隨著恐龍羽毛的加長，更具有空氣動力學的優勢」。羽毛是為了保溫、求偶炫耀和護卵等與飛翔不同的理由而誕生的。但也正因如此，讓恐龍開始進入飛翔的領域。

亞洲和美洲的恐龍很相似

加拿大亞伯達省的省立恐龍公園約有1000具以上的恐龍骨骼。只是該骨骼以大型恐龍居多，幾乎很少取得有關小型恐龍的資訊。在亞洲，恐龍的保存狀態完全不同，比起大型恐龍的骨骼，完全埋在沙丘裡的小型恐龍骨骼有比較容易保存的傾向。

我在亞洲開始進行挖掘的理由，是因為我發覺在加拿大所發現的恐龍和在中國、蒙古的恐龍很相似。於是我對於地域間的恐龍移動開始發生了興趣。恐龍來往加拿大西部和亞洲之間的路徑只有阿拉斯加和西伯利亞。當然在北極圈也有發現恐龍。

我在亞洲開始研究時，有好幾具完整的恐龍骨架只在亞洲才有發現。因此我在亞洲觀察完整的骨架後，並確認完這是哪裡的骨頭後，再回到亞伯達省，確認那裡的零散骨頭是屬於哪個部分。亞洲發現的恐龍和加拿大亞伯達省發現的恐龍，牠們之間只有因為環境的差別所產生的極小差異而已。

隨著體型變大，羽毛也逐漸消失

以整體而言，目前為止所發現的有羽毛恐龍，只占非常少數。幾乎大部分化石都只留下骨骼，因此很難確定有沒有羽毛存在。

例如，暴龍因為有殘留皮膚，所以從中大概可以知道牠們並不是全身覆蓋著羽毛。只是對於牠們頭頂部是否有羽毛，以及是不是一出生

正在現場調查的柯里博士
在中國和蒙古邊界附近的戈壁沙漠進行調查的柯里博士（照片左邊）以及研究室的學生（照片右邊）。在學生跟前的地面，可以看見微微露出挖掘中化石。

就有羽毛等問題不太了解。

如果從羽毛的功能是保溫的觀點來看，對體型大的恐龍來說，羽毛反而變成危害健康的東西。因此，照理說大體型的恐龍應該都會變得沒有羽毛。鴨嘴龍、暴龍、蜥腳類等大型恐龍，很可能在成長為成體前，羽毛便逐漸掉落。

在曾經忽略的恐龍中，或許其實有羽毛存在

我們很難從化石中確定哪種恐龍有羽毛，哪種恐龍又沒有羽毛。因為從1個化石中沒有找到羽毛，並不代表那種恐龍就一定沒有羽毛。這也是無法明確哪種恐龍有羽毛或沒羽毛的原因。

現在，我們從與至今為止不同的觀點來觀察骨骼。如果順利的話，或許也有可能會在過去我們曾經忽略的恐龍中，又發現到羽毛。雖然目前還在整理資訊的階段，但是已經獲得了許多驚人的發現。　　　　　　　　　　◆

※10：天擇
　　　也稱為自然選擇，是一種認為在某種環境下，只有具有對生存有利特徵的個體才能大量存活下來的理論。

恐龍的生活

協助　小林快次／齋木健一／Kenneth Carpenter ／真鍋 真／平山 廉／林 昭次／大橋智之／藤原慎一

變成化石保存下來的恐龍只有極少數，同時幾乎所有的化石都僅是全身的一小部分。想要從一小部分化石復原出恐龍全身是非常艱鉅的任務，若還要瞭解該恐龍的生活環境和形態，那就難上加難了。發現該化石的地層年代、同地層發掘出的動植物化石等，成為獲知恐龍生活的線索。在Part3中，將以插圖重現恐龍當時的生活場景。

鐮刀龍	甲龍
傷齒龍	阿馬加龍
單爪龍	短頸潘龍
美頜龍	薩爾塔龍
中國似鳥龍	歐羅巴龍
烏爾禾龍	鸚鵡嘴龍
慈母龍	迷亂角龍
禽龍	尖角龍

鐮刀龍

擁有巨大指爪的謎樣恐龍

1. 學名　　　龜型鐮刀龍　*Therizinosaurus cheloniformis*
2. 學名本意　有大型鐮刀的蜥蜴
3. 分類　　　蜥臀目（也稱龍盤目或蜥盤目）獸腳亞目鐮刀龍科
4. 體長　　　8～11公尺（推測）
5. 體重　　　6～10公噸（推測）
6. 棲息時代　晚白堊紀馬斯垂克期前期
　　　　　　（7210萬年前～6800萬年前左右）
7. 發現地區　東亞（鐮刀龍科恐龍發現於蒙古、中國、日本、北美
　　　　　　大陸各地）

　　近年來，我們已經逐漸瞭解許多恐龍的生態，但是充滿謎團的恐龍亦不在少數，最具代表的就是鐮刀龍類（科名：Therizinosauridae）了。

　　鐮刀龍類包含幾個屬，牠們最大的共同特徵就是全都擁有3根長指爪。其中，龜型鐮刀龍（學名：*Therizinosaurus cheloniformis*）的前肢長2公尺，卻擁有長達70公分的指爪。另外，還有痕跡化石顯示前肢骨骼粗壯且有強而有力的肌肉。

　　鐮刀龍科所屬的獸腳類是一群以暴龍為代表的肉食性恐龍，但是鐮刀龍類可以說是這個大家族中的異類。

　　鐮刀龍的長指爪過於直線形，厚度又太薄，很難想像可以用來捕捉獵物並將其撕裂。而且鐮刀龍的頭很小，顎部肌肉感覺也很纖弱。口為喙狀嘴，與其說像肉食性恐龍，毋寧說比較接近角龍類等植食性恐龍。排列在口內的小牙齒也不是適於咬碎肉類的形狀。根據以上特徵，學者們認為鐮刀龍類是植食性恐龍的可能性較大。顎部和牙齒特徵在在訴說著鐮刀龍類以柔軟的食物維生。至於指爪的用途有幾種說法，有說法認為是防禦用的武器，也有說是用來破壞蟻巢，抓取蟻類食用，更有說法認為鐮刀龍類利用指爪來扒掃並收集落葉來食用。

　　插圖是根據扒掃收集腐葉土的落葉來吃的假說所描繪的場景。鐮刀龍類具有粗壯肥短的軀幹，具有長而且大的胃和腸道的可能性極高。因此牠們可能是使用消化器官，大量消化營養效率差的落葉和枯葉。

傷齒龍

最「聰明」的恐龍

1. 學名　　　美麗傷齒龍 *Troodon formosus*
2. 學名本意　具傷害性的（Troo）牙齒（odon），formosus是「美麗的」之意
3. 分類　　　蜥臀目獸腳亞目傷齒龍科
4. 體長　　　1.8公尺（推測）
5. 體重　　　50公斤（推測）
6. 棲息時代　晚白堊紀坎佩尼期（Campanian）～馬斯垂克期
　　　　　　（8360萬年前～6600萬年前）
7. 發現地區　加拿大、美國、墨西哥、俄羅斯

　　恐龍大約滅絕於6600萬年前，我們無法確知牠們的「智商」究竟有多高。不過，根據腦容量與身體的比例，可以推測出牠們大概的智力。根據這樣的推測，目前學界認為「最聰明的」恐龍就是「傷齒龍」（屬名：Troodon）的恐龍。具體來說，牠們的腦容量與體重為其400倍的梁龍（屬名：Diplodocus）相當。

　　傷齒龍是二足步行的恐龍，擁有修長的四肢。在兩腳的第二趾上有很大的鐮刀狀爪子，頭部有巨大的眼睛。此外，根據顱骨（頭蓋骨）可以確認耳朵結構，判斷傷齒龍也具有靈敏的聽覺。牠們的腦容量大，再加上有巨大的眼睛（視力佳）和耳朵（敏銳的聽力）等特徵，不禁讓人聯想到優秀獵人的形象。

　　儘管牠們具有肉食性恐龍的特徵，但是從名字由來的牙齒來看，與肉食性恐龍有極大的不同。很多肉食性恐龍的牙齒邊緣有細小的「鋸齒」，結構與現代的牛排刀相同，對切開肉類很有幫助。不過傷齒龍的牙齒呈葉狀，有著大型鋸齒狀邊緣。這種大型鋸齒與其說是肉食性恐龍的特徵，倒不如說像古代的植食性恐龍（原蜥腳類）。因此，有研究者認為傷齒龍是植食性恐龍。

　　位在亞洲通往北美洲之路徑上的阿拉斯加也發現到傷齒龍的化石，一般認為這是傷齒龍的祖先從亞洲遷徙到北美洲的證據之一。也有學者認為傷齒龍的大眼睛在夜晚較長的北極圈，對確保視野是有利的。因為眼睛愈大，愈有可能在黑暗中眺望到遠方。學界認為如果牠們是狩獵者的話，因為即使在夜晚也能看得清楚，這樣的視力在打獵時相當有利。

「單爪」的羽毛恐龍

1. 學名　　　鷹嘴單爪龍 *Mononykus olecranus*
2. 學名本意　單一（Mono）的爪（nykus），olecranus是「鷹嘴窩（肘突窩）」之意
3. 分類　　　蜥臀目獸腳亞目阿瓦拉慈龍科
4. 體長　　　1公尺（推測）
5. 體重　　　8公斤（推測）
6. 棲息時代　晚白堊紀坎佩尼期（8360萬年前～7210萬年前）
7. 發現地區　蒙古

　　羽毛恐龍「單爪龍」是一群以奇特的短粗前肢和指爪聞名的恐龍，屬阿瓦拉慈龍科（學名：Alvarezsauridae）。就像牠的名字所顯示的，乍看之下，其前肢從腕部前方逐漸變細成為一根指爪。

　　這裡要注意的是「乍看之下」，事實上根據近年來日本林原自然科學博物館的調查隊在蒙古發掘，確認到單爪龍的近親「鳥面龍」（屬名：Shuvuuia）跟其他恐龍一樣都有3根指爪。只不過其中2根退化，長度不到當初就發現之單爪的一半。同樣的，研究者認為單爪龍除了有大而醒目的單爪之外，應該還有2根小的指爪。

　　這樣的指爪究竟具備何種功能呢？這個看來好像只有1根指爪的前肢想要捕捉獵物似乎極為困難，有研究者認為單爪龍利用這根指爪來挖掘地面，尋找土壤中的昆蟲等來吃。另外也指出：使用指爪破壞蟻巢的可能性也相當高。

　　單爪龍的牙齒跟大多數肉食性恐龍相較是非常退化的，既沒有肉食性恐龍牙齒特有的鋸齒狀突起，也沒有適合將肉撕裂切開的彎曲，而且牠的牙齒非常的小。從這些特徵再加上「單爪」，成為判斷單爪龍類是以昆蟲為食的證據。

　　單爪龍的骨骼與鳥類的相似點很多。事實上，1987年蒙古暨俄羅斯的聯合調查隊發現單爪龍化石，在1993年發表的學術論文中將之分類為「喪失飛行能力的鳥」。

　　其後，又發現並研究包括單爪龍在內的許多羽毛恐龍的化石，結果以將牠們定位為「似鳥類的羽毛恐龍」的想法較為有力。不過，認為牠們是「像恐龍的鳥類」的看法也毫不退讓。如今在分類上還有一些爭論。

美頜龍

擁有纖美顎部的最小級恐龍

1. 學名　　　長足美頜龍 *Compsognathus longipes*
2. 學名本意　美麗的顎（Compsognathus），長的腳（longipes）
3. 分類　　　蜥臀目獸腳亞目虛骨龍下目美頜龍科
4. 體長　　　70公分（推測）
5. 體重　　　3.5公斤（推測）
6. 棲息時代　晚侏羅紀啟莫里期（Kimmeridgian）
　　　　　　（1億5730萬年前～1億5210萬年前左右）
7. 發現地區　德國南部

　　1859年，在德國南部所發現的美頜龍類（科名：Compsognathidae）是體長約70公分，肩高約20公分的小型恐龍。其大小若不包括長尾巴在內的話，就跟現生鳥類的雞差不多，是最小的恐龍之一。

　　美頜龍類化石在德國和法國發現到2具個體，兩者都是全身骨骼。因此，雖然化石數量不多，卻是可以推測其生態的珍貴材料。

　　就像學名所彰顯的「美麗的、高貴的、優美的」，美頜龍類的顎部纖細，從某方面來說算得上奢華。研究者們大多認為擁有這麼纖美的顎部和銳利的牙齒，想要強力咬碎獵物是不可能的，因此認為牠們以昆蟲為食的可能性非常高。另外有看法認為牠們可能會襲擊小型的脊椎動物，並且將牠們一口吞下肚腹。事實上，在德國發現的化石胃部，發現小型爬蟲類的骨頭。

　　德國所發現的美頜龍位在跟始祖鳥相同的地層，該地層是在有珊瑚礁的熱帶海岸形成的。插圖所繪為生活在海岸附近之茂密樹叢中的美頜龍。

　　不管是德國化石或是法國化石，皆未確認有羽毛的痕跡。但是從近緣種中有許多是羽毛恐龍來看，終於最近研究者們強烈認為包括美頜龍在內的虛骨龍類小型肉食性恐龍應該具有羽毛。

　　但是，在2006年首度發現了不具羽毛卻擁有鱗片的虛骨龍類，於是「虛骨龍類之小型肉食性恐龍＝全身覆蓋羽毛」的看法，現在被迫必須修正。這裡的插圖仍然根據傳統說法描繪著羽毛。

擁有飛毛腿的恐龍

1. 學名　　　董氏中國似鳥龍 *Sinornithomimus dongi*
2. 學名本意　中國的鳥類模仿者
3. 分類　　　蜥臀目獸腳亞目手盜龍形類似鳥龍科
4. 體長　　　1.2～3.5公尺（推測）
5. 體重　　　—
6. 棲息時代　晚白堊紀賽諾曼期（Cenomanian）～山唐尼期
　　　　　　（Santonian）：1億50萬年前～8360萬年前
7. 發現地區　中國、內蒙古自治區

　　「像是有著長而且發達的腳，全身都包覆著羽毛的鴕鳥似的」而令人印象深刻的，就是學名中有「鳥類模仿者」之意的中國似鳥龍類（屬名：Sinornithomimus）。在所有恐龍中，這是一群腳速最快的恐龍族群。

　　陸上動物的跑步、行走速度皆可從足跡計算出來。主要根據是速度愈快，足跡的間隔變得愈大。依據這樣理論所計算出來之中國似鳥龍類的跑步速度大約每小時35～60公里，跟行駛在一般道路上的汽車差不多。順道一提，知名的肉食性恐龍「雷克斯暴龍」的最高速度大概是每小時40公里左右，由此可知中國似鳥龍的最高速度其實已經是暴龍的1.5倍了。能有這樣驚人速度的祕密在於輕盈的骨骼，以及跟現生動物「馬」一樣的長腳。

　　在2003年被提出報告的中國似鳥龍（插圖）是似鳥龍科（學名：Ornithomimidae）的一個屬，該恐龍化石平均每一個體的胃中，都有1000顆以上的胃石。胃石就是在胃中磨碎食物以幫助消化的小石，由於胃石的特徵與植食性鳥類十分相似，因此推定該恐龍也是植食性。植食性恐龍擁有飛毛腿，顯然並不是用來狩獵，大部分的研究者認為飛毛腿是逃跑用的。

　　此外，研究者在一處發掘地發現在14具全身骨骼折疊在一起，其中有8成是幼體，因此有說法認為中國似鳥龍應該是過著成體照顧幼體的團體生活。

　　插圖所繪為在中國的內蒙古自治區乾燥地帶快速奔跑的中國似鳥龍群。許許多多的中國似鳥龍個體形成集團，昭示著中國似鳥龍採取成體與幼體構成之複雜社會組成的可能性。

烏爾禾龍

生活時代和外形都與眾不同的劍龍

1. 學名　　　　平坦烏爾禾龍 *Wuerhosaurus homheni*
2. 學名本意　　烏爾禾（Wuerho）地區的蜥蜴（saurus），homheni是「寬而平」之意
3. 分類　　　　鳥臀目裝甲亞目劍龍下目劍龍科
4. 體長　　　　7公尺（推測）
5. 體重　　　　2公噸（推測）
6. 棲息時代　　早白堊紀凡蘭今期（Valanginian）～阿爾布期（Albian）（1億3980萬前～1億50萬年前左右）
7. 發現地區　　中國

　　背上有許多的骨板排列，尾部有二對尖刺。四足步行，為頭部很小的植食性恐龍，是以劍龍為代表的「劍龍科」恐龍中的一員。

　　平坦烏爾禾龍雖是劍龍科中的成員，卻擁有二點與其他劍龍科不一樣的地方。首先，許多劍龍科恐龍的骨板成菱形或近似菱形，銳利地朝向天空；而平坦烏爾禾龍背上排列的骨板則近似長方形，這樣的特徵在其他劍龍身上看不到，目前也不知道形成這種形狀的原因。

　　而更奇怪的一點就是發現的地層時代。從白堊紀（1億4500萬年前～6600萬年前）的地層中發現到化石，在劍龍中是相當少見的。在1973年於中國西部的烏爾禾地區發現平坦烏爾禾龍化石以前，提到劍龍都認為牠們只生活在侏羅紀（2億130萬年前～1億4500萬年前），是繁榮於侏羅紀的恐龍。發現平坦烏爾禾龍之後，首度確實證明劍龍至少活到白堊紀早期。

　　另外，平坦烏爾禾龍有一個近親，那就是在中國北部的鄂爾多斯盆地所發現的，更小型的鄂爾多斯烏爾禾龍（學名：*Wuerhosaurus ordosensis*）。該種也擁有相同形狀的骨板，應該也是生活在白堊紀早期。從發現兩者的地點相距1000公里以上來推測，烏爾禾龍當時廣範圍的生活在整個亞洲內陸地區。

　　根據近年來的研究，烏爾禾龍不管是特異的骨板或是身上的許多骨骼，都跟侏羅紀生活在北美地區的劍龍十分相似。不管是生活時代或場所都不一樣的兩種劍龍為什麼會相似？答案只有靜待未來的研究了。

養兒育女過團體生活的恐龍

1. 學名　　　皮布爾斯慈母龍 *Maiasaura peeblesorum*
2. 學名本意　好媽媽蜥蜴（peeblesorum是發現場所之土地所有者名）
3. 分類　　　鳥臀目鳥腳下目鴨嘴龍科
4. 體長　　　6～7公尺（推測）
5. 體重　　　—
6. 棲息時代　晚白堊紀（坎佩尼期：8360萬年前～7120萬年前左右）
7. 發現地區　美國的蒙大拿州

　　根據研究發現恐龍中，有一些種類會將卵加溫，或者是養育兒女，中生代白堊紀晚期的植食性恐龍「慈母龍屬」（學名：Maiasaura）就是這類恐龍的代表。

　　慈母龍是嘴巴長得像鴨嘴之「鴨嘴龍類」的一種。除了喙狀嘴之外，慈母龍既沒有明顯的頭冠，也沒有尖刺和鎧甲，在外觀上似乎完全沒有醒目的特徵。

　　慈母龍最大的特徵不是在於牠的形態，而是在於化石被發現時候的狀況。1979年，就在美國古生物學家霍納（Jack Horner）博士首度發現到慈母龍的化石時，這些化石包括了幼體、成體，並且牠們的巢也都聚集在同一地區。一個巢穴的幼體數量最多達17具個體。

　　詳細調查幼體化石發現，儘管孵化後已經過一段相當的時間，但是關節的骨化仍不完全。這個狀況意味著幼體的成長遲緩，要經過一段很長的時間，幼體才能發育到可以離開巢穴到外面走動。另一方面，幼體的牙齒已經開始有某種程度的磨損，此意味著幼體是以植物維生。

　　從這些現象研究者們強烈認為幼體在出生後的一段相當長的時間內，都是在成體的保護下生活。另外，由於幼體無法離巢，所以牠們的食物應該是父母從外面帶回來的。

　　霍納博士所發現的蒙大拿州營巢地距離火山似乎相當近。插圖所繪為在團體生活中，正在辛勤哺育幼兒的慈母龍群。

禽龍

最早被「發現」的恐龍

1. 學名　　　貝尼薩爾禽龍 *Iguanodon bernissartensis*
2. 學名本意　鬣蜥（Iguan）的牙齒（don），bernissartensis
　　　　　　是源自發現場所（比利時貝尼沙特的煤礦坑）
3. 分類　　　鳥臀目鳥腳下目禽龍類
4. 體長　　　7～9公尺（推測）
5. 體重　　　3～4公噸（推測）
6. 棲息時代　早白堊紀巴列姆期（Barremian）～早阿普第期（Aptian）
　　　　　　（約1億2600萬年前～1億1300萬年前）
7. 發現地區　英國、比利時、法國、西班牙

　　1821年，英國的執業醫師曼特爾（Gideon Mantell，1790～1852）在倫敦郊外（Sussex郡）發現1顆牙齒化石，於是在倫敦舉辦的地質學會中提出報告。他認為該牙齒化石應屬大型的爬蟲類的，由於當時尚不知有恐龍的存在，所以該牙齒化石究竟是哪種動物的，在學會上並未取得統一的見解。

　　曼特爾更深入研究該牙齒化石，發現它與現生鬣蜥類（學名：Iguania）的牙齒非常相似，於是，在1825年提出了研究報告，就將該牙齒化石的擁有者命名為「禽龍」（學名：Iguanodon），認為這是一種已滅絕的大型植食性爬蟲類。

　　該發現和研究的過程之所以被傳頌，主要是因為禽龍是最早被發現的恐龍。在曼特爾研究的期間，有肉食性恐龍巨齒龍屬（屬名：Megalosaurus，在希臘文中意為「巨大的蜥蜴」，又名巨龍、斑龍）的研究發表，這是最早以科學方式敘述、命名的恐龍。所以在學術研究上而言，禽龍的研究報告是第二件，而曼特爾也因此成就而廣為人知。

　　禽龍的特徵之一就是前肢的大拇指，呈尖銳的圓錐形，比其他的手指還要粗大，乍看之下不像手指，簡直就像「角」一般。事實上，19世紀的研究者們都將這塊骨頭黏接在鼻尖，以角的形式予以復原。

　　1878年，在比利時貝尼沙特的煤礦坑發現大量的全身骨骼化石，也因此首度獲悉這塊「角」其實是大拇指。如此銳利的大拇指究竟具有什麼樣的功能呢？有看法認為是防禦用的武器，也有學者認為是剝開植物種子的「突起」等，目前尚未有決定性的假說。

　　此外，先前禽龍曾被復原成二足步行，不過現在已經獲知成體的重心位置比較靠身體的上半部，前肢比想像的還要壯實，所以認為至少成體是四足步行的看法獲得強力的支持。

擁有宛若防彈背心之護甲的甲龍

1. 學名　　　大面甲龍 *Ankylosaurus magniventris*
2. 學名本意　癒合的蜥蜴
3. 分類　　　鳥臀目裝甲亞目甲龍下目甲龍科
4. 體長　　　5.4～6.3公尺（推測）
5. 體重　　　—
6. 棲息時代　晚白堊紀（馬斯垂克期：7210萬年前～6600萬年前）
7. 發現地區　北美大陸西部

　　從頭部、背部一直到尾部都被宛若鎧甲的骨板覆蓋的植食性恐龍族群稱為「甲龍類」（學名：Ankylosauria）。在恐龍時代晚期才出現的甲龍屬恐龍，是最具代表性的甲龍類。

　　甲龍屬是整體略顯扁平的恐龍。身長約6公尺，但是肩高（體高）卻只有1.7公尺。至於甲龍的頭部高度，應該與成年男子的腰部差不多高。根據推測，體重差不多有3公噸，是小汽車的2～3倍重，在同時期的恐龍當中，應屬重量級的。扁平而重的身體，在走路時穩定性肯定很高。

　　甲龍的最大特徵就是背部的護甲，目前已知該護甲是骨骼內部的纖維組織立體且複雜地交織所形成的。這樣的結構跟現代的防彈背心相近，重量輕而且極富彈性，同時又好像非常堅固耐用。

　　根據研究判斷甲龍類的尾巴很難朝上下方向活動，比較容易往左右方向運動。尾部前端有由骨頭形成的骨槌，有關骨槌的功能，有學者認為可以反擊掠食者的攻擊，在甲龍類彼此相爭時也可能會用到骨槌。另外也有學者倡議「骨槌就像是個『假頭』，可混淆掠食者的認知」，不過這樣的假說目前尚未獲得普遍的支持。

　　研究者們認為甲龍類生活在距離海岸線較遠的場所，插圖所繪係想像生活在北美大陸內部之氾濫平原（flood plain）上，正在覓食（以植物為食）的單隻甲龍。

阿馬加龍

背部有兩列高棘的蜥腳類

1. 學名　　　卡氏阿馬加龍 *Amargasaurus cazaui*
2. 學名本意　阿馬加溪（La Amarga Arroyo）的蜥蜴
3. 分類　　　蜥臀目蜥腳形亞目蜥腳下目梁龍超科叉龍科
4. 體長　　　9～12公尺（推測）
5. 體重　　　—
6. 棲息時代　早白堊紀（巴列姆期：1億2940萬年前～
　　　　　　1億2500萬年前左右）
7. 發現地區　阿根廷

在中生代的侏羅紀到白堊紀，南半球有稱為「岡瓦納大陸」（Gondwana）的超大陸。岡瓦納大陸上的代表性蜥腳類恐龍是叉龍科（學名：Dicraeosauridae），插圖所繪的卡氏阿馬加龍就是叉龍類中的一個種。

蜥腳類最為人所知的就是像超龍（69頁）般脖子很長的植食性恐龍。同樣的，跟其他的恐龍群（例如：獸腳

類）相較，叉龍類也擁有長長的頸部。但是叉龍類的頸部大多是約為胴體的1.3倍，在蜥腳類中，屬於頸部較短的一群，這也是叉龍類的共同特徵之一。

阿馬加龍是1984年在阿根廷的阿馬加河谷發掘調查的古生物學家波納帕提（José Bonaparte，1928～）博士等人所發現的，其最大特徵在於每個個體的背骨都有二列的突起（神經棘），而且延伸得很長。突起的長度最長達1.2公尺。

事實上，這樣的長神經棘本身並非只屬於阿馬加龍的專利，舉例來說，知名的魚食恐龍「棘龍」也具有非常長的神經棘，不過棘龍類的神經棘沒有兩列，而且與其說是「棘刺」，倒不如說是「板」比較恰當。

若說阿馬加龍的神經棘是保護身體的武器，那麼它實在太細、太容易折斷了。有關神經棘的功能，研究者間尚未有統一的見解，最普遍的看法是在神經棘之間張著像「帆」一般的皮膜。換句話說，阿馬加龍左右各有一面帆狀物。研究者們認為皮膜上有血管通過，當「帆」照射到太陽時，就會加熱血液；當「帆」吹到風時，就會散熱也說不定。又或者這個帆狀物是雌雄的印記、也或者具有使自己看起來更龐大的作用。不過，在現階段尚未發現神經棘連著皮膜的化石痕跡，未解之謎還是非常的多。

短脖子的小型蜥腳類

1. 學名　　　　梅氏短頸潘龍 *Brachytrachelopan mesai*
2. 學名本意　　屬名意為「短頸的潘」，潘是希臘神話的牧羊神，種名是紀念發現者。
3. 分類　　　　蜥臀目蜥腳形亞目梁龍超科叉龍科
4. 體長　　　　10公尺（推測）
5. 體重　　　　─
6. 棲息時代　　晚侏儸紀提通期（Tithonian）
　　　　　　　（1億5210萬年前～1億4500萬年前左右）
7. 發現地區　　阿根廷

　　「短頸潘龍屬」有響叮噹的學名「Brachytrachelopan」，該學名源自該屬恐龍的特徵和發現軼事。該恐龍化石是阿根廷丘布特省（Chubut）當地的牧羊人梅薩（Daniel Mesa）在2005年發現的。據說，他是在尋找遺失的羊時偶然發現到這個化石。屬名最後的「pan」是阿根廷語，意思是「牧羊神」，這個名稱也有對發現者致敬之意。

　　另外，屬名中的「brachytrachelo（s）」是希臘語，意思是「短的頸」。誠如屬名所示一般，短頸潘龍的頸部大約只有胴體長度的0.75倍。就蜥腳類而言，叉龍科的有名特徵就是頸部比較短，但是也沒有短頸潘龍這麼短，短頸潘龍被認為是頸部最短之蜥腳類的一種。雖然牠與阿馬加龍（128頁）是近親，但是目前尚未發現短頸潘龍有長神經棘。

　　短頸潘龍也是最小型的蜥腳類之一。由於仍未發現頭部及尾部的骨骼，所以不清楚牠的正確體長，根據推測差不多是10公尺。在30公尺級蜥腳類比比皆是的侏羅紀蜥腳類中，這樣的體長只是牠們的3分之1左右而已。又，插圖係參考近緣種恐龍的頭部及尾部予以復原的。

　　為什麼短頸潘龍的頸部會這麼短呢？短脖子究竟有什麼好處呢？

　　有一個假說認為這是為了要與長頸蜥腳類共享空間和資源所演化出來的，亦即或許短頸潘龍可以在大型蜥腳類無法進入的茂密森林中生活也說不定。

　　插圖所繪為生活在當時南洋杉（學名：Araucariaceae）和樹狀蕨類植物（學名：Pteridophyte）繁盛茂密之森林中的短頸潘龍。

131

擁有護甲的蜥腳類

1. 學名　　　護甲薩爾塔龍 *Saltasaurus loricatus*
2. 學名本意　薩爾塔省（Salta Province）的蜥蜴
3. 分類　　　蜥臀目蜥腳形亞目薩爾塔龍科
4. 體長　　　12公尺（推測）
5. 體重　　　—
6. 棲息時代　晚白堊紀（坎佩尼期？～馬斯垂克期：8360萬年前？～6600萬年前左右）
7. 發現地區　阿根廷

　　提到具有「護甲」的恐龍，最為人所知的應該就是裝甲類（學名：Thyreophora），126頁中的甲龍類（學名：Ankylosauridae）就是其中的代表。事實上，具有巨大軀體、長頸、長尾巴之特徵的蜥腳類中，也有具護甲的，這就是「護甲薩爾塔龍」。

　　護甲薩爾塔龍的「護甲」是由骨質所形成長度約20公分的橢圓形或是圓形的板狀物。各板狀物的表面有短突起，這樣的骨板有數片排列在背部，一般認為應該具有保護背部的功能。

　　其實，自19世紀以來就已經發現到一些護甲骨板，但是當時的研究並無法指定出該護甲骨板的擁有者是哪種動物，主要原因是該護甲骨板的形狀跟已經闡明的裝甲類不同。1980年，在阿根廷薩爾塔省進行發掘的波納帕提博士團隊發現到恐龍的全身骨骼，根據記載，終於能夠指定出該護甲骨板的主人。

　　薩爾塔龍被分類在泰坦巨龍類（學名：Titanosauria）。自從波納帕提博士發現以後，確認在泰坦巨龍類中有數個種是以護甲為武裝，也因此得以肯定當時有一部分的蜥腳類以「護甲」作為防禦手段。

　　泰坦巨龍類是一直生活到恐龍時代結束的蜥腳類恐龍，當時全世界各地都有牠們的身影，2006年確認過去在日本也有泰坦巨龍類的家族成員存在。

歐羅巴龍

生活在小島上的小蜥腳類

1. 學名　　　豪氏歐羅巴龍 *Europasaurus holgeri*
2. 學名本意　歐洲的（Europa）蜥蜴（saurus），holgeri源自化石發現者之名
3. 分類　　　蜥臀目蜥腳形亞目蜥腳下目腕龍科
4. 體長　　　6.2公尺（推測）
5. 體重　　　1公噸（推測）
6. 棲息時代　侏羅紀啟莫里期（1億5730萬年前～1億5210萬年前左右）
7. 發現地區　德國北部

　　一提到「巨大恐龍」，最廣為人知的就是植食性恐龍族群「蜥腳類」。蜥腳類是4足步行，擁有像桶子般的胴體和長長的脖子以及長長的尾巴，體長超過20公尺，體重達數十公噸的種類亦不在少數。

　　不過，顛覆對於蜥腳類所知常識的就是歐羅巴龍（屬名：Europasaurus）。該屬恐龍有長頭、長尾巴等蜥腳類的特徵，但是體長僅6.2公尺，只有大部分蜥腳類的一半以下。

　　1998年，在德國北部的山中發現10具個體以上的歐羅巴龍骨骼化石。當初由於這些化石的尺寸很小，因此被認為這些化石都是幼體。但是調查骨骼上的「年輪」（成長線），明瞭這些都是已完全成長的成體。

　　更進一步分析歐羅巴龍，判斷其祖先是體長超過10公尺的蜥腳類。換句話說，歐羅巴龍並非一開始就是小型恐龍，原本也是非常巨大的，只是在演化的過程中變得小型化。

　　在此之前的蜥腳類化石大部分都發現自南北美洲大陸、非洲、亞洲等大陸地區。根據研究認為當時（1億5000萬年前左右）的歐洲沉在平淺的海中，只有約20萬平方公里（約日本國土面積的一半）的小島零星分布。

　　歐羅巴龍若要維持龐大的軀體，就必須攝取大量的食物。跟遼闊的大地不同，在面積狹小的島嶼，能夠充當食物的植物絕對量一定少。研究學者們認為歐羅巴龍可能是為了適應島嶼環境，所以軀體才會往小型化演化。

鸚鵡嘴龍

照顧34頭幼兒的角龍

1. 學名　　　鸚鵡嘴龍 *Psittacosaurus sp.*
2. 學名本意　鸚鵡蜥蜴
3. 分類　　　鳥臀目頭飾龍類角龍下目鸚鵡嘴龍科
4. 體長　　　1～2公尺（推測）
5. 體重　　　—
6. 棲息時代　早白堊紀凡蘭今期？～阿爾布期：1億3980萬年前？～
　　　　　　1億50萬年前左右）
7. 發現地區　泰國、中國、蒙古、俄羅斯

　　恐龍也會照顧幼兒嗎？2003年在中國發現的鸚鵡嘴龍群
（目前尚未歸類於任何一種）化石，也許能夠為這個問題提
供一個答案。這個群體由1頭成體和至少34頭幼體所組成，
在僅0.5平方公尺的巢穴內，身體緊緊挨在一起，以死亡前
的姿勢直接變成化石。顯示這群動物被埋覆時都還存活著，
而這埋覆過程可能非常快速。

　　鸚鵡嘴龍屬（鸚鵡嘴龍科的模式屬）是生活在早白堊紀之
三角龍等角龍類家族的成員，不過牠們既沒有角也沒有頸
盾。此外，根據掌管平衡感覺之三半規管（semicircular
canal）的研究報告顯示，鸚鵡嘴龍似乎是上半身立起，採
取二足步行的方式。這些特徵雖然跟晚白堊紀出現的三角龍
類等不同，但是牠們有像鸚鵡般的喙狀嘴，顴骨往兩側橫張
突出等角龍類的特徵，因此鸚鵡嘴龍類被歸類為原始的角龍
類。根據近年的研究也已經獲知從腰到尾有毛。研究者認為
這裡的毛並不像羽毛般柔軟，具有某程度的硬度。有研究者
認為它或許是一種性吸引力。

　　雖然從化石無法分辨是否為親子，但是我們可以想像成體
就躺臥在緊靠在一起的幼體外側，這是為了取暖呢？還是共
同抵禦外敵呢？研究者之間的看法卻莫衷一是。順道一提，
2005年1月，科學雜誌《nature》發表了一篇「會捕食恐龍
的哺乳類」的研究，其中被捕食的恐龍就是鸚鵡嘴龍。

　　插圖所繪為在中國大陸遼寧省的森林中，彼此緊緊相依偎
的鸚鵡嘴龍。在松樹底下，成體靠近幼體，好像正在照顧牠
們似的。像這樣的場景或許就變成化石如實的保存了下來。

迷亂角龍

長有巨大頸盾的角龍

1. 學名　　　爾文迷亂角龍 *Vagaceratops irvinensis*
2. 學名本意　迷亂的走（Vaga）有角（cerat）爾文地區（Irvin）的化石
　　　　　　（-ensis）
3. 分類　　　鳥臀目頭飾龍類角龍下目角龍科開角龍亞科
4. 體長　　　3 公尺（推測）
5. 體重　　　—
6. 棲息時代　晚白堊紀（坎佩尼期：8360萬年前～7210萬年前）
7. 發現地區　加拿大

　　「角龍類」是四足步行，具有喙狀嘴的植食性恐龍家族，其中有部分家族成員因具有發達的大角而為人熟知，特別是以擁有三隻角的「三角龍屬」最為有名。

　　在角龍類中，有些會從頭骨後端向後長出一個寬大的骨質頸盾（frill）。其中，頸盾比其他角龍類還要大一號的就是插圖中所繪的「爾文迷亂角龍」。爾文迷亂角龍全長大約 3 公尺，在角龍類中是屬於比較小型的，不過卻擁有寬 1 公尺以上，長度超過80公分的巨大頸盾，這樣的頸盾寬度在角龍類中少有比得上的。

　　插圖所繪為大約7500萬年前的加拿大亞伯達省的景象。雖然迄今已發現多具迷亂角龍屬（學名：Vagaceratops）恐龍的化石，但是並沒有成群被發現的例子。因此，一般認為牠們不會成群結隊，而是單獨或少數幾隻行動。美國猶他大學的古生物學家桑普森（Scott D. Sampson）博士等人指出，頸盾可能是用來威嚇敵人或吸引異性，頸盾上說不定有像現生孔雀般的圓形眼狀紋。

尖角龍

鼻端有「劍」的角龍

1. 學名　　　　腔盾尖角龍 *Centrosaurus apertus*
2. 學名本意　　有尖刺的蜥蜴（apertus係指頭盾骨骼的孔）
3. 分類　　　　鳥臀目頭飾龍類角龍下目角龍科尖角龍亞科
4. 體長　　　　5～6公尺（推測）
5. 體重　　　　2～3公噸（推測）
6. 棲息時代　　白堊紀坎佩尼期（8360萬年前～7210萬年前左右）
7. 發現地區　　加拿大亞伯達省

　　一提到「角龍類」就會想到以擁有3隻角的3角龍為代表的植食性恐龍族群。眾所周知的，這個族群的家族成員，每一個種都有特徵性的角和頭盾或頸盾。

　　尖角龍是在鼻端上方有特別長角的角龍，形狀宛若劍般扁平而有小小的弧度，前端是尖銳的。在眼睛上面也有一對小型額角，尖角龍的特徵是頭盾頂端，有兩個向前的小角，腔盾尖角龍的額角是向上彎曲的。屬名是指牠頭盾周圍的小型角，而非牠鼻端上的角（在命名時尚未知道鼻角的存在）。

　　目前已知鼻端上的劍有個體差異，有的是朝後方翻捲並且長得很長。相反地，也有長長地朝前方彎曲的。也有好像折斷般，中途角度出現大轉折的。事實上，從化石可以發現到各式各樣的形狀。研究者認為角和頭盾上的尖刺是分別種以及個體的記號，也或許用來吸引異性、或是用於同種之間的爭鬥。

　　尖角龍之所以有名是因為牠是在一個場所發現到大量化石的角龍。在加拿大的亞伯達省有個超過1500具個體聚集一處的場所，其中有80％是尖角龍的骨骼化石，而且包括從成體到幼體的各個世代的骨頭。

　　研究者從發現狀況指出：尖角龍的生活方式也許是各不同世代組成大規模的群體共同生活。插圖所繪為尖角龍像現生的美洲野牛、牛羚般形成大群一起行動的情形。

4 恐龍時代的
生死對決

協助　小林快次／齋木健一／佐藤たまき／小西卓哉／平山 廉／對比地孝亘

在Part3中，我們已經認識恐龍們活靈活現的生活方式。恐龍時代的日常生活應該是充滿了戰鬥，古生物學家在世界各地發現許許多多當時戰鬥痕跡的化石。在Part4中，以精彩的插圖呈現恐龍間的戰爭、生活在恐龍時代之蛇頸龍類和翼龍類的戰爭場面。且看本章依時期順序重現恐龍時代的生死對決。

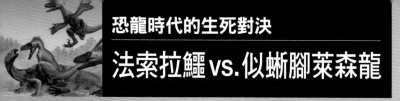
繁盛時期在恐龍之前的「巨鱷」

時代：三疊紀晚期（約2億3700萬年前～約2億130萬年前）
場所：南美洲阿根廷西北部的伊沙瓜拉斯托（Ischigualasto）盆地

2具巨大的身軀纏鬥，沙塵滿天，滾滾不絕。這是南美洲，恐龍時代即將拉開序幕之地。

從現在阿根廷西北部大約2億3000萬年前的地層，發現多具最原始級的恐龍化石。但是，恐龍成為全世界陸地上的霸主，是在該時的3000多萬年以後。

而在這3000萬年間，先行擴張勢力的是包括鱷類祖先在內的動物群。當時棲息的物種非常多樣，舉凡植食性動物、擁有可疾行之細長輕盈身軀的動物等等，應有盡有。插圖中，緊緊咬住巨大獵物的腳，企圖將之扳倒的「法索拉鱷」（學名：*Fasolasuchus tenax*）也是其中的一種，位在大約2億年前之生態系的頂點。

法索拉鱷以粗大尖銳的牙齒和巨大的顎部傲視群雄，而牠的頭部與號稱史上最強的肉食恐龍「暴龍」（又名霸王龍）非常相似。此外，牠的骨骼跟爬行的現生鱷類不同，反而比較像恐龍，是腳與地面垂直而立的骨骼，可以靈活轉動。法索拉鱷和肉食恐龍分別獨自演化，卻得到相似的體型和能力。

被法索拉鱷襲擊的是體長有2台公車連在一起那麼長的植食性恐龍「似蜥腳萊森龍」（學名：*Lessemsaurus sauropoides*）。受到覬覦的一方用以對抗掠食者的手段之一，就是使自己的軀體變得巨大。

一般認為似蜥腳萊森龍是陸地生命史上第一個可看出「超巨大化」傾向的脊椎動物。研究者認為似蜥腳萊森龍如果能夠成長到成體的話，就差不多沒有天敵，唯一能夠襲擊牠的，大概只有法索拉鱷了。

為了避免捲入2大巨頭的戰爭之中，逃之夭夭的是生活在同時代的「惡魔龍屬」（屬名：*Zupaysaurus*）肉食恐龍，其體長約4～6公尺。大部分肉食恐龍在體格上是遠較植食恐龍為小的。

曾經繁極一時的鱷類祖先，幾乎都在大約在2億年前因為某種原因滅絕殆盡。就這樣，終於拉開了恐龍黃金時代的序幕。

似蜥腳萊森龍
學名：*Lessemsaurus sauropoides*
學名意義：以擅寫恐龍的科普作家萊森（*Lessem*）來命名的蜥蜴（*saurus*），擁有類似後來蜥腳類（*sauropod*）的特徵。
推估體長：約18公尺（肩高4公尺弱）
推估體重：20～25公噸

提那斯法索拉鱷
學名：*Fasolasuchus tenax*
學名意義：以發現者，同時也是專門負責化石清理的技術員法索拉（*Fasola*）來命名的蜥蜴（*suchus*），擁有強而有力的（*tenax*）上顎。
推估體長：約10公尺（肩高2公尺強）
推估體重：2～3公噸

劍龍vs.異特龍

植食性恐龍的反擊

時代：晚侏羅紀（啟莫里期～提通期：1億5730萬年前～1億4500萬年前左右）
場所：北美大陸西部

　　動作勇猛矯捷的肉食性恐龍「異特龍」（學名：*Allosaurus fragilis*）從後面襲擊植食性恐龍「劍龍」（學名：*Stegosaurus stenops*）。遭到襲擊的劍龍儘管已經負傷，還是奮力反擊。牠揮甩著尾巴，將體重全部放在尾部前端的棘刺上，用力地朝背後的異特龍刺去。

　　戰鬥的舞台是在侏羅紀晚期的1億5000萬年前左右。此時，恐龍的體型和大小已經非常多樣。例如：植食性恐龍中，有背部具有成列「劍板」的「劍龍類」，全長達20～35公尺的「蜥腳類」等族群。

　　在侏羅紀晚期的北美大陸，位在生態系頂點的是異特龍。跟後來立於白堊紀生態系頂點的暴龍相較，其顎部力道似乎只有後者的10分之1。像薄刃般的利齒一旦咬傷獵物，相信會使這些獵物逐漸虛弱，最後成為牠口中的食物。

　　背部劍板特別大型的劍龍類「狹臉劍龍」是異特龍的獵物之一。牠的劍板可比喻成餅乾，相當脆弱，古生物學家也發現被顎部力量不甚大的異特龍咬碎的劍板化石。古生物學家認為劍板的功能是透過血管調節體溫，也是同種間用來吸引異性的工具，並不具備防衛功能。

　　另一方面，一般認為劍龍的棘刺非常堅硬，用來反擊敵人的侵犯。事實上，古生物學家也發現在異特龍的尾端基部骨骼化石上，判斷為劍龍棘刺所穿的洞。雖然我們無法知道死鬥的結果，不過無疑地，異特龍一定深受重創。

　　侏羅紀晚期，跟異特龍體型差不多大小的肉食性恐龍及其獵物劍龍類也棲息在現在的歐洲。有些學者認為異特龍本身也棲息在歐洲，亦即插畫所繪的纏鬥場面或許擴及全世界也說不定。

狹臉劍龍
學名：*Stegosaurus stenops*
學名意義：*Stego-*（有屋頂的）*saurus*（蜥蜴）
　　　　　stenops（臉部狹窄的）
推估體長：約6.5公尺（臀部高度約2.8公尺）
推估體重：約3.5公噸

劍板

脆弱異特龍
學名：*Allosaurus fragilis*
學名意義：Allo-（異）*saurus*（蜥蜴）
　　　　　fragilis（纖弱）
推估體長：約8.5公尺（臀部高度約2.3公尺）
推估體重：約1.7公噸

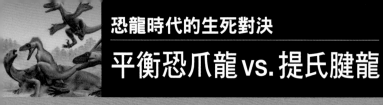
銳爪是最強的武器

時代：白堊紀早期（約1億4500萬年前～約1億50萬年前）
場所：北美大陸的蒙大拿州

　　撲到驚駭的「提氏腱龍」（學名：*Tenontosaurus tilletti*）身上的是肉食性恐龍「平衡恐爪龍」（學名：*Deinonychus antirrhopus*），其最大武器就是恐怖的爪子。後肢的第2趾爪非常銳利，有著像鐮刀狀的弧度。再者，數年前，古生物學家發現：在與平衡恐爪龍相近的小型肉食性恐龍的腕骨上，有構造（乳頭突起）顯示擁有發達的翅膀，因此推測平衡恐爪龍有翅膀。

　　平衡恐爪龍在狩獵之際究竟是如何使用趾爪的，一直以來都是個謎。有看法認為牠們會用爪將獵物的肉撕開，將之殺死。但是也有研究者懷疑平衡恐爪龍的趾爪有這樣的強度。

　　2011年12月，顯示新看法的論文發表在科學雜誌《PLoS ONE》上面。論文中表示平衡恐爪龍的趾爪沒有可將肉撕開的強度，極可能只能用來在獵物身上開個洞。因此，與現生之鷹類等的趾爪用途相同的可能性極高。也就是以銳利的爪子在獵物身上開個洞，然後擠壓獵物使之流血。過程中，偶爾大大地張開雙翼取得平衡，一直等到獵物血流盡死亡為止。

　　插圖所繪為體長大約3公尺的平衡恐爪龍靈活運用雙翼，襲擊尚未成年之體長約4公尺的提氏腱龍的場景。這些恐龍經常在相同的地層被發現。提氏腱龍是當時相當繁盛的草食性恐龍，對平衡恐爪龍而言是相當好的獵物。平衡恐爪龍的嗅覺似乎非常好，可以嗅聞出不同種類的獵物。

　　一般認為平衡恐爪龍過著團體生活，不過最近也有見解認為牠們在狩獵時，也許並非集體行動。有關平衡恐爪龍的生態，未來應該還會有熱烈的議論。

提氏腱龍（模式種）
學名：*Tenontosaurus tilletti*
學名意義：腱（*tenonto-*）的蜥蜴（*saurus*），
　　　　　人名（*tilletti*※）
推估體長：6公尺（成體）
※以協助調查的Lloyd Tillett來命名。

平衡恐爪龍（模式種）

學名：*Deinonychus antirrhopus*

學名意義：恐怖的（*deino-*），
　　　　　爪（*nychus*）、
　　　　　平衡※（*antirrhopus*）

推估體長：3公尺
※：主要指其以尾巴取得全身平衡的特徵。

149

史上最巨大級恐龍對決

時代：白堊紀中期（1億1300萬年前～約9390萬年前）
場所：南美阿根廷中西部內烏肯省（Neuquén Province）

　　「咚！咚！」在漫天塵沙中出現的是體長達35公尺的「阿根廷龍」（學名：Argentinosaurus）。插圖中右下方阿根廷龍的幼體則被「南方巨獸龍」（學名：Giganotosaurus）踩在腳底下。南方巨獸龍的體長達13公尺，是史上最大級肉食恐龍中的一種。

　　插圖舞台為大約1億年前的南美大陸。阿根廷龍是蜥腳下目泰坦巨龍類的一個屬，蜥腳類是擁有肥圓身體、細長的頸部和尾巴、四足步行的植食性恐龍。即使是在蜥腳類中，阿根廷龍也都算是體型龐大的，據推估體重可達陸生生物史上最重級的73公噸。

　　古生物學家認為阿根廷龍要發育為成體需要20年。在身體發育的過程中，有段危險時期極易為南方巨獸龍等獵食的對象。據研究，為了減少這樣的風險，阿根廷龍應該是成群結隊，幼體與成體一起生活。

　　另一方面，南方巨獸龍乃二足步行，是一種肉食的獸腳類恐龍。在當時，可說是位在南美大陸生態系的頂點。南方巨獸龍是嗅覺非常敏銳的凶猛獵人，能以每小時約50公里的速度奔跑，捕食獵物。南方巨獸龍的頭部比暴龍要細長一些，從牠的頸部構造推估，咬合力約為暴龍的3分之1。因此，牠應該無法將獵物的骨頭咬碎，但是可以用牙齒撕裂獵物的肉和內臟來食用。

　　一般而言，有巨大蜥腳類恐龍在的地方，就會有巨型的獸腳類恐龍出現，古生物學家認為這是在彼此的互動下所演化而成的巨大體型。也就是食與被食相互影響，共同演化的結果。

烏因庫爾阿根廷龍（模式種）

學名：*Argentinosaurus huinculensis*

學名意義：阿根廷的（*Argentino-*）、蜥蜴（*saurus*）。
「*huinculensis*」之名源自發現該化石的地層名稱。

推估體長：35公尺

推估體重：73公噸

卡氏南方巨獸龍（模式種）

學名：*Giganotosaurus carolinii*

學名意義：南方巨大的（*Giganoto-*）、蜥蜴
（*saurus*）。「*carolinii*」是以該
化石發現者「卡羅利尼」（Rubén
Dario Carolini）之姓名來命名。

推估體長：13公尺

突然從水中現身撲擊

時代：白堊紀晚期（8630萬年前～8360萬年前）
場所：北美大陸中央地區堪薩斯州

海王龍
學名：*Tylosaurus sp.*
學名意義：擁有像船首般突出物的蜥蜴
推估體長：10公尺以上
推估體重：10公噸

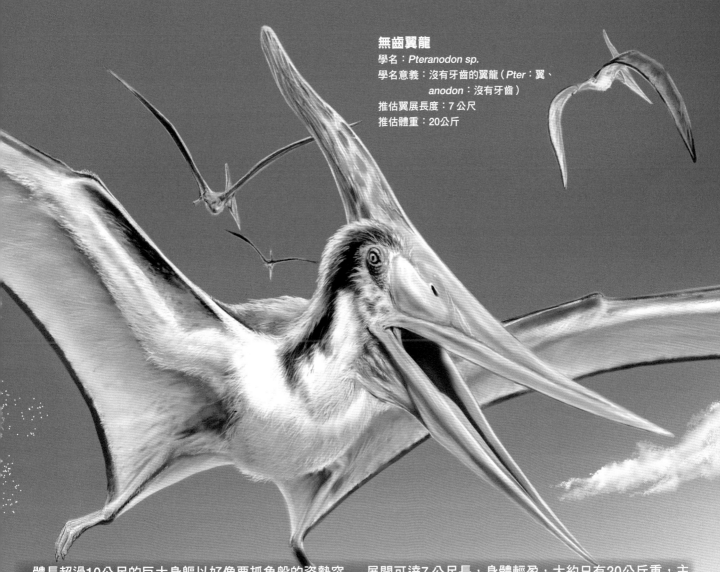

無齒翼龍
學名：*Pteranodon sp.*
學名意義：沒有牙齒的翼龍（*Pter*：翼、
　　　　　anodon：沒有牙齒）
推估翼展長度：7公尺
推估體重：20公斤

　　體長超過10公尺的巨大身軀以好像要抓魚般的姿勢突然浮出水面上，企圖捕捉在海面附近飛行的翼龍目（學名：Pterosauria）無齒翼龍屬（也稱羽齒龍屬，屬名：Pteranodon）的恐龍。該巨大身軀的真正身分是一種海生爬蟲類，也就是滄龍科（學名：Mosasauridae）的海王龍（屬名：Tylosaurus）。

　　插圖的舞台為白堊紀晚期（約8500萬年前）的海洋。白堊紀晚期，北美大陸的中央地區由南至北皆淹沒在海水之中。在當時的海洋中，海王龍是最大且是最強的掠食者。根據最新的研究，海王龍的尾部前端有月牙形的鰭，也因此大多數研究者的看法認為牠能快速擺動尾部前進。再加上牠擁有堅硬耐用的牙齒，可以撕裂獵物，將之嚼食殆盡。

　　另一方面，無齒翼龍是當時翼龍類的代表。牠的雙翼展開可達7公尺長，身體輕盈，大約只有20公斤重，主要以魚類維生。研究者認為具特徵性的細長頭冠，雌性與雄性的形狀應有所差異。

　　無齒翼龍的長翼似擅長滑翔飛行的信天翁（學名：Diomedeidae）雙翼，因此一般認為牠無法像燕雀般只要拍翅即可在瞬間改變方向。在插圖所繪的情況下，即使無齒翼龍已發現到敵蹤而想逃離，可能也會陷入「為時已晚」的狀態。

　　從滄龍的胃中化石來看，除了有各式各樣獵物的化石之外，還發現應該是無齒翼龍的骨骼化石。不過，海王龍究竟是襲擊飛行中的無齒翼龍，或者是吃死了浮在海面上的無齒翼龍，或者是兩者都有呢？目前則仍未有定論。海王龍類和無齒翼龍類都在大約6600萬年前消失了蹤跡。

海王龍vs.雙臼椎龍

來自死角的突擊

時代：晚白堊紀（坎佩尼期：約8360萬年前～約7210萬年前）
場所：北美大陸西部

雙臼椎龍（蛇頸龍科）
學名：*Polycotylus sp.*
學名意義：明顯的凹陷（根據椎骨的形狀）
推估體長：成體約5公尺，幼體約2～2.5公尺
推估體重：成體為1～2公噸
※雙臼椎龍的頸子很短，外表跟牠所屬的「蛇頸龍科」之名不符，
　牠是因為頭骨形狀而被分類在「蛇頸龍科」的。

普氏海王龍（滄龍類）
學名：*Tylosaurus proriger*
學名意義：有瘤的蜥蜴
推估體長：9公尺以上
推估體重：10公噸以上
※滄龍類（Mosasauridae）的學名源自Meuse River
（位在荷蘭南部）的拉丁名稱。

　　屬於蛇頸龍亞目（學名：Plesiosauria）的「雙臼椎龍」（屬名：Polycotylus）親子，成群結隊地在寧靜的海中遨遊。突然，有體長為雙臼椎龍成體2倍大，接近10公尺的巨大身軀從下方展開突擊。在白堊紀晚期的海洋中，棲息著各式各樣體型大小不同的海棲爬蟲類，其中體型最大的，就是「海王龍屬」（又名瘤龍、節龍）恐龍了。

　　據研究，白堊紀晚期的氣候溫暖，海水面的高度比現在還高。因此，北美洲的中部地區由南到北皆淹沒在水中，海面廣闊。從美國堪薩斯州所代表的內陸地層發現到的種種海棲爬蟲類的化石，就是最有力的證據。

　　海王龍屬是大型化蜥蜴的同類，是一種獲得鰭肢的滄龍類。體長最大可達13公尺，具有當時海棲爬蟲類中最強而有力的顎部。有古生物學家認為牠們會不動聲色的等待獵物出現，然後迅速擺動前端有發達尾鰭的長尾，快速前進，以突襲的方式攻擊獵物。

　　古生物學家從海王龍的胃發現各式各樣獵物的化石。除了吃當時的海鳥之外，牠們好像連其他滄龍類也吃。因為牠們什麼都吃，因此也被冠上「海暴王」之名。

　　因為在海王龍的胃中也發現到雙臼椎龍的幼體，故此次在插畫中安排牠們被海王龍獵捕的場景。一般認為雙臼椎龍的游泳速度像海豚那麼快，因此有學者認為只要海王龍不突襲體型大約2公尺的幼體，雙臼椎龍是不會被海王龍捕獲的。

　　蛇頸龍類從侏羅紀到白堊紀晚期，都是以掠食者的身分活躍於水中，且大為繁盛。但是在白堊紀晚期，滄龍類興起，成為海中的霸權。在遠古的海洋中，除了這些強者之外，再加上鯊魚等掠食者，生存競爭相當激烈。

巨大諸城龍vs.巨型諸城暴龍

在亞洲也有連串的體型巨大化演變

時代：晚白堊紀（坎佩尼期：約8360萬年前～約7210萬年前左右）
場所：歐亞大陸東部

　　一群體長比一輛大型巴士還要長的植食性恐龍「巨大諸城龍」（學名：*Zhuchengosaurus maximus*），因為史上最大等級的肉食性恐龍「巨型諸城暴龍」（學名：*Zhuchengtyrannus magnus*）的來襲，四處奔逃。該場景發生在距今7700萬年前，舞台是在中國大陸的山東省。兩者的學名都有諸城，是因為化石發掘自山東省「諸城市」。

　　巨大諸城龍是屬於具有長而平之嘴巴特徵的鴨嘴龍類的一種，屬山東龍屬（學名：Shantungosaurus），而它們似乎是以緊密排列許多牙齒的顎部啃食植物。其接近17公尺的體長是鴨嘴龍類中最大的，但是這樣的體型並不適合迅速的動作和長距離移動。

　　另一方面，巨型諸城暴龍正如其名，是一種暴龍類，體長據估約10～12公尺，接近著名的雷克斯暴龍。它看起來好像完全籠罩在抬起上半身的巨大諸城龍陰影之下，其實一靠近就會發現牠其實非常巨大。

　　諸城市近年來以這2種為首，陸續發現許多全長超過10公尺的大型恐龍化石。例如有比巨大諸城龍還要大，被認為是史上最大的鴨嘴龍類。此外，據傳還發現其他未知的大型暴龍類，顯示包括巨型諸城暴龍在內等多種大型肉食性恐龍「共存」的可能性極高。再者，也發現到以前亞洲未曾發現的大型角龍類（以三角龍為代表的植食性恐龍）。

　　一般而言，肉食性動物和植食性動物的體型巨大化會發生在同時期，這是因為捕食者和被捕食者是相互影響共同演化的。因為在諸城市的發現，古生物學家確認了在白堊紀晚期的亞洲，跟同時代以及白堊紀末期的北美洲一樣，肉食性恐龍和植食性恐龍都逐漸巨大化。

巨型諸城暴龍

學名：*Zhuchengtyrannus magnus*

學名意義：*Zhucheng-*（諸城的）*tyrannus*（暴君），
　　　　　magnus（巨型的）

推估體長：10～12公尺（體高約 4 公尺）

推估體重：6 公噸

巨大諸城龍

學名：*Zhuchengosaurus maximus*

學名意義：*Zhucheng-*（諸城的）*saurus*（蜥蜴），
　　　　　maximus（巨大）

推估體長：16.6公尺（體高9.1公尺）

推估體重：16公噸

※：從地層中也發掘出許多被認為是巨大諸城龍近親的山東龍（學名：
　　Shantungosaurus giganteus）化石，也有研究認為兩者是同種動物，
　　代表不同生長階段，山東龍是大型的個體。

以頭顱互撞爭奪權力？

時代：晚白堊紀（坎佩尼期：約8360萬年前～約7210萬年前）
場所：北美大陸西部

直立劍角龍（厚頭龍科）
學名：*Stegoceras validum*
學名意義：*Stegoceras*（有角的頭頂）*validum*（強的）
推估體成：成體 2～2.5 公尺
推估體高：成體 0.7 公尺

「咚！咚！」的碰撞聲在森林中響起。這是擁有好像鋼盔般頭顱的厚頭龍科（學名：Pachycephalosauridae）直立劍角龍（學名：*Stegoceras validum*）彼此頭部相撞所發出的聲音。直立劍角龍是白堊紀晚期棲息在北美洲和亞洲的二足步行小型植食性恐龍。

厚頭龍類的共通特徵就是有圓頂狀隆起的頭部。直立劍角龍的頭部長度約50公分，但是頭頂部的骨頭厚度最厚可達25公分。

厚頭龍類的圓頂狀頭部究竟具有哪些功能，古生物學界至今仍然議論不休。舉例來說，它可能是吸引同種或敵人的裝飾，也可能是用在爭取雌性或地盤時，彼此劇烈地以頭部互相頂撞，以決定雄性的地位優勢。

如果真的是互相撞頭競爭的話，那麼頭部必需具有耐撞擊的強度。因為厚頭龍類的頭部是由骨質緻密的骨骼所構成，因此有研究者認為應該頗耐衝擊。但是另一方面也有看法認為，厚頭龍類從幼體到發育為成體的過程中，頭部逐漸變脆弱。看法眾說紛紜，直到今天仍然未有定論。

2011年，科學家利用電腦模擬調查直立劍角龍的頭部究竟能承受多大的衝擊。從結果我們知道：在頭部緻密的骨骼之下，還有像海綿般的多孔層。該構造跟現生大角羊（學名：*Ovis canadensis*）的頭部非常相似，一般認為可以讓頭部撞擊之際所產生的能量逃逸。順道一提，因為受到這樣構造的保護，據估計加諸頭頂部的壓力，在頭部側面大約減少到只有13分之1左右。

在厚頭龍類的頭部化石上面也能發現到傷痕。至少，化石顯示直立劍角龍好像會以頭部互相頂撞。

暴龍vs.三角龍

重量級對手的激戰

時代：晚白堊紀（馬斯垂克期：約7210萬年前～6600萬年前左右）
場所：北美大陸西部

雷克斯暴龍
學名：*Tyrannosaurus rex*
學名意義：暴君蜥蜴王
推估體長：約12公尺（臀部高度約4公尺）
推估體重：約6公噸

巨大的軀體互相碰撞，整個森林的空氣為之震動。1頭是下顎強而有力的肉食性恐龍「暴龍」；另1頭則是擁有長長的3隻角，後頭部具有龐大頭盾的植食性恐龍「三角龍」。兩者都是據估體長約10公尺的巨型恐龍。

據研究表示：暴龍的顎部力量是陸地動物中，史上最強的。根據某研究模擬結果表示：暴龍整個顎部可發揮約高達6萬牛頓※的強大力量。這個數據接近人類以後面大臼齒咬物之力的100倍。

古生物學家在同一時代、場所的地層中發現殘留有暴龍齒形的三角龍頭盾、腰骨化石，以及三角龍本身的化石。於是這成為這2種恐龍共處同一時代的直接證據。

近年來，還發現殘留著暴龍齒形之暴龍的腳和趾骨的化石。因此也有研究者有不同的看法，認為暴龍應該也有許多同類相食的情況發生。

頭盾殘留暴龍齒形的三角龍是被暴龍吃掉了嗎？事實上，科學家研判頭盾上的齒形應該是傷癒留下的痕跡，在當時該三角龍應該是存活下來了。科學家認為頭盾和角的主要功能是用來威嚇敵人、吸引異性，有時也會直接用來防禦和攻擊。插圖為三角龍正要防禦的瞬間。

像三角龍這樣的巨漢一般是不容易受到襲擊的，但是沒想到連這樣的龐然大物竟然都是暴龍的獵物。以暴龍為頂點的生態系，就是白堊紀晚期的北美大陸世界。

※：1牛頓（N）的力約相當於0.1公斤的重量。換句話說，6萬牛頓即相當於約6000公斤（6公噸）的重量。

恐怖三角龍
學名：*Triceratops horridus*
學名意義：有恐怖3隻角的臉
推估體長：約8公尺（臀部高度約3公尺）
推估體重：約9公噸

從「快」到「強」

時代：白堊紀晚期（約7000萬年前）
場所：戈壁沙漠

特暴龍（成體）

162

科學家認為在距今約7000萬年前的白堊紀晚期，當時蒙古的戈壁沙漠（Gobi Desert）不僅有河川流經，並且還有蓊鬱的森林。

在其中一個森林的某處，擁有巨大身軀的肉食性恐龍正啃食著倒臥在地的大型獵物。另一方面，在距離不遠的地方，有2隻幼體的肉食性恐龍追趕著其他的獵物。這些肉食性恐龍就是「特暴龍」（屬名：Tarbosaurus）的成體與幼體。

特暴龍在亞洲是食物鏈頂端的掠食者，它的學名意為「令人害怕的蜥蜴」，成體的體長達9～10公尺。它們的外型與棲息在北美的暴龍（屬名：Tyrannosaurus）十分相似，古生物學家認為實際上它們是血緣十分相近的兩個屬。特暴龍擁有巨大頭部和粗壯的牙齒，上下顎的咬合力應該跟暴龍相當（推定值為數公噸）。

古生物學家認為特暴龍的成體充分利用顎部的咬合力，會將獵物的骨骼一一咬碎。主要獵物是棲息地中眾多的大型植食性恐龍「櫛龍」（屬名：Saurolophus）。在某個化石中，發現有被特暴龍咬過所形成的條紋。

但是，2011年有研究結果發表，認為年幼時期的特暴龍，顎部的咬合力其實並不強。跟成體相較，幼體不管是上顎或是牙齒都很薄，整個頭部相當纖細。因此古生物學家認為年幼的特暴龍係以蜥蜴等小動物為主食。

或許有些時候年幼的特暴龍也會獵捕體型跟自己差不多，像「傾頭龍屬」（學名：Prenocephale）這類的植食性恐龍。因為雖然它們的顎部咬合力不強，但是可能行動非常靈敏，可以獵捕獵物。

從骨骼來看，幼體的脛骨（小腿內側的長管狀骨骼）比股骨（大腿的骨頭）長；相反地，成體的股骨就比脛骨長。這是為了支撐激增的體重而產生的變化之一。而幼體脛骨比股骨長的特徵，跟很會跑的鴕鳥是一樣的。從能快速奔跑的幼體到強壯的成體，這或許就是特暴龍的成長過程。

勇士特暴龍
跟暴龍最主要的相異點有二點，一是前肢較短，其次是頭部寬度較窄。
學名：*Tarbosaurus bataar*
學名意義：可怕的（*tarbo*）蜥蜴（*saurus*），英雄（*bataar*）
體長：9～10公尺（成體）
　　　2～3公尺（幼體）

特暴龍（幼體）

窄吻櫛龍
嘴巴前端像鴨子呈扁平狀之「鴨嘴龍科」的一種
學名：*Saurolophus angustirostris*
學名意義：有頭冠的（*lophus*）蜥蜴（*sauro*），
　　　　　狹窄的（*angusti*）嘴尖（*rostris*）
體長：10～12公尺

830種
恐龍資料

在Part5中，以資料篇的形式將830種恐龍的資料予以彙整。前半部以分類別表列830種恐龍的詳細資料，有關恐龍的分類係根據《The Dinosauria second edition》。在Part5後半，則依「學名的英文字母順序」、「體長順序」、「出現時代順序」、「地區別」刊載恐龍一覽表。另外，在本書的最後，以表列的方式收錄了恐龍界知名度

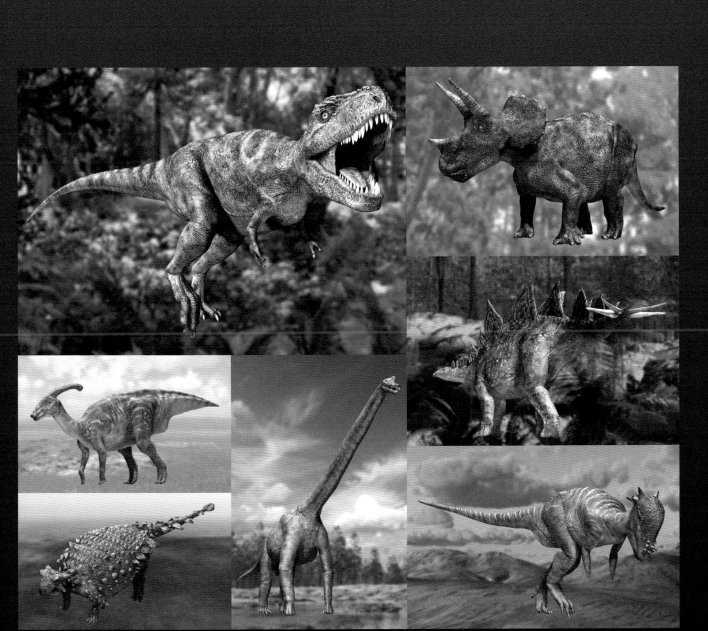

獸腳類

分類	中文名稱	學名	學名意義	記載者（報告年）	時期		體長(m)	體重(kg)	食性	產地
新獸腳類	曙奔龍屬	*Eodromaeus*	黎明的奔跑者	Martinez等人（2011）	三疊紀晚期	卡尼期	1.5	9.1~22.7	肉食	阿根廷
	邪靈龍屬	*Daemonosaurus*	惡魔蜥蜴	Sues等人（2011）	三疊紀晚期	瑞替期	2.2	9.1~22.7	-	美國新墨西哥州
	太陽神龍屬	*Tawa*	美國原住民普韋布洛人的太陽神	Nesbitt等人（2009）	三疊紀晚期	諾利期	2	22~45	肉食	美國新墨西哥州
	龍獵龍屬	*Dracovenator*	龍的獵人	Yates（2005）	侏羅紀早期		7	227~454	肉食	南非
	龍盜龍屬	*Dracoraptor*	龍盜賊	Martill等人（2016）	侏羅紀早期	赫唐期	2	-	-	英國
角鼻龍類	奧卡龍屬	*Aucasaurus*	來自 Auca Mahuevo 地區的蜥蜴	Coria等人（2002）	白堊紀晚期	坎佩尼期	4.2	227~454	肉食	阿根廷
	南手龍屬	*Austrocheirus*	南手	Ezcurra等人（2010）	白堊紀晚期	馬斯垂克期	6.5?	454~907?	肉食?	阿根廷
	阿貝力龍屬（亞伯龍屬）	*Abelisaurus*	阿貝力（人名）的蜥蜴	Bonaparte與Novas（1985）	白堊紀晚期	山唐尼期~坎佩尼期？	11?	900~3600	肉食	阿根廷
	肌肉龍屬	*Ilokelesia*	肌肉的蜥蜴	Coria與Salgado（1998）	白堊紀晚期	賽諾曼期~土倫期	4	200	肉食	阿根廷
	印度龍屬	*Indosaurus*	印度的蜥蜴	Huene與Matley（1933）	白堊紀晚期	馬斯垂克期	-	227~454?	肉食?	印度
	印度鱷龍屬	*Indosuchus*	印度的鱷類	Huene與Matley（1933）	白堊紀晚期	馬斯垂克期	7	1200	肉食	印度
	維達格里龍屬	*Vitakridrinda*	維達格里（地名）的獸類	Malkani（2006）	白堊紀晚期	馬斯垂克期	6?	900~3600?	肉食?	巴基斯坦
	速龍屬	*Velocisaurus*	快速的蜥蜴	Bonaparte（1991）	白堊紀晚期	山唐尼期~坎佩尼期？	-	0.5~2.3	肉食?	阿根廷
	爆誕龍屬	*Ekrixinatosaurus*	擁有爆炸之角的蜥蜴	Calvo等人（2004）	白堊紀晚期	土倫期~科尼亞克期	11	900~3600	肉食	阿根廷
	輕巧龍屬	*Elaphrosaurus*	迅速的蜥蜴	Janensch（1920）	侏羅紀晚期	啟莫里期	6.2	91~227	植食?	坦尚尼亞
	食肉牛龍屬	*Carnotaurus*	肉食的牛	Bonaparte（1985）	白堊紀晚期	坎佩尼期~馬斯垂克期	8	900~3600	肉食	阿根廷
	坎普龍屬	*Camposaurus*	坎普（人名）的蜥蜴	Hunt等人（1998）	三疊紀晚期	卡尼期	3	9.1~22.7	-	美國亞利桑那州
	隱面龍屬	*Kryptops*	隱藏的臉	Sereno與Brusatte（2008）	白堊紀早期	阿普第期~阿爾布期	6.1	900~3600	肉食	尼日
	膝龍屬	*Genusaurus*	膝蓋蜥蜴	Accarie等人（1995）	白堊紀早期	阿爾布期	3	35	肉食?	法國
	卡瑪卡瑪龍屬	*Kemkemia*	卡瑪卡瑪地層	Cau與Maganuco（2009）	白堊紀晚期	賽諾曼期	-	-	-	摩洛哥
	角鼻龍屬	*Ceratosaurus*	有角的蜥蜴	Marsh（1884）	侏羅紀晚期	啟莫里期~提通期	7	700	肉食	美國猶他州、科羅拉多州、葡萄牙、坦尚尼亞
	腔骨龍屬（虛形龍屬）	*Coelophysis*	空心的形狀	Cope（1889）	三疊紀晚期	卡尼期~諾利期	3	25	肉食	美國亞利桑那州，美國新墨西哥州
	哥斯拉龍屬	*Gojirasaurus*	哥斯拉的蜥蜴	Carpenter（1997）	三疊紀晚期	諾利期	6	150	肉食	美國新墨西哥州
	肉龍屬	*Sarcosaurus*	肉食的蜥蜴	Andrews（1921）	侏羅紀早期	辛涅繆爾期	3	70	肉食	英國
	蠍獵龍屬	*Skorpiovenator*	蠍子獵人	Canale等人（2008）	白堊紀晚期	賽諾曼期~土倫期	9	900~3600	肉食	阿根廷
	棘椎龍屬	*Spinostropheus*	長棘刺的脊椎	Sereno等人（2004）	白堊紀早期	凡蘭今期	6.2	91~227	-	尼日
	惡魔龍屬	*Zupaysaurus*	惡魔的蜥蜴	Arcucci與Coria（2003）	三疊紀晚期	諾利期	6	250	肉食	阿根廷
	斯基龍屬	*Segisaurus*	斯基河谷的蜥蜴	Camp（1936）	侏羅紀早期	普林斯巴期~托阿爾期	1.5	2.3~9.1	肉食	美國亞利桑那州
	怪踝龍屬	*Xenotarsosaurus*	擁有奇妙腳踝的蜥蜴	Martínez等（1986）	白堊紀晚期	賽諾曼期~科尼亞克期	6	750	肉食	阿根廷
	塔哈斯克龍屬	*Tarascosaurus*	塔哈斯克（傳說中的怪物）的蜥蜴	Loeuff與Buffetaut（1991）	白堊紀晚期	坎佩尼期	6	900~3600	肉食?	法國
	雙冠龍屬	*Dilophosaurus*	擁有雙冠的蜥蜴	Welles（1970）	侏羅紀早期	赫唐期或辛涅繆爾期	7	400	肉食	美國亞利桑那州
	西北阿根廷龍屬	*Noasaurus*	阿根廷西北部的蜥蜴	Bonaparte與Powell（1980）	白堊紀晚期	坎佩尼期？~馬斯垂克期	2.4	9.1~22.7	肉食	阿根廷
	密林龍屬	*Pycnonemosaurus*	棲息在密林的蜥蜴	Kellner與Campos（2002）	白堊紀晚期	-	7	1200	肉食	巴西
	原美頜龍屬	*Procompsognathus*	在美頜龍之前	Fraas（1913）	三疊紀晚期	諾利期	1.1	1	肉食	德國
	柏柏龍屬	*Berberosaurus*	柏柏人的蜥蜴	Allain等人（2007）	侏羅紀早期	普林斯巴期~托阿爾期	6.2	91~227	肉食?	摩洛哥
	快足龍屬	*Podokesaurus*	有敏捷腳步的蜥蜴	Talbot（1911）	侏羅紀早期	普林斯巴期~托阿爾期	1.5	2.3~9.1	肉食	美國麻薩諸塞州
	惡龍屬	*Masiakasaurus*	凶猛的蜥蜴	Sampson等人（2001）	白堊紀晚期	坎佩尼期	2	20	肉食	馬達加斯加
	瑪君龍屬	*Majungasaurus*	馬任加（地名）的蜥蜴	Lavocat（1955）	白堊紀晚期	坎佩尼期	9	900~3600	肉食	馬達加斯加
	合踝龍屬	*Megapnosaurus*	巨大的死亡蜥蜴	Rowe等人（2001）	侏羅紀早期	赫唐期~辛涅繆爾期	2.2	9.1~22.7	肉食	美國亞利桑那州、辛巴威、南非
	福左輕鱷龍屬	*Laevisuchus*	輕的鱷類	Huene（1932）	白堊紀晚期	馬斯垂克期	-	-	-	印度
	勝王龍屬	*Rajasaurus*	國王蜥蜴	Wilson等人（2003）	白堊紀晚期	馬斯垂克期	11	4000	肉食	印度
	容哈拉龍屬	*Rahiolisaurus*	Rahioli 村的蜥蜴	Novas（2010）	白堊紀晚期	馬斯垂克期	8	900~3600	肉食	印度
	小力加布龍屬	*Ligabueino*	力加布（人名）的小東西	Bonaparte（1996）	白堊紀早期	巴列姆期	0.7	-	肉食	阿根廷
	泥潭龍屬	*Limusaurus*	泥潭蜥蜴	徐星等人（2009）	侏羅紀晚期	牛津期	2	15	植食	新疆維吾爾自治區
	理理恩龍屬	*Liliensternus*	Lilienstern（人名）	Welles（1984）	三疊紀晚期	諾利期	5.2	130	肉食	德國
	皺褶龍屬	*Rugops*	有皺紋的面孔	Sereno等人（2004）	白堊紀晚期	賽諾曼期	6	750	肉食	尼日
	冠椎龍屬	*Lophostropheus*	有冠飾的脊椎	Ezcurra與Cuny（2007）	三疊紀晚期~侏羅紀早期	瑞替期~赫唐期	3	91~227kg	肉食	法國
	瑪君顱龍屬	*Majungatholus*	馬任加（地名）的頭顱	Sues與Taquet（1979）	白堊紀晚期	坎佩尼期	-	-	肉食	馬達加斯加
堅尾龍類	十字手龍屬	*Cruxicheiros*	十字手採石場（化石產地）	Benson與Radley（2010）	侏羅紀中期	巴通期	9?	900~3600	-	英國
	神鷹盜龍屬	*Condorraptor*	Cerro Cóndor 地區（化石產地）的盜賊	Rauhut（2005）	侏羅紀中期	卡洛夫期	4.5	200	肉食	阿根廷

分類	中文名稱	學名	學名意義	記載者（報告年）	時期		體長(m)	體重(kg)	食性	產地
堅尾龍類	宣漢龍屬	*Xuanhanosaurus*	宣漢縣的蜥蜴	董枝明（1984）	侏羅紀中期	巴通期~卡洛夫期	6	227~454	肉食	四川省
	時期龍屬	*Shidaisaurus*	時期（公司名）的蜥蜴	吳肖春等人（2009）	侏羅紀中期	-	6	700	-	中國
	智利龍屬	*Chilesaurus*	智利的蜥蜴	Novas等人（2015）	侏羅紀晚期	提通期	3.2	-	植食	智利
	非洲獵龍屬	*Afrovenator*	非洲的獵人	Sereno等人（1994）	白堊紀早期	巴列姆期	8	1000	肉食	尼日
	維恩獵龍屬	*Wiehenvenator*	維恩（山脈名）的獵人	Rauhut等人（2016）	侏羅紀中期	卡洛夫期	8~10	2000	肉食	德國
	美扭椎龍屬	*Eustreptospondylus*	優美的彎曲脊椎骨	Walker（1964）	侏羅紀中期	卡洛夫期	7	91~227	肉食	英國
	似松鼠龍屬	*Sciurumimus*	松鼠模仿者	Rauhut等人（2012）	侏羅紀晚期	啟莫里期	-	-	肉食？	德國
堅尾龍類斑龍超科斑龍科	迪布勒伊洛龍屬	*Dubreuillosaurus*	迪布洛伊（人名）的蜥蜴	Allain（2005）	侏羅紀中期	巴通期	7.6	454~907	肉食	法國
	多里亞獵龍屬	*Duriavenator*	多里亞（地名）的獵人	Benson（2008）	侏羅紀中期	巴柔期	7	1000	肉食	英國
	蠻龍屬	*Torvosaurus*	凶蠻的蜥蜴	Galton與Jensen（1979）	侏羅紀晚期	啟莫里期~提通期	12	3600~7200	肉食	美國懷俄明州、猶他州、科羅拉多州、葡萄牙
	皮亞尼茲基龍屬	*Piatnitzkysaurus*	皮亞尼茲基（人名）的蜥蜴	Bonaparte（1979）	侏羅紀中期	卡洛夫期	6	227~454	肉食	阿根廷
	雜肋龍屬	*Poekilopleuron*	各式各樣的肋骨	Eudes-Deslongchamps（1837）	侏羅紀中期	巴通期	9	900~3600	肉食	法國
	巨齒龍屬（斑龍屬）	*Megalosaurus*	巨大的蜥蜴	Buckland（1824）	侏羅紀中期	巴通期	9	900~3600	肉食	英國
	樂山龍屬	*Leshansaurus*	樂山市的蜥蜴	李飛等人（2009）	侏羅紀晚期	-	5.5	227~454	肉食？	中國
	崇高龍屬	*Angaturama*	崇高的蜥蜴	Kellner與Campos（1996）	白堊紀早期	阿爾布期	8？	900~3600？	肉食	巴西
	髂鱷龍屬	*Iliosuchus*	腸骨（髂骨）鱷類	von Huene（1932）	侏羅紀中期	巴通期	1.5？	9.1~22.7	肉食	英國
	激龍屬	*Irritator*	焦躁、激動的	Martill等人（1996）	白堊紀早期	阿爾布期	8？	900~3600？	肉食	巴西
	挺足龍屬	*Erectopus*	筆直的腳	von Huene（1923）	白堊紀早期	阿爾布期	-	91~227	肉食	法國
	奧沙拉龍屬	*Oxalaia*	奧沙拉（神名）	Kellner等人（2011）	白堊紀晚期	賽諾曼期	11？	900~3600？	肉食	巴西
	開江龍屬	*Kaijiangosaurus*	開江（河名）的蜥蜴	何信祿（1984）	侏羅紀中期	巴通期~卡洛夫期	6？	454~907	肉食	四川省
	脊飾龍屬	*Cristatusaurus*	有冠飾的蜥蜴	Taquet與Russell（1998）	白堊紀早期	阿普期	10？	900~3600？	肉食？	尼日
堅尾龍類棘龍科棘龍亞科	克拉瑪依龍屬	*Kelmayisaurus*	克拉瑪依市的蜥蜴	董枝明（1973）	白堊紀早期	凡蘭今期？~阿爾布期		-	肉食？	新疆維吾爾自治區
	斯基瑪薩龍屬	*Sigilmassasaurus*	斯基瑪薩（地名）的蜥蜴	Russell（1996）	白堊紀晚期	賽諾曼期	-	900~3600	肉食？	摩洛哥
	似鱷龍屬	*Suchomimus*	像鱷類的	Sereno等人（1998）	白堊紀早期	阿普期	11	900~3600	肉食	尼日
	扭椎龍屬	*Streptospondylus*	反轉的脊椎骨	von Meyer（1832）	侏羅紀中期或晚期	卡洛夫期或牛津期	6	500	肉食	法國
	棘龍屬	*Spinosaurus*	有棘的蜥蜴	Stromer（1915）	白堊紀晚期	賽諾曼期	16	3600~7200	肉食	摩洛哥、埃及
	吉蘭泰龍屬	*Chilantaisaurus*	吉蘭泰（地名）的蜥蜴	胡壽永（1964）	白堊紀早期或晚期	阿普期？~阿爾布期	13？	3600~7200	肉食	內蒙古自治區、俄羅斯？
	重爪龍屬	*Baryonyx*	沉重的爪	Charig與Milner（1986）	白堊紀早期	巴列姆期	10	900~3600	肉食	英國
	皮爾遜龍屬	*Piveteausaurus*	皮爾遜（人名）的蜥蜴	Taquet與Welles（1977）	侏羅紀中期	卡洛夫期	11？	900~3600？	肉食？	法國
	比克爾斯棘龍屬	*Becklespinax*	比克爾斯的蜥蜴	Olshevsky（1991）	白堊紀早期	貝里亞期~凡蘭今期	8？	900~3600？	肉食？	英國
	大龍屬	*Magnosaurus*	巨大的蜥蜴	von Huene（1932）	侏羅紀中期	阿林期~巴柔期	4.5	200	肉食	英國
	中棘龍屬	*Metriacanthosaurus*	有中等棘刺的蜥蜴	Walker（1964）	侏羅紀晚期	牛津期	8？	900~3600	肉食	英國
	盜龍屬	*Rapator*	盜賊	von Huene（1932）	白堊紀早期	阿爾布期	-	227~454	肉食	澳洲
	氣腔龍屬	*Aerosteon*	空氣的骨頭	Sereno等人（2008）	白堊紀晚期	山唐尼期	11.5	900~3600	肉食	阿根廷
	高棘龍屬	*Acrocanthosaurus*	具有高棘的蜥蜴	Stovall與Langston（1950）	白堊紀早期	阿普期~阿爾布期	12	900~3600	肉食	美國奧克拉荷馬州、德州
	極鱷龍屬	*Aristosuchus*	勇敢、極度、最尊貴	Seeley（1876）	白堊紀早期	巴列姆期	2	9.1~22.7	肉食	英國
堅尾龍類鳥獸腳類肉食龍下目	異特龍屬	*Allosaurus*	奇妙的蜥蜴	Marsh（1877）	侏羅紀晚期	啟莫里期~提通期	12	900~3600	肉食	美國的科羅拉多州、蒙大拿州、新墨西哥州、奧克拉荷馬州、南達科他州、猶他州、懷俄明州
	舊鯊齒龍屬	*Veterupristisaurus*	老的鯊魚蜥蜴	Rauhut（2011）	侏羅紀晚期	啟莫里期	10.5？	900~3600	肉食？	坦尚尼亞
	始鯊齒龍屬	*Eocarcharia*	黎明的鯊魚	Sereno與Brusatte（2008）	白堊紀早期	阿普期~阿爾布期	6.1	900~3600	肉食	尼日
	南方獵龍屬	*Australovenator*	澳洲的獵人	Hocknull等人（2009）	白堊紀早期	阿爾布期	6	500	肉食	澳洲
	鯊齒龍屬	*Carcharodontosaurus*	有鋸齒狀牙齒的蜥蜴	Stromer（1931）	白堊紀早期~晚期	阿爾布期~賽諾曼期	12	6000	肉食	摩洛哥、阿爾及利亞、埃及、尼日
	南方巨獸龍屬	*Giganotosaurus*	巨大的南方蜥蜴	Coria與Salgado（1995）	白堊紀早期？~晚期	阿爾布期~賽諾曼期或賽諾曼期~土倫期	14	8000	肉食	阿根廷
	冰冠龍屬	*Cryolophosaurus*	冰凍的頭部裝飾	Hammer與Hickerson（1994）	侏羅紀早期	辛涅繆期~普林斯巴期	6.1	454~907	肉食	南極
	昆卡獵龍屬	*Concavenator*	昆卡（地名）的獵人	Ortega、Escaso、Sanz（2010）	白堊紀早期	巴列姆期	6.1	900~3600	肉食	西班牙
	美頜龍屬	*Compsognathus*	優雅的頸部	Wagner（1859）	侏羅紀晚期	啟莫里期	1.3	2.5	肉食	德國、法國
	食蜥王龍屬	*Saurophaganax*	吃蜥蜴之王	Chure（1995）	侏羅紀晚期	啟莫里期~提通期	13	3600~7200	肉食	美國奧克拉荷馬州
	中華麗羽龍屬	*Sinocalliopteryx*	中國擁有美麗羽毛的蜥蜴	季強等人（2007）	白堊紀早期	阿普期	2.3	20	肉食	遼寧省
	中華龍鳥屬	*Sinosauropteryx*	中國的有翼蜥蜴	季強與姬書安（1996）	白堊紀早期	巴列姆期	1.3	2.3~9.1	肉食	遼寧省
	假鯊齒龍屬	*Shaochilong*	擁有鯊魚牙齒的蜥蜴	Brusatte等人（2009）	白堊紀晚期	土倫期	6？	454~907	肉食	內蒙古自治區
	暹羅暴龍屬	*Siamotyrannus*	暹羅的暴君	Buffetau等人（1996）	白堊紀早期	阿普期	6	500	肉食	泰國
	侏羅獵龍屬	*Juravenator*	侏羅山的獵人	Göhlich與Chiappe（2006）	侏羅紀晚期	啟莫里期	0.8	0.5~2.3	肉食	德國
	中華盜龍屬	*Sinraptor*	中國的盜賊	Currie與趙喜進（1994）	侏羅紀中期~晚期	巴通期~牛津期	8.8	900~3600	肉食	新疆維吾爾自治區、四川省

分類	中文名稱	學名	學名意義	記載者(報告年)	時期		體長(m)	體重(kg)	食性	產地
堅尾龍類鳥獸腳類肉食龍下目	魁紂龍屬	*Tyrannotitan*	暴君巨人蜥蜴	Novas等人(2005)	白堊紀早期	阿普第期	13	7000	肉食	阿根廷
	新獵龍屬	*Neovenator*	新的獵人	Hutt等人(1996)	白堊紀早期	巴列姆期	7.5	454~907	肉食	英國
	福井盜龍屬	*Fukuiraptor*	福井縣的盜賊	Azuma與Currie(2000)	白堊紀早期	阿普第期~阿爾布期	5	300	肉食	日本福井縣
	華夏頜龍屬	*Huxiagnathus*	華夏的頜部	Hwang等人(2004)	白堊紀早期	阿普第期	1.8	9.1~22.7	肉食	遼寧省
	馬普龍屬	*Mapusaurus*	大地蜥蜴	Coria與Currie(2006)	白堊紀晚期	賽諾曼期	12.6	3600~7200	肉食	阿根廷
	小坐骨龍屬	*Mirischia*	美麗的骨盆	Naish等人(2004)	白堊紀早期	阿爾布期	2.1	9.1~22.7	肉食	巴西
	單冠龍屬	*Monolophosaurus*	有一個頭冠的蜥蜴	Currie與趙喜進(1993)	侏羅紀中期	-	5.5	480	肉食	新疆維吾爾自治區
	永川龍屬	*Yangchuanosaurus*	永川區的蜥蜴	董枝明等人(1978)	侏羅紀晚期	-	11	3000	肉食	四川省
	盧雷亞樓龍屬	*Lourinhanosaurus*	盧雷亞(地名)的蜥蜴	Mateus(1998)	侏羅紀晚期	啟莫里期~提通期	5	91~227	肉食	葡萄牙
堅尾龍類鳥獸腳類虛骨龍下目	原鳥形龍屬	*Archaeornithoides*	與古代鳥類相似的外形	Elzanowksi與Wellnhofer(1992)	白堊紀晚期	坎佩尼期	-	-	肉食?	蒙古
	安尼柯龍屬	*Aniksosaurus*	春季蜥蜴	Martinez與Novas(2006)	白堊紀晚期	-	2.5	30	肉食?	阿根廷
	齒河盜龍屬	*Orkoraptor*	齒河的盜賊	Novas等人(2008)	白堊紀晚期	馬斯垂克期	6.5	454~907	肉食	阿根廷
	嗜鳥龍屬	*Ornitholestes*	偷鳥的賊	Osborn(1903)	侏羅紀晚期	啟莫里期~提通期	2	13	肉食	美國懷俄明州猶他州
	彩蛇龍屬	*Kakuru*	祖先的蛇(彩虹蛇)	Molnar與Pledge(1980)	白堊紀早期	阿普第期	1.5?	2.3~9.1	肉食?	澳洲
	虛骨龍屬	*Coelurus*	中空的尾巴	Marsh(1879)	侏羅紀晚期	啟莫里期~提通期	2.5	15	肉食	美國懷俄明州猶他州
	左龍屬	*Zuolong*	左(左宗棠)的龍	Choiniere等人(2010)	侏羅紀晚期	牛津期	3?	22.7~45?	肉食?	新疆維吾爾自治區
	棒爪龍屬	*Scipionyx*	Scipione Breislak的爪	dal Sasso與Signore(1998)	白堊紀早期	阿爾布期	0.3	0.06~0.45	肉食	義大利
	長臂獵龍屬	*Tanycolagreus*	有修長四肢的獵人	Carpenter等人(2005)	侏羅紀晚期	牛津期~提通期	4	120	肉食	美國懷俄明州
	吐谷魯龍屬	*Tugulusaurus*	吐谷魯蜥蜴	董枝明(1973)	白堊紀早期	凡蘭今期?~阿爾布期	2	13	肉食	新疆維吾爾自治區
	三角洲奔龍屬	*Deltadromeus*	三角洲奔跑者	Sereno等人(1996)	白堊紀晚期	賽諾曼期	8	900~3600	肉食	摩洛哥
	內德科爾伯特龍屬	*Nedcolbertia*	內德科爾伯特(人名)	Kirkland等人(1998)	白堊紀早期	巴列姆期	-	9.1~22.7	肉食	美國猶他州
	原角鼻龍屬	*Proceratosaurus*	在角鼻龍之前	von Huene(1926)	侏羅紀中期	巴通期	4	100	肉食	英國
	理察伊specificestesia龍屬	*Richardoestesia*	理察伊斯特斯(人名)	Currie等人(1990)	白堊紀晚期	山唐尼期~馬斯垂克期	2	10	肉食	加拿大、美國蒙大拿州、德州、匈牙利
	恩霹渥巴龍	*Nqwebasaurus*	恩霹渥巴(地名)的蜥蜴	de Klerk等人(2000)	侏羅紀晚期?~白堊紀早期	侏羅紀晚期?~凡蘭今期	1	1	肉食	南非
堅尾龍類鳥獸腳類其他	威爾頓盜龍屬	*Valdoraptor*	威爾頓組群的盜賊	Olshevsky(1991)	白堊紀早期	貝里亞期~凡蘭今期	5?	91~227?	肉食?	英國
	澳洲盜龍屬	*Ozraptor*	澳洲盜賊	Long與Molnar(1998)	侏羅紀中期	巴柔期	2	-	肉食?	澳洲
	氣龍屬	*Gasosaurus*	天然氣蜥蜴	Dong與Tang(1985)	侏羅紀中期	巴通期~卡洛夫期	3.5	91~227	肉食?	四川省
	酋爾龍屬	*Quilmesaurus*	酋爾(阿根廷的原住民)的蜥蜴	Coria(2001)	白堊紀晚期	坎佩尼期	6	900~3600	肉食?	阿根廷
	戈瓦里龍屬	*Gualicho*	Gualichu(神)	Apesteguía(2016)	白堊紀晚期	賽諾曼期~土倫期	-	-	肉食?	阿根廷
	山陽龍屬	*Shanyangosaurus*	山陽組的蜥蜴	Xue(1996)	白堊紀晚期	-	1.7	9.1~22.7	肉食?	陝西省
	巴哈利亞龍屬	*Bahariasaurus*	巴哈利亞(埃及的地名)的蜥蜴	Stromer(1934)	白堊紀早期~晚期	阿爾布期?~賽諾曼期、馬斯垂克期	12?	900~3600	肉食	埃及、尼日
	馬什龍屬	*Marshosaurus*	馬什(人名)的蜥蜴	Madsen(1976)	侏羅紀晚期	啟莫里期~提通期	5?	91~227	肉食	美國猶他州
堅尾龍類虛骨龍下目暴龍超科	祖母暴龍屬	*Aviatyrannis*	暴君的祖母	Rauhut(2003)	侏羅紀晚期	啟莫里期	4?	91~227	肉食	葡萄牙
	阿巴拉契亞龍屬	*Appalachiosaurus*	阿巴拉契亞(地名)的蜥蜴	Carr等人(2005)	白堊紀晚期	坎佩尼期	6.5	454~907	肉食	美國阿拉巴馬州
	分支龍屬	*Alioramus*	其他的支部	Kurzanov(1976)	白堊紀晚期	馬斯垂克期?	6	454~907	肉食	蒙古
	亞伯達龍屬	*Albertosaurus*	亞伯達省的蜥蜴	Osborn(1905)	白堊紀晚期	坎佩尼期~馬斯垂克期	8.6	900~3600	肉食	加拿大、美國的蒙大拿州、懷俄明州
	獨龍屬	*Alectrosaurus*	獨身的蜥蜴	Gilmore(1933)	白堊紀晚期	賽諾曼期~坎佩尼期?	5?	454~907	肉食	蒙古、內蒙古自治區
	依特米龍屬	*Itemirus*	依特米(化石產地)	Kurzanov(1976)	白堊紀晚期	土倫期~山唐尼期	-	-	肉食?	烏茲別克
	始暴龍屬	*Eotyrannus*	黎明暴君(早期暴龍)	Hutt(2001)	白堊紀早期	巴列姆期	4.5	91~22或227~454	肉食	英國
	虔州龍屬	*Qianzhousaurus*	虔州的蜥蜴	呂君昌等人(2014)	白堊紀晚期	馬斯垂克期	-	757	肉食?	江西省
	冠龍屬	*Guanlong*	戴王冠的龍	徐星等人(2006)	侏羅紀晚期	牛津期	3.5	130	肉食	新疆維吾爾自治區
	蛇髮女怪龍屬	*Gorgosaurus*	凶猛的蜥蜴	Lambe(1914)	白堊紀晚期	坎佩尼期	8.6	900~3600	肉食	加拿大、美國蒙大拿州、亞利桑那州
	桑塔納盜龍屬	*Santanaraptor*	桑塔納組的盜賊	Kellner(1999)	白堊紀早期	阿爾布期?	1.5	15	肉食	巴西
	雄關龍屬	*Xiongguanlong*	雄關(地名)的龍	李大慶等人(2010)	白堊紀早期	阿普第期~阿爾布期	5	200	肉食	甘肅省
	中國暴龍屬	*Sinotyrannus*	中國的暴君	季強等人(2009)	白堊紀早期	阿普第期	10?	900~3600	肉食	遼寧省
	諸城暴龍屬	*Zhuchengtyrannus*	諸城的暴君	Hone等人(2011)	白堊紀晚期	坎佩尼期	10	900~3600	肉食?	山東省
	史托龍屬	*Stokesosaurus*	William Lee Stokes的蜥蜴	Madsen(1974)	侏羅紀晚期	啟莫里期~提通期	4?	91~227?	肉食	美國猶他州
	懼龍屬	*Daspletosaurus*	令人懼怕的蜥蜴	Russell(1970)	白堊紀晚期	坎佩尼期	9	2500	肉食	加拿大、美國蒙大拿州、新墨西哥州

分類	中文名稱	學名	學名意義	記載者（報告年）	時期		體長(m)	體重(kg)	食性	產地
堅尾龍類虛骨龍下目暴龍超科	特暴龍屬	*Tarbosaurus*	駭人的蜥蜴	Maleev (1955)	白堊紀晚期	坎佩尼期~馬斯垂克期	10	900~3600	肉食	蒙古、黑龍江、新疆維吾爾自治區、山東省、河南省、廣東省
	帖木兒龍屬	*Timurlengia*	帖木兒（人名）的	Brusatte (2016)	白堊紀晚期	土倫期	3.4	170~270	肉食?	烏茲別克
	暴龍屬	*Tyrannosaurus*	暴君蜥蜴	Osborn (1905)	白堊紀晚期	坎佩尼期?~馬斯垂克期	12.4	3600~7200	肉食	加拿大、美國蒙大拿、北達科他、南達科他、懷俄明、由他、科羅拉多、新墨西哥、德州
	帝龍屬	*Dilong*	皇帝龍	徐星等人(2004)	白堊紀早期	巴列姆期	1.6	15	肉食	遼寧省
	怪獵龍屬	*Teratophoneus*	怪物般的殺人者	Carr等人(2011)	白堊紀晚期	坎佩尼期~馬斯垂克期	8.6?	900~3600	肉食?	美國猶他州
	傷龍屬	*Dryptosaurus*	暴風般猛烈的蜥蜴	Marsh (1877)	白堊紀晚期	坎佩尼期~馬斯垂克期	7.5	1500	肉食	美國紐澤西州
	矮暴龍屬	*Nanotyrannus*	矮小的暴君	Bakker等人(1988)	白堊紀晚期	馬斯垂克期	6	454~907	肉食	美國蒙大拿州
	小掠龍屬	*Bagaraatan*	小的掠食者	Osmolska (1996)	白堊紀晚期	馬斯垂克期	3.4	45~91	肉食?	蒙古
	虐龍屬	*Bistahieversor*	Bistahí（地名）的破壞者	Carr與Williamson (2010)	白堊紀晚期	坎佩尼期	9	900~3600	肉食	美國新墨西哥州
	羽暴龍屬	*Yutyrannus*	有羽毛的暴君	徐星等人(2012)	白堊紀早期	-	9	1400	肉食	遼寧省
	暴蜥伏龍屬	*Raptorex*	盜賊般的帝王	Sereno等人(2009)	白堊紀早期	豪特里維期~巴列姆期	3	22.7~45	肉食	蒙古? 中國?
	嶼峽龍屬	*Labocania*	發現化石的 La Bocana Roja組	Molnar (1974)	白堊紀晚期	坎佩尼期?	7.5?	900~3600	肉食	墨西哥
	血王龍屬	*Lythronax*	血腥之王	Loewen等人(2013)	白堊紀晚期	坎佩尼期	6.6	-	肉食	美國猶他州
手盜龍形類似鳥龍下目	古似鳥龍屬	*Archaeornithomimus*	古老鳥類模仿者	Russell (1972)	白堊紀晚期	馬斯垂克期	3.4	45~91	-	內蒙古自治區
	似鵝龍屬	*Anserimimus*	鵝模仿者	Barsbold (1988)	白堊紀晚期	馬斯垂克期	3	50	-	蒙古
	似鳥龍屬	*Ornithomimus*	鳥類模仿者	Marsh(1890)	白堊紀晚期	坎佩尼期~馬斯垂克期	3.5	91~227	-	加拿大、懷俄明州、猶他州、科羅拉多州
	似雞龍屬	*Gallimimus*	雞模仿者	Osmólska等人(1972)	白堊紀晚期	馬斯垂克期	6	454~907	植食	蒙古
	似金翅鳥龍屬	*Garudimimus*	金翅鳥模仿者	Barsbold (1981)	白堊紀晚期	賽諾曼~山唐尼期	4?	45~91	-	蒙古
	秋扒龍屬	*Qiupalong*	秋扒組的龍	徐星等人(2011)	白堊紀晚期		3	45~91	-	河南省
	似金娜里龍屬	*Kinnareemimus*	似金娜里（泰國神話中的生物）	Buffetaut等人(2009)	白堊紀早期	凡蘭今期或豪特里維期	3?	45~91?	-	泰國
	神州龍屬	*Shenzhousaurus*	神州（中國的美稱）的蜥蜴	季強等人(2003)	白堊紀早期	巴列姆期	2	45~91	-	遼寧省
	中國似鳥龍屬	*Sinornithomimus*	中國的似鳥龍	小林等人(2003)	白堊紀早期	阿普第期~阿爾布期?	2.5	45	植食	內蒙古自治區
	似鴕龍屬	*Struthiomimus*	鴕鳥模仿者	Osborn (1917)	白堊紀晚期	坎佩尼期~馬斯垂克期	5	91~227	植食	加拿大
	恐手龍屬	*Deinocheirus*	恐怖的手	Osmólska與Roniewicz (1970)	白堊紀晚期	馬斯垂克期	11	6400	植食	蒙古
	似鳥身女妖龍屬	*Harpymimus*	鳥身女妖的模仿者	Barsbold與Perle (1984)	白堊紀早期	阿爾布期	5	45~91	雜食	蒙古
	北山龍屬	*Beishanlong*	北山的龍	Makovicky等人(2010)	白堊紀早期	阿普第期~阿爾布期	7	550	雜食	甘肅省
	似鵜鶘龍屬	*Pelecanimimus*	鵜鶘模仿者	Perez-Moreno等人(1994)	白堊紀早期	巴列姆期	2.5	30	植食	西班牙
虛骨龍下目鐮刀龍超科	阿拉善龍屬	*Alxasaurus*	阿拉善沙漠的蜥蜴	Russell與董枝明(1993)	白堊紀早期	阿爾布期?	4	400	植食	內蒙古自治區
	峨山龍屬	*Eshanosaurus*	峨山彝族自治縣的蜥蜴	徐星等人(2001)	侏羅紀早期	赫唐期?	-	-	植食	雲南省
	秘龍屬	*Enigmosaurus*	謎樣的蜥蜴	Barsbold與Perle (1983)	白堊紀晚期	賽諾曼~山唐尼期	5	454~907	植食	蒙古
	二連龍屬	*Erlianosaurus*	二連浩特市的蜥蜴	徐星等人(2002)	白堊紀晚期	坎佩尼期	4	400	植食?	內蒙古自治區
	死神龍屬	*Erlikosaurus*	Erlik（死神）的蜥蜴	Perle (1980)	白堊紀晚期	賽諾曼~山唐尼期	4.5	500	植食?	蒙古
	哈卡斯龍屬	*Kileskus*	哈卡斯語意為「蜥蜴」	Averianov等人(2010)	侏羅紀中期	巴通期	3?	22.7~45	植食?	西伯利亞
	建昌龍屬	*Jianchangosaurus*	建昌縣的蜥蜴	Pu等人(2013)	白堊紀早期	-	2		植食	遼寧省
	肅州龍屬	*Suzhousaurus*	肅州的蜥蜴	李大慶等人(2007)	白堊紀早期	阿普第期~阿爾布期	7	900~3600	植食?	甘肅省
	慢龍屬	*Segnosaurus*	緩慢的蜥蜴	Perle (1979)	白堊紀晚期	賽諾曼~山唐尼期	7	900~3600	植食	蒙古
	鐮刀龍屬	*Therizinosaurus*	大鐮刀的蜥蜴	Maleev (1954)	白堊紀晚期	馬斯垂克期	10	5000	植食	蒙古
	南雄龍屬	*Nanshiungosaurus*	南雄組的蜥蜴	董枝明(1979)	白堊紀早期與晚期	巴列姆期~阿爾布期、坎佩尼期	5	600	植食	甘肅省、廣東省
	內蒙古龍屬	*Neimongosaurus*	內蒙古的蜥蜴	張曉虹等人(2001)	白堊紀晚期	坎佩尼期?	3	150	植食?	內蒙古自治區
	懶爪龍屬	*Nothronychus*	類似樹懶的指爪	Kirkland與Wolfe (2001)	白堊紀晚期	土倫期	5.3	900~3600	植食?	美國新墨西哥州
	鑄鐮龍屬	*Falcarius*	鑄鐮刀的工匠	Kirkland等人(2005)	白堊紀早期	巴列姆期	4	227~454	植食	美國猶他州
	北票龍屬	*Beipiaosaurus*	北票市的蜥蜴	徐星等人(1999)	白堊紀早期	巴列姆期	1.9	45~91	植食	遼寧省
手盜龍形類偷蛋龍下目	擬鳥龍屬	*Avimimus*	鳥類模仿者	Kurzanov (1981)	白堊紀晚期	坎佩尼期	1.5	2.3~9.1	雜食	蒙古、內蒙古自治區
	切齒龍屬	*Incisivosaurus*	門牙蜥蜴	徐星等人(2002)	白堊紀早期	巴列姆期	0.9?	2.3~9.1	雜食	遼寧省
	後纖手龍屬	*Epichirostenotes*	在纖手龍之後的	Sullivan等人(2011)	白堊紀晚期	馬斯垂克期	2?	22.7~45	雜食	加拿大
	單足龍屬	*Elmisaurus*	後腳的蜥蜴	Osmólska (1981)	白堊紀晚期	馬斯垂克期	2?	22.7~45	雜食	蒙古
	偷蛋龍屬	*Oviraptor*	偷蛋的賊	Osborn (1924)	白堊紀晚期	坎佩尼期?	1.6	22	雜食?	蒙古

分類	中文名稱	學名	學名意義	記載者(報告年)	時期		體長(m)	體重(kg)	食性	產地
手盜龍形類偷蛋龍下目	奧哈盜龍屬	*Ojoraptorsaurus*	Ojo Alamo組的盜賊蜥蜴	Sullivan等人(2011)	白堊紀晚期	馬斯垂克期	2?	22.7~45	雜食?	美國新墨西哥州
	可汗龍屬	*Khaan*	首領	Clark等人(2001)	白堊紀晚期	坎佩尼期	1.5	2.3~9.1	雜食	蒙古
	尾羽龍屬	*Caudipteryx*	尾巴羽毛	季強等人(1998)	白堊紀早期	巴瑞姆期	0.9	2.3~9.1	雜食?	遼寧省
	亞洲近頜龍屬	*Caenagnathasia*	亞洲的近頜龍科	Currie等人(1993)	白堊紀晚期	土侖尼期~科尼亞克期	1?	2.3~9.1	雜食?	烏茲別克
	巨盜龍屬	*Gigantoraptor*	巨大的盜賊	徐星等人(2007)	白堊紀晚期	山唐尼期	8.6	900~3600	雜食?	內蒙古自治區
	纖手龍屬	*Chirostenotes*	狹窄的手	Gilmore(1924)	白堊紀晚期	坎佩尼期~馬斯垂克期	2	50	雜食	加拿大、美國蒙大拿州、南達科他州
	竊螺龍屬	*Conchoraptor*	海螺偷竊者	Barsbold(1986)	白堊紀晚期	坎佩尼期?	1.5	17	雜食	蒙古
	始興龍屬	*Shixinggia*	始興縣的	Lu與Zhang(2005)	白堊紀晚期	馬斯垂克期	2	40	雜食?	廣東省
	葬火龍屬	*Citipati*	火葬柴堆的主	Clark等人(2001)	白堊紀晚期	坎佩尼期	2.7	22.7~45	雜食	蒙古
	似尾羽龍屬	*Similicaudipteryx*	類似尾羽龍	何濤、汪筱林、周中和(2008)	白堊紀早期	阿普第期	1	7	雜食?	遼寧省
	耐梅蓋特母龍屬	*Nemegtomaia*	耐梅蓋特(地名)的母親	呂君昌等人(2005)	白堊紀晚期	坎佩尼期或是馬斯垂克期	2	40	雜食	蒙古
	天青石龍屬	*Nomingia*	Nomingiin戈壁	Barsbold等人(2000)	白堊紀晚期	馬斯垂克期	1.7	20	雜食?	蒙古
	哈格里芬龍	*Hagryphus*	哈(神祇)及獅鷲(神話怪物)	Zanno與Sampson(2005)	白堊紀晚期	坎佩尼期	3?	45~91	雜食?	美國猶他州
	斑嵴龍屬	*Banji*	有斑紋嵴的龍	徐星與韓鳳祿(2010)	白堊紀晚期	-	1.5	2.3~9.1	雜食?	江西省
	河源龍屬	*Heyuannia*	河源市	呂君昌(2002)	白堊紀晚期	-	1.5	20	雜食?	廣東省
	曲劍龍屬	*Machairasaurus*	曲劍的蜥蜴	Longrich等人(2010)	白堊紀晚期	坎佩尼期	1.5	2.3~9.1	雜食?	內蒙古自治區
	小獵龍屬	*Microvenator*	迷你的獵人	Ostrom(1970)	白堊紀早期	阿普第期	1.3	2.3~9.1	雜食	美國蒙大拿州美國懷俄明州
	瑞欽龍屬	*Rinchenia*	紀念Rinchen Barsbold(古生物學家)	Barsbold(1997)	白堊紀晚期	馬斯垂克期	1.7	25kg	雜食?	蒙古
	洛陽龍屬	*Luoyanggia*	洛陽盆地	呂建昌等人(2009)	白堊紀晚期	賽諾曼期	1.5	2.3~9.1	雜食	河南省
	雌駝龍屬	*Ajancingenia*	來自Ingen Khoboor的旅人	Easter(2013)	白堊紀晚期	坎佩尼期?~馬斯垂克期	-		雜食?	蒙古
手盜龍類傷齒龍科	烏爾巴克齒龍屬	*Urbacodon*	URBAC(由烏茲別克、俄羅斯、英國、美國、加拿大等國的縮寫,代表國際挖掘團)的牙齒	Averianov與Sues(2007)	白堊紀晚期	賽諾曼期~土倫期	1.5?	2.3~9.1	肉食	烏茲別克
	西峽龍屬	*Xixiasaurus*	西峽縣的蜥蜴	呂君昌等人(2010)	白堊紀晚期	科尼亞克期~坎佩尼期	2?	9.1~22.7	肉食	河南省
	雙子盜龍屬	*Geminiraptor*	雙子的盜賊	Senter等人(2010)	白堊紀早期	巴列姆期?	1.5?	2.3~9.1	肉食	美國猶他州
	蜥鳥龍屬	*Saurornithoides*	似鳥類的蜥蜴	Osborn(1924)	白堊紀晚期	坎佩尼期~馬斯垂克期	2?	22.7~45	肉食	蒙古
	扎納巴扎爾龍屬	*Zanabazar*	扎納巴扎爾(人名)	Norell等人(2009)	白堊紀晚期	坎佩尼期或是馬斯垂克期	2.3	25	肉食	蒙古
	曲鼻龍屬	*Sinusonasus*	彎曲的鼻	徐星與汪筱林(2004)	白堊紀早期	巴列姆期	1.2	0.5~2.3	肉食	遼寧省
	中國獵龍屬	*Sinovenator*	中國的獵人	徐星等人(2002)	白堊紀早期	巴列姆期	1.2	0.5~2.3	肉食	遼寧省
	中國鳥腳龍屬	*Sinornithoides*	中國的鳥類外形	Russell與董枝明(1993)	白堊紀晚期	-	1.2	0.5~2.3	肉食	內蒙古自治區
	金鳳鳥屬	*Jinfengopteryx*	金色的鳳凰羽毛	季強等人(2005)	白堊紀早期		0.7	0.5~2.3	雜食或植食	河北省
	塔羅斯龍屬	*Talos*	塔羅斯(希臘神話人物)	Zanno等人(2011)	白堊紀晚期	坎佩尼期	2	22.7~45	肉食	美國猶他州
	鴕鳥龍屬	*Tochisaurus*	鴕鳥蜥蜴	Kurzanov與Osmólska(1991)	白堊紀晚期	馬斯垂克期	-	-	肉食	蒙古
	傷齒龍屬	*Troodon*	具傷害性的牙齒	Leidy(1856)	白堊紀晚期	坎佩尼期~馬斯垂克期	2.4	22.7~45	雜食?	加拿大、阿拉斯加、蒙大拿、懷俄明、新墨西哥、俄羅斯
	拜倫龍屬	*Byronosaurus*	拜倫(人名)的蜥蜴	Norell等人(2000)	白堊紀晚期	坎佩尼期	2	20	肉食	蒙古
	無聊龍屬	*Borogovia*	Borogoves(想像的鳥類)	Osmolska(1987)	白堊紀晚期	馬斯垂克期	2?	9.1~22.7	肉食	蒙古
	寐龍屬	*Mei*	沉睡的	徐星與Norell(2004)	白堊紀早期	巴列姆期	0.7	0.5~2.3	肉食	遼寧省
	臨河獵龍屬	*Linhevenator*	臨河區的獵人	徐星等人(2011)	白堊紀晚期	坎佩尼期	2?	22.7~45	肉食	內蒙古自治區
手盜龍類馳龍科	南方盜龍屬	*Austroraptor*	南方的盜賊	Novas等人(2008)	白堊紀晚期	坎佩尼期~馬斯垂克期	6	300	肉食	阿根廷
	阿基里斯龍屬	*Achillobator*	阿基里斯腱的英雄	Perle等人(1999)	白堊紀晚期	賽諾曼期~山唐尼期	6	91~227	肉食	蒙古
	惡靈龍屬	*Adasaurus*	Ada的蜥蜴	Barsbold(1983)	白堊紀晚期	馬斯垂克期	2	15	肉食	蒙古
	野蠻盜龍屬	*Atrociraptor*	野蠻的盜賊	Currie與Varricchio(2004)	白堊紀晚期	坎佩尼期或是馬斯垂克期	1.8	9.1~22.7	肉食	加拿大
	伶盜龍屬	*Velociraptor*	敏捷的盜賊	Osborn(1924)	白堊紀晚期	山唐尼期?~馬斯垂克期	2.5	25	肉食	蒙古、內蒙古自治區
	半鳥屬	*Unenlagia*	一半的鳥	Novas與Puerta(1997)	白堊紀晚期	土倫期~科尼亞克期	3.5	75	肉食	阿根廷
	纖細盜龍屬	*Graciliraptor*	纖細的盜賊	徐星與汪筱林(2004)	白堊紀早期	巴列姆期	1	1.5	肉食	遼寧省
	蜥鳥盜龍屬	*Sauronitholestes*	像鳥類般之蜥蜴盜賊	Sues(1978)	白堊紀晚期	坎佩尼期~馬斯垂克期	1.8?	2.3~9.1	肉食	加拿大、阿拉斯加、蒙大拿、新墨西哥、德州
	中國鳥龍屬	*Sinornithosaurus*	中國的鳥蜥蜴	徐星等人(1999)	白堊紀早期	巴列姆期	1.2	3	肉食	遼寧省
	佛舞龍屬	*Shanag*	Shanag(蒙古的佛舞)	Turner等人(2007)	白堊紀早期	-	1.5	5	肉食	蒙古
	白魔龍屬	*Tsaagan*	白色怪獸	Norellet等人(2006)	白堊紀晚期	坎佩尼期	2	15	肉食	蒙古
	天宇盜龍屬	*Tianyuraptor*	天宇(博物館)的盜賊	鄭曉亭等人(2010)	白堊紀早期	阿普期	1.6	9.1~22.7	肉食	遼寧省
	恐爪龍屬	*Deinonychus*	恐怖的爪	Ostrom(1969)	白堊紀早期	阿普期~阿爾布期	4	22.7~45	肉食	蒙大拿、懷俄明、奧克拉荷馬
	馳龍屬(也稱奔龍屬)	*Dromaeosaurus*	奔馳的蜥蜴	Matthew與Brown(1922)	白堊紀晚期	坎佩尼期~馬斯垂克期	2	15	肉食	加拿大、阿拉斯加、蒙古

分類	中文名稱	學名	學名意義	記載者（報告年）	時期		龍長(m)	體重(kg)	食性	產地
手盜龍類馳龍科	內烏肯盜龍屬	*Neuquenraptor*	內烏肯州的盜賊	Novas與Pol (2005)	白堊紀晚期	土倫期	1.8	2.3~9.1	肉食?	阿根廷
	巴拉烏爾龍屬	*Balaur*	飛龍巴拉烏爾（Balaur）	Csiki等人（2010）	白堊紀晚期	馬斯垂克期	2	22.7~45	肉食	羅馬尼亞
	彭巴盜龍屬	*Pamparaptor*	彭巴（原住民）的盜賊	Porfiri等人（2011）	白堊紀晚期	土倫期~科尼亞克期	0.6	0.5~2.3	肉食?	阿根廷
	斑比盜龍屬	*Bambiraptor*	體型小到像小鹿斑比	Burnham等人（2000）	白堊紀晚期	坎佩尼期	1.3	5	肉食	美國蒙大拿州
	鷲龍屬	*Buitreraptor*	La Buitrera（化石產地）的盜賊	Makovicky等人（2005）	白堊紀晚期	賽諾曼期	1.5	3	肉食	阿根廷
	西爪龍屬	*Hesperonychus*	西部的爪	Longrich與Currie (2009)	白堊紀晚期	坎佩尼期	1	1.5	肉食	加拿大
	大黑天神龍屬	*Mahakala*	Mahakala（神）	Turner等人（2007）	白堊紀晚期	坎佩尼期	0.7	0.5~2.3	肉食	蒙古
	小盜龍屬	*Microraptor*	小型盜賊	徐星等人（2000）	白堊紀早期	巴列姆期	0.9	2.3~9.1	肉食	遼寧省
	猶他盜龍屬	*Utahraptor*	猶他州的盜賊	Kirkland等人（1993）	白堊紀早期	貝里亞期~豪特里維期	7	227~454	肉食	美國猶他州
	臨河盜龍屬	*Linheraptor*	臨河區的盜賊	徐星（2010）	白堊紀晚期	坎佩尼期	1.8	9.1~22.7	肉食	內蒙古自治區
	欒川盜龍屬	*Luanchuanraptor*	欒川縣的盜賊	呂君昌等人（2007）	白堊紀晚期		1.8?	2.3~9.1	肉食	河南省
手盜龍類?	義縣龍屬	*Yixianosaurus*	義縣的蜥蜴	徐星與汪筱林（2003）	白堊紀早期	巴列姆期	1	1	肉食	遼寧省
	瓦爾盜龍屬	*Variraptor*	瓦爾河的盜賊	Le Loeuff與Buffetaut（1998）	白堊紀晚期	坎佩尼期~馬斯垂克期	2.7	22.7~45?	-	法國
	烏奎洛龍屬	*Unquillosaurus*	Unquillo河的蜥蜴	Powell (1979)	白堊紀晚期	坎佩尼期?	3?	22.7~45	-	阿根廷
	火盜龍屬	*Pyroraptor*	火的盜賊	Allain與Taquet (2000)	白堊紀晚期	馬斯垂克期	-	22.7~45?	肉食	法國
	胡山足龍屬	*Hulsanpes*	Hulsan（地名）的腳	Osmólska (1982)	白堊紀晚期	坎佩尼期?	-	0.5~2.3	-	蒙古
	岩壁盜龍屬	*Murusraptor*	岩壁的盜賊	Coria與Currie (2016)	白堊紀晚期	科尼亞克期	6.4	500?	肉食	阿根廷
	大盜龍屬	*Megaraptor*	巨型盜賊	Novas (1998)	白堊紀晚期	土倫期~科尼亞克期	9	900~3600	肉食	阿根廷
	歐爪牙龍屬	*Euronychodon*	歐洲的爪牙	Telles-Antunes與Sigogneau-Russell (1991)	白堊紀晚期	坎佩尼期~馬斯垂克期	-			葡萄牙
手盜龍類其他	耀龍屬	*Epidexipteryx*	炫燿的羽毛	周忠和與張福成（2008）	侏羅紀中期~晚期	-	0.3	0.2	雜食	內蒙古自治區
	新疆獵龍屬	*Xinjiangovenator*	新疆的獵人	Rauhut與徐星（2005）	白堊紀早期	阿普第期或阿爾布期	4	22.7~45	肉食	新疆維吾爾自治區
	氣肩盜龍屬	*Pneumatoraptor*	有氣囊的盜賊	Ősi等人（2010）	白堊紀晚期	山唐尼期	0.73?	0.5~2.3	肉食?	匈牙利
鳥型恐龍 足羽龍	足羽龍屬	*Pedopenna*	羽毛的腳	徐星與張福成（2005）	侏羅紀中期或晚期		1	1	雜食	內蒙古自治區
阿瓦拉慈龍超科	阿基里斯龍屬	*Achillesaurus*	阿基里斯（人名）的蜥蜴	Martinelli與Vera (2007)	白堊紀晚期	山唐尼期	1.4?	2.3~9.1	-	阿根廷
	阿瓦拉慈龍屬	*Alvarezsaurus*	阿瓦拉慈（人名）的蜥蜴	Bonaparte (1991)	白堊紀晚期	山唐尼期~坎佩尼期	1.4?	2.3~9.1	肉食	阿根廷
	亞伯達爪龍屬	*Albertonykus*	亞伯達省的爪	Longrich與Currie (2009)	白堊紀晚期	馬斯垂克期	1.1	5	肉食	加拿大
	游光爪龍屬	*Albinykus*	游光的爪	Nesbitt等人（2011）	白堊紀晚期	山唐尼期	0.6	0.5~2.3	-	蒙古
	角爪龍屬	*Ceratonykus*	有角的爪	ALifanov與Barsbold（2009）	白堊紀晚期	山唐尼期	2	2.3~9.1	肉食	蒙古
	足龍屬	*Kol*	美麗的腳	Turner等人（2009）	白堊紀晚期	山唐尼期或坎佩尼期	2	9.1~22.7	肉食	蒙古
	西峽爪龍屬	*Xixianykus*	西峽縣的爪	徐星等人（2010）	白堊紀晚期	科尼亞克期~山唐尼期	0.5	0.5~2.3	-	河南省
	鳥面龍屬	*Shuvuuia*	鳥	Chiappe等人（1998）	白堊紀晚期	坎佩尼期?	1	3.5	肉食	蒙古
	巴塔哥尼亞爪龍屬	*Patagonykus*	巴塔哥尼亞（地名）的爪	Novas (1996)	白堊紀晚期	土倫期~科尼亞克期	1.7	9.1~22.7	肉食	阿根廷
	簡手龍屬	*Haplocheirus*	簡單的手	Choiniere等人（2010）	侏羅紀晚期	牛津期	2.2	25	雜食?	新疆維吾爾自治區
阿瓦拉慈龍科	小馳龍屬	*Parvicursor*	小型奔跑者	Karhu與Rautian (1996)	白堊紀晚期	坎佩尼期	0.4	0.2	肉食	蒙古
	波氏爪龍屬	*Bonapartenykus*	波拿巴（人名）的爪	Agnolin等人（2012）	白堊紀晚期	坎佩尼期~馬斯垂克期	2.5?	9.1~22.7		阿根廷
	單爪龍屬	*Mononykus*	單一的爪	Perle等人（1993）	白堊紀晚期	坎佩尼期	1	3.5	肉食	蒙古、內蒙古自治區
	脅空鳥龍屬	*Rahonavis*	從空中威脅的鳥	Forster等人（1998）	白堊紀晚期	坎佩尼期	0.7	1	肉食	馬達加斯加
	臨河爪龍屬	*Linhenykus*	臨河區的爪	徐星等人（2011）	白堊紀晚期	坎佩尼期	0.6	0.5~2.3	肉食	內蒙古自治區
始祖鳥科	始祖鳥屬	*Archaeopteryx*	古翼	Meyer (1861)	侏羅紀晚期	啟莫里期	0.5	0.5	肉食	德國
	鳥禾爾龍屬	*Wellnhoferia*	Wellnhofer（人名）	Elżanowski (2001)	侏羅紀晚期	啟莫里期	0.45	0.5~2.3	-	德國
	曉廷龍屬	*Xiaotingia*	中國地質學家鄭曉廷	徐星等人（2011）	侏羅紀晚期	牛津期	0.45	0.5~2.3	雜食?	遼寧省
孔子鳥科	始孔子鳥屬	*Eoconfuciusornis*	黎明（早期）的孔子鳥	張福成等人（2008）	白堊紀早期	豪特里維期	0.15	0.06~0.45	-	河北省
	孔子鳥屬	*Confuciusornis*	孔子鳥	侯連海等人（1995）	白堊紀早期	巴列姆期	0.5	0.5~2.3	雜食	遼寧省
	長城鳥屬	*Changchengornis*	萬里長城的鳥	季強，姬書安與Chiappe（1999）	白堊紀早期	巴列姆期	0.2	0.06~0.45		遼寧省
鳥胸骨類	鳥如那鳥屬	*Vorona*	鳥	Forster等人（1996）	白堊紀晚期	坎佩尼期	-	0.06~0.45		馬達加斯加
	銀河鳥屬	*Kuszholia*	銀河	Nesov (1992)	白堊紀晚期	土倫期~科尼亞克期	-	0.06~0.45		烏茲別克
	巴塔哥尼亞鳥屬	*Patagopteryx*	巴塔哥尼亞（地名）之翼	Alvarenga與Bonaparte (1992)	白堊紀晚期	山唐尼期~坎佩尼期	0.5	2.3~9.1		阿根廷
反鳥亞綱	阿維龍鳥屬	*Avisaurus*	鳥的蜥蜴	Brett-Surman與Paul (1985)	白堊紀晚期	坎佩尼期~馬斯垂克期	翼展1.2	2.3~9.1	肉食	美國蒙大拿州、阿根廷
	阿克西鳥屬	*Alexornis*	阿克西（人名）之鳥	Brodkorb (1976)	白堊紀晚期	坎佩尼期	-	0.06	-	墨西哥
	伊比利亞鳥屬	*Iberomesornis*	西班牙中生代的鳥	Sanz與J. Bonaparte (1992)	白堊紀早期	巴列姆期	翼展0.2	0.06	肉食	西班牙

分類	中文名稱	學名	學名意義	記載者(報告年)	時期		體長(m)	體重(kg)	食性	產地
鳥翼類反鳥亞綱	始小翼鳥	Eoalulavis	黎明的小翼鳥	Sanz等人 (1996)	白堊紀早期	巴列姆期	-	0.06~0.45	肉食	西班牙
	始反鳥屬	Eoenantiornis	黎明的反鳥類	侯連海等人 (1999)	白堊紀早期	巴列姆期	0.1	0.06	-	遼寧省
	始華夏龍屬	Eocathayornis	黎明的華夏鳥	張福成等人 (2002)	白堊紀早期	-	-	0.06~0.45	-	遼寧省
	反鳥屬	Enantiornis	相反的鳥	Walker (1981)	白堊紀晚期	土倫期~馬斯垂克期	翼展1	2.3~9.1	肉食	阿根廷、烏茲別克
	鄂托克鳥屬	Otogornis	鄂托克旗(地名)的鳥	侯連海等人 (1994)	白堊紀早期	-	-	0.06~0.45	-	內蒙古自治區
	華夏鳥屬	Cathayornis	契丹的鳥	張福成 (1992)	白堊紀早期	-	0.14	0.06~0.45	肉食	遼寧省
	克孜勒庫姆鳥屬	Kizylkumavis	克孜勒庫姆沙漠的鳥	Nessov (1984)	白堊紀晚期	土倫期~科尼亞克期	-	0.06~0.45	-	烏茲別克
	格日勒鳥屬	Gurilynia	格日勒(地名)的鳥	Kurochkin (1999)	白堊紀晚期	馬斯垂克期	-	0.5~2.3	-	蒙古
	戈壁鳥屬	Gobipteryx	戈壁沙漠之翼	Elżanowski (1974)	白堊紀晚期	坎佩尼期	-	0.06~0.45	-	蒙古
	昆卡鳥屬	Concornis	昆卡(地名)之鳥	Sanz與Buscalioni (1992)	白堊紀早期	巴列姆期	0.15	0.06~0.45	-	西班牙
	土鳥屬	Sazavis	黏土之鳥	Nessov與Jarkov (1989)	白堊紀晚期	土倫期~科尼亞克期	-	0.06~0.45	-	烏茲別克
	中國鳥屬	Sinornis	中國的鳥	Sereno與Rao (1992)	白堊紀早期	-	0.14	0.06~0.45	肉食	遼寧省
	者勒鳥屬	Zhyraornis	Dzharakuduk(地名)的鳥	Nesov (1984)	白堊紀晚期	土倫期~科尼亞克期	-	0.06~0.45	-	烏茲別克
	姐妹鳥龍鳥屬	Soroavisaurus	鳥龍鳥的姊妹	Chiappe (1993)	白堊紀晚期	坎佩尼期~馬斯垂克期	-	0.5~2.3	肉食	阿根廷
	侏儒鳥屬	Nanantius	極小的反鳥	Molnar (1986)	白堊紀早期	阿爾布期	-	0.06~0.45	-	澳洲
	內烏肯鳥屬	Neuquenornis	內肯烏省的鳥	Chiappe與Calvo (1994)	白堊紀晚期	山唐期~坎佩尼期	-	0.06~0.45	雜食?	阿根廷
	諾蓋爾鳥屬	Noguerornis	諾蓋爾河的鳥	Lacasa-Ruiz (1989)	白堊紀早期	貝里亞期~巴列姆期	-	0.06~0.45	-	西班牙
	海積鳥屬	Halimornis	海鳥	Chiappe等人 (2002)	白堊紀晚期	山唐期~坎佩尼期	-	0.06~0.45	肉食	美國阿拉巴馬州
	原羽鳥屬	Protopteryx	最初之翼	周忠和與張福成 (2000)	白堊紀早期	巴列姆期	0.13	0.06~0.45	-	遼寧省
	波羅赤鳥屬	Boluochia	波羅赤(地名)	周忠和 (1995)	白堊紀早期	-	-	0.06~0.45	-	遼寧省
	雲加鳥屬	Yungavolucris	雲加(地名)的鳥	Chiappe (1993)	白堊紀晚期	坎佩尼期~馬斯垂克期	-	0.06~0.45	-	阿根廷
	勒庫鳥屬	Lectavis	Lecho組的鳥	Chiappe (1993)	白堊紀晚期	坎佩尼期~馬斯垂克期	-	0.06~0.45	-	阿根廷
	利尼斯鳥屬	Lenesornis	利尼斯(人名)的鳥	Kurochkin (1996)	白堊紀晚期	土倫期~科尼亞克期	-	0.06~0.45	-	烏茲別克
鳥類今鳥亞綱	亞洲黃昏鳥屬	Asiahesperornis	亞洲的黃昏鳥	Nesov與Prizemlin (1991)	白堊紀晚期	山唐期~坎佩尼期	-	2.3~9.1	-	哈薩克
	虛椎鳥屬	Apatornis	與外表不同的鳥	Marsh (1873)	白堊紀晚期	科尼亞克期~坎佩尼期	-	0.5~2.3	-	美國內布拉斯加州、堪薩斯州
	神翼鳥屬	Apsaravis	水妖精之鳥	Norell與Clarke (2001)	白堊紀晚期	坎佩尼期	-	0.5~2.3	肉食	蒙古
	抱鳥屬	Ambiortus	不明的起源	Kurochkin (1982)	白堊紀早期	豪特里維期~阿普第期	-	0.5~2.3	-	蒙古
	魚鳥屬	Ichthyornis	魚鳥	Marsh (1872)	白堊紀晚期	科尼亞克期~坎佩尼期	0.25	0.5~2.3	肉食	美國堪薩斯州阿拉巴馬州
	大洋鳥屬	Enaliornis	海鳥	Seeley (1876)	白堊紀早期	阿爾布期	-	0.5~2.3	肉食	英國
	卡岡杜亞鳥屬	Gargantuavis	卡岡杜亞(巨人)的鳥	Buffetaut與Le Loeuff (1998)	白堊紀晚期	馬斯垂克期	-	9.1~22.7	植食	法國
	甘肅鳥屬	Gansus	甘肅省	侯連海與劉迪 (1984)	白堊紀早期	-	-	0.5~2.3	肉食	甘肅省
	白堊鳥屬	Coniornis	白堊紀的鳥	Marsh (1893)	白堊紀晚期	坎佩尼期	-	2.3~9.1	-	美國蒙大拿州
	尤氏鳥屬	Judinornis	尤金(人名)的鳥	Nesso與Borkin (1983)	白堊紀晚期	馬斯垂克期	-	2.3~9.1?	-	蒙古
	朝陽鳥屬	Chaoyangia	朝陽區	周忠和與侯連海 (1993)	白堊紀早期	-	0.15	0.06~0.45	-	遼寧省
	帕斯基亞鳥屬	Pasquiaornis	帕斯基亞丘陵（地名）之鳥	Tokaryk等人 (1997)	白堊紀晚期	賽諾曼期	-	2.3~9.1	肉食	加拿大
	潛水鳥屬	Baptornis	潛水的鳥	Marsh (1877)	白堊紀晚期	科尼亞克期~坎佩尼期	1.2	2.3~9.1	肉食	美國堪薩斯州
	似黃昏鳥屬	Parahesperornis	近似黃昏鳥	Martin (1984)	白堊紀晚期	科尼亞克期~坎佩尼期	1.2	2.3~9.1	肉食	美國堪薩斯州
	黃昏鳥屬	Hesperornis	西部的鳥	Marsh (1872)	白堊紀晚期	科尼亞克期~馬斯垂克期	1.4?	9.1~22.7	肉食	加拿大、美國內布拉斯加州堪薩斯州
	河鳥屬	Potamornis	河鳥	Elzanowski等人 (2001)	白堊紀晚期	馬斯垂克期	-	2.3~9.1	-	美國懷俄明州
	花剌子模鳥屬	Horezmavis	花剌子模的鳥	Nessov與Borkin (1983)	白堊紀晚期	阿爾布期	-	0.06~0.45	-	烏茲別克
	閾鳥屬	Limenavis	界限的鳥	Clarke與Chiappe (2001)	白堊紀晚期	坎佩尼期	-	0.06~0.45	-	阿根廷
	遼寧鳥屬	Liaoningornis	遼寧省的鳥	侯連海 (1997)	白堊紀早期	巴列姆期	-	0.06	肉食	遼寧省
鳥翼類其他	近鳥龍屬	Anchiornis	與鳥相近的	徐星等人 (2009)	侏羅紀晚期	牛津期?	0.4	0.3	肉食	遼寧省
	擅攀鳥龍屬	Epidendrosaurus	攀爬的翼	Czerkas與袁崇喜 (2002)	侏羅紀晚期?	-	0.3	0.06~0.45	肉食	內蒙古自治區
	會鳥屬	Sapeornis	鳥類古生物進化學會的鳥	周忠和與張福成 (2002)	白堊紀早期	-	1.2	2.3~9.1	植食或雜食	遼寧省
	原始祖鳥屬	Protarchaeopteryx	最早的始祖鳥	季強與姬書安 (1997)	白堊紀早期	巴列姆期	0.7	2.3~9.1	雜食	遼寧省

分類	中文名稱	學名	學名意義	記載者(報告年)	時期		體長(m)	體重(kg)	食性	產地
原蜥腳下目	地爪龍屬	Aardonyx	大地之爪	Yates 等人(2010)	侏羅紀早期	-	6.5	454~907	植食	南非
	安然龍屬	Asylosaurus	沒有受傷的蜥蜴	Galton(2007)	三疊紀晚期	瑞替期	2.1	22.7~45	-	英國
	遠食龍屬	Adeopapposaurus	遙遠進食的蜥蜴	Martínez(2009)	侏羅紀早期		3	70	-	阿根廷
	彩虹龍屬	Arcusaurus	彩虹蜥蜴	Yates 等人(2011)	侏羅紀早期		2.5	22.7~45	-	南非
	近蜥龍屬	Anchisaurus	接近蜥蜴	Marsh(1885)	侏羅紀早期	普林斯巴期或托阿爾期	2.4	22.7~45	植食	美國麻薩諸塞州、康乃狄克州
	砂龍屬	Ammosaurus	砂岩蜥蜴	Marsh(1891)	侏羅紀早期~中期	普林斯巴期~巴柔期	4.3	91~227	-	美國康乃狄克州、亞利桑那州
	易門龍屬	Yimenosaurus	易門縣的蜥蜴	白子麒等人(1990)	侏羅紀早期	普林斯巴期或托阿爾期	9	2t	-	雲南省
	懦弱龍屬	Ignavusaurus	懦弱的蜥蜴	Knoll(2010)	侏羅紀早期	赫唐期?	1.5	22.7~45	-	賴索托
	黑水龍屬	Unaysaurus	黑水的蜥蜴	Leal 等人(2004)	三疊紀晚期	卡尼期~諾利期	2.5	91~227	植食	巴西
	優肢龍屬	Euskelosaurus	好腳的蜥蜴	Huxley(1866)	三疊紀晚期	卡尼期或諾利期	8	454~907	-	辛巴威、南非
	始盜龍屬	Eoraptor	破曉掠奪者	Sereno 等人(1993)	三疊紀晚期	卡尼期	1.7	2	雜食	阿根廷
	卡米洛特龍屬	Camelotia	卡米洛特城	Galton(1985)	三疊紀晚期	瑞替期	10	2.5t	-	英國
	冰河龍屬	Glacialisaurus	冰凍的蜥蜴	Smith 與 Pol(2007)	侏羅紀早期		6.2?	454~907?	-	南極
	顏地龍屬	Chromogisaurus	顏色土地的蜥蜴	Ezcurra(2010)	三疊紀晚期	卡尼期	1.5	2.3~9.1	-	阿根廷
	科羅拉多斯龍屬	Coloradisaurus	洛斯科拉多斯龍組的蜥蜴	Lambert(1983)	三疊紀晚期	諾利期	4	91~227	-	阿根廷
	農神龍屬	Saturnalia	在狂歡節發現的蜥蜴	Langer等人(1999)	三疊紀中期或晚期	拉丁期或卡尼期	1.5	10	雜食	巴西
	莎拉龍屬	Sarahsaurus	莎拉的蜥蜴	Rowe等人(2011)	侏羅紀早期	辛涅繆爾期~普林斯巴期	4	91~227	-	美國亞利那州
	加卡帕里龍屬	Jaklapallisaurus	Jaklapalli 城鎮(化石發現地)	Novas等人(2011)	三疊紀晚期	諾利期?~瑞替期	2.5?	91~227?	-	印度
	金山龍屬	Jingshanosaurus	金山鎮的蜥蜴	Zhang與Yang(1995)	侏羅紀早期	赫唐期~普林斯巴期	10	0.9~3.6t	-	雲南省
	沙怪龍屬	Seitaad	沙怪	Sertichm與Loewen(2010)	侏羅紀早期	普林斯巴期	2.8	45~91	-	美國猶他州
	鞍龍屬	Sellosaurus	鞍的蜥蜴	von Huene(1907-8)	三疊紀晚期	諾利期	6.5	227~454	-	德國
	槽齒龍屬	Thecodontosaurus	牙齒有齒槽的蜥蜴	Riley與Stuchbury(1836)	三疊紀晚期	諾利期~瑞替期	2.5	40	植食	英國
	南巴爾龍屬	Nambalia	南巴爾村(化石發現地)	Nova等人(2011)	三疊紀晚期	諾利期?~瑞替期	-	22.7~45?	-	印度
	潘蒂龍屬	Pantydraco	潘蒂(化石產地)的龍	Galton等人(2007)	三疊紀或侏羅紀早期	瑞替期或-	2.5	22.7~45	-	英國
	平原馳龍屬	Pampadromaeus	平原的奔跑者	Cabreira等人(2011)	三疊紀晚期	卡尼期	1.5	2.3~9.1	-	巴西
	濫食龍屬	Panphagia	什麼都吃的蜥蜴	Martinez 與 Alcober(2009)	三疊紀晚期	卡尼期	1.7	2	雜食	阿根廷
	普拉丹龍屬(暫譯)	Pradhania	普拉丹(人名)	Kutty等人(2007)	侏羅紀早期	辛涅繆爾期	4	91~227	-	印度
	板龍屬	Plateosaurus	平坦表面的蜥蜴	von Meyer(1837)	三疊紀晚期	諾利期	8.5	1.9t	植食	格陵蘭、德國、法國、瑞士
	大椎龍屬	Massospondylus	巨大的脊椎	Owen(1854)	侏羅紀早期	赫唐期~普林斯巴期	4.3	200	植食	辛巴威、南非、賴索托
	鼠龍屬	Mussaurus	老鼠蜥蜴	Bonaparte 和 Vince(1979)	三疊紀晚期	諾利期?	0.2	0.5~2.3	-	阿根廷
	黑丘龍屬	Melanorosaurus	黑色山脈蜥蜴	Haughton(1924)	三疊紀晚期~侏羅紀早期	諾利期~辛涅繆爾期?	10	0.9~3.6t	植食	南非、賴索托
	雲南龍屬	Yunnanosaurus	雲南省的蜥蜴	楊鍾健(1942)	三疊紀晚期~侏羅紀早期	瑞替期?~普林斯巴期	7	454~907	植食	雲南省
	萊姆帕拉佛龍屬（又稱蘭布羅龍屬）	Lamplughsaura	Pamela Lamplugh(人名)的蜥蜴	Kutty等人(2007)	侏羅紀早期	辛涅繆爾期	10	0.9~3.6t	-	印度
	里奧哈龍屬	Riojasaurus	里奧哈省的蜥蜴	Bonaparte(1967)	三疊紀晚期	諾利期	10	3.6~7.2t	植食	阿根廷
	祿豐龍屬	Lufengosaurus	祿豐盆地的蜥蜴	楊鍾健(1941)	三疊紀晚期~侏羅紀早期	瑞替期?~巴柔期	9	1.7t	植食	四川省、雲南省
	呂勒龍屬	Ruehleia	呂勒(人名)	Galton(2001)	三疊紀晚期	諾利期	8	454~907	-	德國
	萊氏龍屬	Leyesaurus	Leyes 家族的蜥蜴	Apaldetti等人(2011)	三疊紀晚期~侏羅紀早期		2.1?	22.7~45?	-	阿根廷
	利奧尼拉龍屬	Leonerasaurus	拉斯利奧尼拉組地層的蜥蜴	Pol等人(2011)	侏羅紀早期	-	2.4	22.7~45	-	阿根廷
	萊森龍屬	Lessemsaurus	萊森(人名)的蜥蜴	Bonaparte(1999)	三疊紀晚期	諾利期	10	0.9~3.6t	植食	阿根廷
蜥腳下目真蜥腳類	杏齒龍屬	Amygdalodon	有杏仁形狀的牙齒	Cabrera(1947)	侏羅紀中期	巴柔期	12	5t	植食	阿根廷
	阿拉果龍屬	Aragosaurus	Aragón(自治區)的蜥蜴	Sanz等人(1987)	白堊紀早期	豪特里維期~巴列姆期	18	25t	植食	西班牙
	盤足龍屬	Euhelopus	真沼澤地的腳	Wiman(1929)	侏羅紀晚期	啟莫里期或提通期	12	3.6~7.2t	植食	山東省
	始馬門溪佛龍屬	Eomamenchisaurus	破曉的馬門溪龍	呂君昌(2008)	侏羅紀中期		-	-	植食	雲南省
	峨眉龍屬	Omeisaurus	峨眉山的蜥蜴	楊鍾健(1939)	侏羅紀中期	巴通期~卡洛夫期	15	7.2~14.4t	植食	四川省
	加爾瓦龍屬	Galveosaurus	加爾瓦村的蜥蜴	Sánchez-Hernández(2005)	侏羅紀晚期~白堊紀早期	提通期~巴列姆期	14	7.2~14.4t	植食	西班牙
	鯨龍屬	Cetiosaurus	鯨魚蜥蜴	Owen(1841)	侏羅紀中期	卡洛夫期	16	1.1t	植食	阿根廷
	峴山龍屬	Xianshanosaurus	峴山的蜥蜴	呂君昌等人(2009)	白堊紀晚期	賽諾曼期	-	-	植食	河南省

分類	中文名稱	學名	學名意義	記載者(報告年)	時期	體長(m)	體重(kg)	食性	產地
蜥腳下目真蜥腳類	蜀龍屬	*Shunosaurus*	蜀地的蜥蜴	董枝明等人(1983)	侏羅紀中期 / 巴通期~卡洛夫期	9.5	3t	植食	四川省
	切布龍屬	*Chebsaurus*	年輕的蜥蜴	Mahammed 等人(2005)	侏羅紀中期 / -	9	0.9~3.6t	植食	阿爾及利亞
	特維爾切龍屬	*Tehuelchesaurus*	特維爾(原住民)切蜥蜴	Rich 等人(1999)	侏羅紀中期 / 卡洛夫期	15	9t	植食	阿根廷
	圖里亞龍屬	*Turiasaurus*	圖里亞(西班牙古地名)的蜥蜴	Royo-Torres 等人(2006)	侏羅紀晚期~白堊紀早期 / 提通期~貝里亞期	30	50t	植食	西班牙
	通安龍屬	*Tonganosaurus*	通安的蜥蜴	李奎(2010)	侏羅紀早期	-	-	植食	四川省
	巴塔哥尼亞龍屬	*Patagosaurus*	巴塔哥尼亞的蜥蜴	Bonaparte(1979)	侏羅紀中期 / 卡洛夫期	16.5	8.5t	植食	阿根廷
	巨腳龍屬	*Barapasaurus*	巨腿蜥蜴	Jain 等人(1975)	侏羅紀早期 / 赫唐期~普林斯巴期或普林斯巴期~托阿爾期	18.3	7.2~14.4t	植食	印度
	蝴蝶龍屬	*Hudiesaurus*	像蝴蝶般的蜥蜴	董枝明(1997)	侏羅紀晚期 / 提通期	25	25t	植食	新疆維吾爾自治區
	馬門溪龍屬	*Mamenchisaurus*	馬門溪的蜥蜴	楊鍾健(1954)	侏羅紀中期~後期 / 巴通期~?	35	75t	植食	新疆維吾爾自治區?甘肅省、四川省
	元謀龍屬	*Yuanmousaurus*	元謀的蜥蜴	董枝明、呂君昌等人(2006)	侏羅紀中期	17	1.2t	植食	雲南省
	六榜龍屬	*Liubangosaurus*	六榜屯(化石產地)	莫進尤等人(2010)	白堊紀早期	-	-	植食	廣西壯族自治區
	勞爾哈龍屬	*Lourinhasaurus*	勞爾哈(Lourinhã)地區的蜥蜴	Dantas 等人(1998)	侏羅紀晚期 / 牛津期~啟莫里期	18	5t	植食	葡萄牙
蜥腳下目新蜥腳類梁龍超科	南方梁龍屬	*Australodocus*	南方的橫梁	Remes(2007)	侏羅紀晚期 / 提通期	21?	7.2~14.4t?	植食	坦尚尼亞
	迷惑龍屬	*Apatosaurus*	騙人的蜥蜴	Marsh(1877)	侏羅紀晚期 / 啟莫里期~提通期	26	14.4~28.8t	植食	美國懷俄明州、猶他州、科羅拉多州、奧克拉荷馬州
	亞馬遜龍屬	*Amazonsaurus*	亞馬遜盆地的蜥蜴	Carvalho 等人(2003)	白堊紀早期 / 阿普第期~阿爾布期	12	5t	植食	巴西
	阿馬加龍屬	*Amargasaurus*	Amarga 峽谷的蜥蜴	Salgado 與 Bonaparte(1991)	白堊紀早期 / 巴列姆期或貝里亞期~凡蘭今期	13	4t	植食	阿根廷
	雙腔龍屬	*Amphicoelias*	兩面空腔的(脊椎)	Cope(1878)	侏羅紀晚期 / 啟莫里期~提通期	40~60	100~150t	植食	美國科羅拉多州
	鷲龍屬	*Cathartesaura*	鷲的蜥蜴	Gallina 與 Apesteguía(2005)	白堊紀晚期 / 賽諾曼期~科尼亞克期	12	5t	植食	阿根廷
	非凡龍屬	*Quaesitosaurus*	奇特的蜥蜴	Kurzanov 與 Bannikov(1983)	白堊紀晚期 / 坎佩尼期	12?	3.6~7.2t	植食	蒙古
	似鯨龍屬	*Cetiosauriscus*	類似鯨龍	von Huene(1927)	侏羅紀晚期 / 卡洛夫期	15	7.2~14.4t	植食	英國
	薩帕拉龍屬	*Zapalasaurus*	薩帕拉(地名)的蜥蜴	Salgado 等人(2006)	白堊紀早期 / 巴列姆期~阿普第期	9	2t	植食	阿根廷
	超龍屬	*Supersaurus*	超級蜥蜴	Jensen(1985)	侏羅紀晚期 / 啟莫里期~提通期	35	35t	植食	美國科羅拉多州
	春雷龍屬	*Suuwassea*	古代的雷聲	Harris 與 Dodson(2004)	侏羅紀晚期 / 提通期?	21	14.4~28.8t	植食	美國蒙大拿州
	叉龍屬	*Dicraeosaurus*	雙叉蜥蜴	Janensch(1914)	侏羅紀晚期 / 啟莫里期	15	6t	植食	坦尚尼亞
	難覓龍屬	*Dyslocosaurus*	難以分類的蜥蜴	McIntosh 等人(1992)	白堊紀晚期?或侏羅紀晚期? / 馬斯垂克期?或是(啟莫里期~提通期)?	18	5t	植食	美國懷俄明州
	梁龍屬	*Diplodocus*	一雙橫梁	Marsh(1878)	侏羅紀晚期 / 啟莫里期~提通期	30	14.4~28.8t	植食	美國懷俄明州、猶他州、科羅拉多州、新墨西哥州
	丁赫羅龍屬	*Dinheirosaurus*	丁赫羅港的蜥蜴	Bonaparte 與 Mateus(1999)	侏羅紀晚期 / 啟莫里期	-	3.6~7.2t	植食	葡萄牙
	德曼達龍屬	*Demandasaurus*	Sierra de la Demanda(化石發現地)	Torcida Fernández-Baldor 等人(2011)	白堊紀早期 / 巴列姆期~阿普第期	15	3.6~7.2t	植食	西班牙
	拖尼龍屬	*Tornieria*	紀念 Gustav Tornier	Sternfeld(1911)	侏羅紀晚期 / 啟莫里期	26?	7.2~14.4t	植食	坦尚尼亞
	尼日龍屬	*Nigersaurus*	尼日的蜥蜴	Sereno 等人(1999)	白堊紀早期 / 阿普第期~阿爾布期	15	3.6~7.2t	植食	突尼西亞、阿爾及利亞、尼日
	納摩蓋吐龍屬	*Nemegtosaurus*	納摩蓋吐盆地的蜥蜴	Nowinski(1971)	白堊紀晚期 / 馬斯垂克期	13	85t	植食	蒙古
	諾普喬椎龍屬	*Nopcsaspondylus*	諾普喬(人名)的脊椎	Apesteguía(2007)	白堊紀晚期 / 科尼亞克期	-	3.6~7.2t	植食	阿根廷
	重龍屬	*Barosaurus*	重的蜥蜴	Marsh(1890)	侏羅紀晚期、白堊紀晚期? / 啟莫里期~提通期、賽諾曼期?	27	12t	植食	美國南達科他州、猶他州?
	短頸潘龍屬	*Brachytrachelopan*	短頸的潘(神)	Rauhut 等人(2005)	侏羅紀晚期 / 提通期	11	5t	植食	阿根廷
	雷尤守龍屬	*Rayososaurus*	Rayoso 組的蜥蜴	Bonaparte(1995)	白堊紀早期~晚期 / 阿普第期、賽諾曼期~土倫期或阿爾布期~賽諾曼期	10	2.5t	植食	阿根廷
	雷巴齊斯龍屬	*Rebbachisaurus*	Rebbach 族的蜥蜴	Lavocat(1954)	白堊紀早期 / 阿爾布期	20?	7.2~14.4t	植食	摩洛哥
	露絲娜龍屬	*Losillasaurus*	露絲娜(地名)的蜥蜴	Casanovas 等人(2001)	侏羅紀晚期~白堊紀早期	-	-	植食	西班牙

分類	中文名稱	學名	學名意義	記載者(報告年)	時期		體長(m)	體重(kg)	食性	產地
蜥腳下目新蜥腳類 圓頂龍科	圓頂龍屬	*Camarasaurus*	有圓頂空室的蜥蜴	Cope（1877）	侏羅紀晚期	啟莫里期～提通期	18	23t	植食	美國蒙大拿州、懷俄明州、科羅拉多、猶他州、新墨西哥州
	大山鋪龍屬	*Dashanpusaurus*	大山鋪（發現化石之地）蜥蜴	彭光照等人（2005）	侏羅紀中期	巴通期～卡洛夫期	18?	7.2~14.4t?	植食	四川省
	簡棘龍屬	*Haplocanthosaurus*	單一的棘	Hatcher（1903）	侏羅紀晚期	啟莫里期～提通期	21.5	10.8~21.6t	植食	美國懷俄明州、科羅拉多州
蜥腳下目新蜥腳類 泰坦巨龍形類 腕龍科	阿比杜斯龍屬	*Abydosaurus*	阿比杜斯（埃及的古城）的蜥蜴	Chure等人（2010）	白堊紀早期	阿爾布期	18.3	7.2~14.4t	植食	美國猶他州
	橋灣龍屬	*Qiaowanlong*	橋灣（地名）的龍	尤海魯與李大慶（2009）	白堊紀早期	阿普第期～阿爾布期	12	6t	植食	甘肅省
	雪松龍屬	*Cedarosaurus*	雪松山組的蜥蜴	Tidwell等人（1999）	白堊紀早期	巴列姆期	15	10t	植食	美國猶他州
	波塞東龍屬	*Sauroposeidon*	蜥蜴的波塞東（海神）	Wedel等人（2000）	白堊紀早期	阿普第期～阿爾布期	30	28.8~57.6t	植食	美國奧克拉荷馬州
	長頸巨龍屬	*Giraffatitan*	巨大的長頸鹿	Paul（1988）	侏羅紀晚期	啟莫里期～提通期	26	21.6~43.2t	植食	美國猶他州、科羅拉多州
	腕龍屬	*Brachiosaurus*	腕（前臂）的蜥蜴	Riggs（1903）	侏羅紀晚期	啟莫里期	26	21.6~43.2t	植食	坦尚尼亞
蜥腳下目新蜥腳類 泰坦巨龍形類 泰坦巨龍類	澳洲南方龍屬	*Austrosaurus*	南方的蜥蜴	Longman（1933）	白堊紀早期	阿爾布期	20	16t	植食	澳洲
	風神龍屬	*Aeolosaurus*	風神埃俄羅斯的蜥蜴	Powell（1987）	白堊紀晚期	坎佩尼期～馬斯垂克期	15	7.2~14.4t	植食	阿根廷
	奧古斯丁龍屬	*Agustinia*	奧古斯丁（人名）	Bonaparte（1999）	白堊紀早期	阿普第期～阿爾布期	15	8t	植食	阿根廷
	亞他加馬龍屬	*Atacamatitan*	亞他加馬沙漠的巨人	Kellner等人（2011）	白堊紀晚期	-	-	7.2~14.4t?	植食	智利
	阿達曼提龍屬	*Adamantisaurus*	阿達曼提納組的蜥蜴	Santucci與Bertini（2006）	白堊紀晚期	坎佩尼期～馬斯垂克期	13	5t	植食	巴西
	吉普賽龍屬	*Atsinganosaurus*	吉普賽的蜥蜴	Garcia等人（2010）	白堊紀晚期	坎佩尼期	-	-	植食	法國
	阿馬格巨龍屬	*Amargatitanis*	阿馬格組的巨人	Apesteguía（2007）	白堊紀早期	巴列姆期	-	-	植食	阿根廷
	阿拉摩龍屬	*Alamosaurus*	白楊山（Ojo Alamo）的蜥蜴	Gilmore（1922）	白堊紀晚期	馬斯垂克期	30以上?	39.6~79.2t以上?	植食	美國猶他州、新墨西哥州、德州
	銀龍屬	*Argyrosaurus*	銀的蜥蜴	Lydekker（1893）	白堊紀晚期	坎佩尼期～馬斯垂克期	28?	25.2~50.4t	植食	阿根廷
	阿根廷龍屬	*Argentinosaurus*	阿根廷的蜥蜴	Bonaparte與Coria（1993）	白堊紀早期～晚期或白堊紀晚期	阿爾布期～賽諾曼期或賽諾曼期～土倫期	36.6?	46.8~93.6t	植食	阿根廷
	南極龍屬	*Antarctosaurus*	北方相反方向的蜥蜴	von Huene（1929）	白堊紀晚期	坎佩尼期～馬斯垂克期	18	10.8~21.6t	植食	智利、阿根廷、烏拉圭
	安第斯龍屬	*Andesaurus*	安第斯山脈的蜥蜴	Calvo與Bonaparte（1991）	白堊紀早期～晚期或白堊紀晚期	阿爾布期～賽諾曼期或賽諾曼期～土倫期	18	7.2~14.4t	植食	阿根廷
	葡萄園龍屬	*Ampelosaurus*	葡萄田蜥蜴	Le Loeuff（1995）	白堊紀晚期	馬斯垂克期	16	8t	植食	法國
	伊希斯龍屬	*Isisaurus*	印度統計研究院的蜥蜴	Wilson與Upchurch（2003）	白堊紀晚期	馬斯垂克期	18	15t	植食	印度
	毒癮龍屬	*Venenosaurus*	在Poison Strip發現的蜥蜴。該地的直譯為「毒物地帶」。	Tidwell等人（2001）	白堊紀早期	豪特里維期～巴列姆期	12	6t	植食	美國猶他州
	烏貝拉巴巨龍屬	*Uberabatitan*	烏貝拉巴（地名）的泰坦（巨龍）	Salgado與Carvalho（2008）	白堊紀晚期	馬斯垂克期	-	-	植食	巴西
	埃及龍屬	*Aegyptosaurus*	埃及的蜥蜴	Stromer（1932）	白堊紀晚期	賽諾曼期?	16	7.2~14.4t	植食	埃及
	沉重龍屬	*Epachthosaurus*	沉重的蜥蜴	Powell（1990）	白堊紀晚期	坎佩尼期～馬斯垂克期	18	10.8~21.6t	植食	阿根廷
	後凹尾龍屬	*Opisthocoelicaudia*	後方空洞的尾巴	Borsuk-Bialynicka（1977）	白堊紀晚期	馬斯垂克期	13	85t	植食	蒙古
	卡龍加龍屬	*Karongasaurus*	卡龍加（地名）的蜥蜴	Gomani（2005）	白堊紀早期	-	-	3.6~7.2t	植食	馬拉威
	海特蘭龍屬	*Khetranisaurus*	海特蘭族的蜥蜴	Malkani（2004）	白堊紀晚期	馬斯垂克期	-	-	植食	巴基斯坦
	戈壁巨龍屬	*Gobititan*	戈壁沙漠的巨人	尤海魯等人（2003）	白堊紀早期	阿爾布期	20	20t	植食	甘肅省
	岡瓦納巨龍屬	*Gondwanatitan*	岡瓦納大陸的巨人	Kellner與de Azevedo（1999）	白堊紀晚期		7	1t	植食	巴西
	薩爾塔龍屬	*Saltasaurus*	薩爾塔省的蜥蜴	Bonaparte與Powell（1980）	白堊紀晚期	山唐尼期～馬斯垂克期	12	3.6~7.2t	植食	阿根廷
	奢那龍屬	*Jainosaurus*	古生物學家Sohan Lal Jain的蜥蜴	Hunt等人（1995）	白堊紀晚期	馬斯垂克期	21.5	10.8~21.6t?	植食	印度
	詹尼斯龍屬	*Janenschia*	古生物學家詹尼斯（Werner Janensch）	Wild（1991）	侏羅紀晚期	啟莫里期	17	10t	植食	坦尚尼亞
	江山龍屬	*Jiangshanosaurus*	江山市的蜥蜴	唐烽等人（2001）	白堊紀早期	阿爾布期	11	25t	植食	浙江省
	蘇萊曼龍屬	*Sulaimanisaurus*	蘇萊曼褶曲帶的蜥蜴	Malkani（2004）	白堊紀晚期	馬斯垂克期	-	-	植食	巴基斯坦
	蘇尼特龍屬	*Sonidosaurus*	蘇尼特右旗（地名）的蜥蜴	徐星等人（2006）	白堊紀晚期	科尼亞克期～馬斯垂克期	9	0.9~3.6t	植食	內蒙古自治區
	大夏巨龍屬	*Daxiatitan*	大夏河的巨人	尤海魯等人（2008）	白堊紀早期	阿爾布期	23?	14.4~28.8t?	植食	甘肅省
	塔普亞龍屬	*Tapuiasaurus*	塔普亞（原住民）的蜥蜴	Zaher等人（2011）	白堊紀早期	阿普第期	-	3.6~7.2t	植食	巴西
	怪味龍屬	*Tangvayosaurus*	Tangvay（地名）的蜥蜴	Allain等人（1999）	白堊紀早期	阿普第期～阿爾布期	19	17t	植食	寮國
	丘布特龍屬	*Chubutisaurus*	丘布特省的蜥蜴	Del Corro（1975）	白堊紀早期	阿爾布期	23	14.4~28.8t	植食	阿根廷
	清秀龍屬	*Qingxiusaurus*	青秀山的蜥蜴	莫進尤等人（2008）	白堊紀晚期	山唐尼期～馬斯垂克期	15	6t	植食	廣西壯族自治區

分類	中文名稱	學名	學名意義	記載者(報告年)	時期		體長(m)	體重(kg)	食性	產地
蜥腳下目新蜥腳類泰坦巨龍形類泰坦巨龍類	迪亞曼蒂納龍屬	*Diamantinasaurus*	迪亞曼蒂納河的蜥蜴	Hocknull等人(2009)	白堊紀早期	阿爾布期	16	10.8~21.6t	植食	澳洲
	泰坦巨龍屬	*Titanosaurus*	泰坦巨神的蜥蜴	Lydekker(1877)	白堊紀晚期	馬斯垂克期	12?	3.6~7.2t?	植食	印度
	德魯斯拉龍屬	*Drusilasaura*	德魯斯拉(人名)的蜥蜴	Navarrete等人(2011)	白堊紀晚期	賽諾曼期~土倫期	-	10.8~21.6t?	植食	阿根廷
	精靈巨龍屬(暫譯)	*Traukutitan*	精靈的巨人	Juárez Valieri 與 Calvo(2011)	白堊紀晚期	山唐尼期	14?	7.2~14.4t?	植食	阿根廷
	三角區龍屬	*Trigonosaurus*	米納斯三角區的蜥蜴	Campos等人(2005)	白堊紀晚期	馬斯垂克期	-	-	植食	巴西
	納拉姆布埃納巨龍屬	*Narambuenatitan*	Puesto Narambuena 的巨人(泰坦)	Filippi等人(2011)	白堊紀晚期	坎佩尼期	-	-	植食	阿根廷
	內烏肯龍屬	*Neuquensaurus*	內烏肯省的蜥蜴	Powell(1992)	白堊紀晚期	科尼亞克期~山唐尼期或山唐尼期~坎佩尼期	15	7.2~14.4t	植食	阿根廷、烏拉圭
	包魯巨龍屬	*Baurutitan*	地層包魯群(Bauru Group)的巨人	Kellner等人(2005)	白堊紀晚期	馬斯垂克期	-	-	植食	巴西
	巴基龍屬	*Pakisaurus*	巴基斯坦的蜥蜴	Malkani(2006)	白堊紀晚期	馬斯垂克期	-	-	植食	巴基斯坦
	泛美龍屬(暫譯)	*Panamericansaurus*	Pan American Energy(泛美能源公司)的蜥蜴	Calvo與Porfiri(2010)	白堊紀晚期	坎佩尼期~馬斯垂克期	11	3.6~7.2t	植食	阿根廷
	潮汐龍屬	*Paralititan*	海岸線的蜥蜴	Smith等人(2001)	白堊紀晚期	賽諾曼期?	32	36~72t	植食	埃及
	沼澤巨龍屬	*Paludititan*	沼澤的巨人	Csiki等人(2010)	白堊紀晚期	馬斯垂克期	-	10.8~21.6t?	植食	羅馬尼亞
	俾路支龍屬	*Balochisaurus*	俾路支人的蜥蜴	Malkani(2004)	白堊紀晚期	馬斯垂克期	-	-	植食	巴基斯坦
	巴羅莎龍屬	*Barrosasaurus*	巴羅莎(化石產地)的蜥蜴	Salgado與Coria(2009)	白堊紀晚期	坎佩尼期	-	10.8~21.6t?	植食	阿根廷
	發現龍屬	*Pitekunsaurus*	被發現的蜥蜴	Filippi與Garrido(2008)	白堊紀晚期	坎佩尼期	-	7.2~14.4t?	植食	阿根廷
	華北龍屬	*Huabeisaurus*	中國北方的蜥蜴	龐其清與程政武(2000)	-		17	8.5t	植食	河北省、山西省
	布萬龍屬	*Phuwiangosaurus*	布萬(Phu Wiang)地區的蜥蜴	Martin等人(1994)	白堊紀早期	豪特里維期~巴列姆期	25	14.4~28.8t	植食	泰國
	普爾塔龍屬	*Puertasaurus*	普爾塔(人名)的蜥蜴	Novas等人(2005)	白堊紀晚期	馬斯垂克期	30	50t	植食	阿根廷
	富塔隆柯龍屬	*Futalognkosaurus*	巨大的首領蜥蜴	Calvo等人(2007)	白堊紀晚期	土倫期~科尼亞克期	30	50t	植食	阿根廷
	布羅希龍屬	*Brohisaurus*	布羅希族的蜥蜴	Malkani(2003)	侏羅紀晚期	啟莫里期	-	-	植食	巴基斯坦
	佩特羅布拉斯龍屬(暫譯)	*Petrobrasaurus*	Petrobras(石油公司)的蜥蜴	Filippi等人(2011)	白堊紀晚期	山唐尼期	18?	10.8~21.6t	植食	阿根廷
	柏利連尼龍屬	*Pellegrinisaurus*	Pellegrini 湖的蜥蜴	Salgado(1996)	白堊紀晚期	坎佩尼期	25	50t	植食	阿根廷
	博納巨龍屬	*Bonatitan*	博納(José F. Bonaparte)的巨人	Martinelli 與 Forasiepi(2004)	白堊紀晚期	馬斯垂克期	-	-	植食	阿根廷
	博妮塔龍屬	*Bonitasaura*	La Bonita採石場(化石產地)的蜥蜴	Apesteguía(2003)	白堊紀晚期	山唐尼期	10	5t	植食	阿根廷
	北方龍屬	*Borealosaurus*	北方的蜥蜴	尤海魯等人(2004)	白堊紀晚期	賽諾曼期~土倫期	-	-	植食	遼寧省
	馬扎爾龍屬	*Magyarosaurus*	馬扎爾人的蜥蜴	Von Huene(1932)	白堊紀晚期	馬斯垂克期	6	1t	植食	羅馬尼亞
	馬薩卡利神龍屬	*Maxakalisaurus*	馬薩卡利族的蜥蜴	Kellner等人(2006)	白堊紀晚期	土倫期~科尼亞克期	20?	10.8~21.6t	植食	巴西
	馬拉威龍屬	*Malawisaurus*	馬拉威的蜥蜴	Jacobs等人(1993)	白堊紀早期	阿普第期	16	10t	植食	馬拉威
	馬里龍屬	*Marisaurus*	馬里族的蜥蜴	Malkani(2003)	白堊紀晚期	馬斯垂克期	-	-	植食	巴基斯坦
	穆耶恩龍屬	*Muyelensaurus*	穆耶恩河(科羅拉多河的異名)的蜥蜴	Calvo等人(2007)	白堊紀晚期	土倫期~科尼亞克期	14	7.2~14.4t	植食	阿根廷
	門多薩龍屬	*Mendozasaurus*	門多薩(地名)的蜥蜴	Gonzalez Riga(2003)	白堊紀晚期	土倫期~科尼亞克期	22	10.8~21.6t	植食	阿根廷
	拉布拉達龍屬	*Laplatasaurus*	拉布拉達(地名)的蜥蜴	Von Huene(1927)	白堊紀晚期	坎佩尼期~馬斯垂克期	18	14t	植食	阿根廷、烏拉圭
	掠食龍屬	*Rapetosaurus*	Rapeto(神話中惡作劇的巨人)的蜥蜴	Curry Rogers等人(2001)	白堊紀晚期	坎佩尼期	15	7.2~14.4t	植食	馬達加斯加
	利加布龍屬	*Ligabuesaurus*	利加布龍(人名)的蜥蜴	Bonaparte等人(2006)	白堊紀早期	阿普第期~阿爾布期	18	20t	植食	阿根廷
	細長龍屬	*Lirainosaurus*	修長的蜥蜴	Sanz等人(1999)	白堊紀晚期	坎佩尼期	7	1t	植食	西班牙
	林孔龍屬	*Rinconsaurus*	Rincón de los Sauces(地名)的蜥蜴	Calvo與Riga(2003)	白堊紀晚期	土倫期~科尼亞克期	15	7.2~14.4t	植食	阿根廷
	洛卡龍屬	*Rocasaurus*	洛卡地區(Roca)的蜥蜴	Salgado 與 Azpilicueta(2000)	白堊紀晚期	坎佩尼期	-	-	植食	阿根廷
蜥腳下目新蜥腳類泰坦巨龍形類 其他	安哥拉巨龍屬	*Angolatitan*	安哥拉的巨人	Mateus等人(2011)	白堊紀晚期	土倫期	-	7.2~14.4t?	植食	安哥拉
	溫頓巨龍屬	*Wintonotitan*	溫頓組(地層)的蜥蜴	Hocknull等人(2009)	白堊紀早期~晚期	阿爾布期~土倫期?	17?	10.8~21.6t?	植食	澳洲
	長生天龍屬	*Erketu*	「Erke」是蒙古長生天神(騰格里)的異名	Ksepka與Norell(2006)	-		15	5t	植食	蒙古
	鳥面龍屬	*Ornithopsis*	鳥類的面孔	Seeley(1870)	白堊紀早期	巴列姆期	-	-	植食	英國
	九台龍屬	*Jiutaisaurus*	九台區(地名)的蜥蜴	吳文昊等人(2006)	白堊紀早期	阿普第期	-	-	植食	吉林省
	塔斯塔維斯龍屬	*Tastavinsaurus*	Tastavins 河的蜥蜴	Canudo等人(2008)	白堊紀早期	阿普第期	17	7.2~14.4t	植食	西班牙
	丹波巨龍屬	*Tambatitanis*	丹波市的巨人	Saegusa與Ikeda(2014)	白堊紀早期	阿爾布期	-	-	植食	日本兵庫縣
	多里亞巨龍屬	*Duriatitan*	多里亞地區(Duria)的巨人	Barrett 等人(2010)	侏羅紀晚期	啟莫里期	25?	14.4~28.8t?	植食	英國
	東陽巨龍屬	*Dongyangosaurus*	東陽市的蜥蜴	呂君昌等人(2008)	白堊紀晚期	賽諾曼期~科尼亞克期	15?	7.2~14.4t	植食	浙江省

分類	中文名稱	學名	學名意義	記載者（報告年）	時期		體長(m)	體重(kg)	食性	產地
蜥腳下目新蜥腳類 泰坦巨龍形類 其他	東北巨龍屬	*Dongbeititan*	董氏的巨人	王孝理等人（2007）	白堊紀早期	阿普第期	15	7t	植食	遼寧省
	寶天曼龍屬	*Baotianmansaurus*	寶天曼（自然保護區）的蜥蜴	張興遼等人（2009）	白堊紀晚期	-	20	16t	植食	河南省
	福井巨龍屬	*Fukuititan*	福井縣的巨人	Azuma 與 Shibata（2010）	白堊紀早期	巴列姆期	-	7.2~14.4t?	植食	日本福井縣
	扶綏龍屬	*Fusuisaurus*	扶綏縣的蜥蜴	莫進尤（2006）	白堊紀早期	阿普第期	22	35t	植食	廣西壯族自治區
	側空龍屬	*Pleurocoelus*	中空的肋骨	Marsh（1888）	白堊紀早期	阿普第期~阿爾布期	-	-	植食	美國馬里蘭州、德州
	畸形龍屬	*Pelorosaurus*	怪物般的蜥蜴	Mantell（1850）	白堊紀早期	凡蘭今期	24	18~36t	植食	英國
	馬拉圭龍屬	*Malarguesaurus*	馬拉圭（地名）的蜥蜴	González Riga 等人（2008）	白堊紀晚期	土倫期~科尼亞克期	-	10.8~21.6t?	植食	阿根廷
	拉伯龍屬	*Lapparentosaurus*	拉伯（古生物學家）的蜥蜴	Bonaparte（1986）	侏羅紀中期	巴通期	-	-	植食	馬達加斯加
	汝陽龍屬	*Ruyangosaurus*	汝陽縣的蜥蜴	呂君昌等人（2009）	白堊紀晚期	賽諾曼期	30	50t	植食	河南省
蜥腳下目新蜥腳類其他	亞特拉斯龍屬	*Atlasaurus*	亞特拉斯山脈的蜥蜴	Monbaron 等人（1999）	侏羅紀中期	巴通期	18	7.2~14.4t	植食	摩洛哥
	文雅龍屬	*Abrosaurus*	精緻的蜥蜴	歐陽輝（1989）	侏羅紀中期	卡洛夫期	11	5t	植食	四川省
	歐羅巴龍屬	*Europasaurus*	來自歐羅巴的蜥蜴	Sander 等人（2006）	侏羅紀晚期	啟莫里期	6.2?	454~907	植食	德國
	約巴龍屬	*Jobaria*	神話中的動物「Jobar」	Sereno 等人（1999）	白堊紀早期~晚期	豪特里維期~賽諾曼期	24	14.4~28.8t	植食	尼日
	異波塞東龍屬	*Xenoposeidon*	奇妙的波塞東（神）	Taylor 與 Naish（2007）	白堊紀早期	貝里亞期~凡蘭今期	-	-	植食	英國
	費爾干納龍屬	*Ferganasaurus*	費爾干納盆地的蜥蜴	Alifanov 與 Averianov（2003）	侏羅紀中期	卡洛夫期	18	15t	植食	吉爾吉斯
	雷腳龍屬	*Brontomerus*	具有雷聲的腿部	Taylor 等人（2011）	白堊紀早期	阿普第期~阿爾布期	-	3.6~7.2t	植食	美國猶他州
	巧龍屬	*Bellusaurus*	美麗的蜥蜴	董枝明（1990）	侏羅紀中期	-	5	454~907	植食	新疆維吾爾自治區
	古齒龍屬	*Archaeodontosaurus*	古代牙齒的蜥蜴	Buffetaut（2005）	侏羅紀中期	巴通期	-	-	植食	馬達加斯加
蜥腳下目其他	雷前龍屬	*Antetonitrus*	在雷龍之前的蜥蜴	Yates 與 Kitching（2003）	三疊紀晚期	諾利期	28	1.5t	植食	南非
	伊森龍屬	*Isanosaurus*	伊森（地名）的蜥蜴	Buffetaut 等人（2000）	三疊紀晚期	諾利期~瑞替期	17	7.2~14.4t	植食	泰國
	弗克海姆龍屬	*Volkheimeria*	弗克海姆（人名）的	Bonaparte（1979）	侏羅紀中期	卡洛夫期	9	0.9~3.6t	植食	阿根廷
	火山齒龍屬	*Vulcanodon*	火山牙齒	Raath（1972）	侏羅紀早期	赫唐期?	11	3.5t	植食	辛巴威
	歐姆殿龍屬	*Ohmdenosaurus*	歐姆殿（地名）的蜥蜴	Wild（1978）	侏羅紀早期	托阿爾期	4?	454~907?	植食	德國
	武羅龍屬（暫譯）	*Oplosaurus*	裝配鎧甲的蜥蜴	Gervais（1852）	白堊紀早期	巴列姆期	-	-	植食	英國
	央齒龍屬	*Cardiodon*	心形的牙齒	Owen（1841）	侏羅紀中期	巴通期	-	-	植食	英國
	克拉美麗龍屬	*Klamelisaurus*	克拉美麗山的蜥蜴	趙喜進（1993）	侏羅紀中期		17	7.2~14.4t	植食	新疆維吾爾自治區
	哥打龍屬	*Kotasaurus*	哥打組（Kota Formation）的蜥蜴	Yadagiri（1988）	侏羅紀早期	-	9	2.5t	植食	印度
	琪縣龍屬	*Gongxianosaurus*	琪縣的蜥蜴	何信祿等人（1998）	侏羅紀早期	-	14	7.2~14.4t	植食	四川省
	棘刺龍屬	*Spinophorosaurus*	帶有長刺的蜥蜴	Remes 等人（2009）	侏羅紀中期	巴柔期?~巴通期?	13	7.2~14.4t	植食	尼日
	塔鄒達龍屬	*Tazoudasaurus*	Tazouda（化石產地）的蜥蜴	Allain 等人（2004）	侏羅紀早期	普林斯巴期	11	3.5t	植食	摩洛哥
	酋龍屬	*Datousaurus*	酋長的蜥蜴	董枝明與唐烽（1984）	侏羅紀中期	巴通期~卡洛夫期	14	7.2~14.4t	植食	四川省
	楚雄龍屬	*Chuxiongosaurus*	楚雄市的蜥蜴	呂君昌等人（2010）	侏羅紀早期	辛涅繆期~普林斯巴期	-	91~227?	植食	雲南省
	川街龍屬	*Chuanjiesaurus*	川街鄉的蜥蜴	X. Fang等人（2000）	侏羅紀中期		25	14.4~28.8t	植食	雲南省
	糙節龍屬	*Dystrophaeus*	粗糙的關節	Cope（1877）	侏羅紀中期~晚期	卡洛夫期~牛津期	13	7t	植食	美國猶他州
	湯達鳩龍屬	*Tendaguria*	化石產地湯達鳩山（Tendaguru Hill）	Bonaparte等人（2000）	侏羅紀晚期	啟莫里期	-	7.2~14.4t	植食	坦尚尼亞
	貝里肯龍屬	*Blikanasaurus*	來自貝里肯（Blikana）的蜥蜴	Galton 與 van Heerden（1985）	三疊紀晚期	卡尼期~諾利期	5	91~227	植食	南非
	瑞拖斯龍屬	*Rhoetosaurus*	瑞拖斯（神話中的巨人）的蜥蜴	Longman（1926）	侏羅紀中期	巴柔期	15	9t	植食	澳洲

蜥臀目

分類	中文名稱	學名	學名意義	記載者（報告年）	時期		體長(m)	體重(kg)	食性	產地
艾雷拉龍科	艾雷拉龍屬	*Herrerasaurus*	艾雷拉（人名）的蜥蜴	Reig（1963）	三疊紀晚期	卡尼期	4.5	200	肉食	阿根廷
	南十字龍屬	*Staurikosaurus*	南十字座的蜥蜴	Colbert（1970）	三疊紀晚期	卡尼期	2.1	12	肉食	巴西
	聖胡安龍屬	*Sanjuansaurus*	聖胡安（地名）的蜥蜴	Alcober 與 Martinez（2010）	三疊紀晚期	卡尼期	3	45~91	-	阿根廷
其他	艾沃克龍屬	*Alwalkeria*	紀念艾力克·沃克（Alick Walker）	Chatterjee 與 Creisler（1994）	三疊紀晚期	卡尼期	1.5	2	雜食	印度
	欽迪龍屬	*Chindesaurus*	欽迪角（Chinde Point）的蜥蜴	Long與Murry（1995）	三疊紀晚期	卡尼期~諾利期	2.4	15	肉食	美國亞利桑那州、新墨西哥州、德州

鳥臀目

分類		中文名稱	學名	學名意義	記載者（報告年）	時期		體長(m)	體重(指定以外kg)	食性	產地
劍龍亞目華陽龍科		華陽龍屬	*Huayangosaurus*	華陽縣（古地名）的蜥蜴	董枝明等人（1982）	侏羅紀中期	巴通期～卡洛夫期	4.5	454~907	植食	四川省
裝甲類	劍龍亞目劍龍科	烏爾禾龍屬	*Wuerhosaurus*	烏爾禾區的蜥蜴	董枝明（1973）	白堊紀早期	凡蘭今期?～阿爾布期	7	4t	植食	內蒙古自治區、新疆維吾爾自治區
		嘉陵龍屬	*Chialingosaurus*	嘉陵江的蜥蜴	楊鍾健（1959）	侏羅紀晚期	-	4	227~454	植食	四川省
		碗狀龍屬	*Craterosaurus*	碗罐蜥蜴	Seeley（1874）	白堊紀早期		4?	227~454?	植食	英國
		釘狀龍屬	*Kentrosaurus*	具有尖刺的蜥蜴	Hennig（1915）	侏羅紀晚期	啟莫期	5	454~907	植食	坦尚尼亞
		將軍龍屬	*Jiangjunosaurus*	將軍的蜥蜴	賈程凱與徐星等人（2007）	侏羅紀晚期	牛津期	7	0.9~3.6t	植食	新疆維吾爾自治區
		劍龍屬	*Stegosaurus*	被屋頂覆蓋的蜥蜴	Marsh（1877）	侏羅紀晚期	啟莫里期～提通期	9	0.9~3.6t	植食	美國懷俄明州、猶他州、科羅拉多州
		銳龍屬	*Dacentrurus*	非常銳利的尾巴	Lucas（1902）	侏羅紀晚期	啟莫里期～提通期	8?	5t	植食	英國、法國、西班牙、葡萄牙
		重慶龍屬	*Chungkingosaurus*	重慶市的蜥蜴	董枝明等人（1983）	侏羅紀晚期	-	3.5	227~454	植食	四川省
		沱江龍屬	*Tuojiangosaurus*	沱江的蜥蜴	董枝明等人（1977）	侏羅紀晚期		7	0.9~3.6t	植食	四川省
		似花君龍屬	*Paranthodon*	近似花君龍（古爬蟲類）的	Nopcsa（1929）	侏羅紀晚期～白堊紀早期	侏羅紀晚期～凡蘭今期	5?	454~907?	植食	南非
		西龍屬	*Hesperosaurus*	西部的蜥蜴	Carpenter 等人（2001）	侏羅紀晚期	啟莫里期～提通期	6.5	3.5t	植食	美國懷俄明州
		米拉加亞龍屬	*Miragaia*	米拉加亞（地名）的蜥蜴	Mateus 等人（2009）	侏羅紀晚期	啟莫里期～提通期	6.5	2t	植食	葡萄牙
		勒蘇維斯龍屬	*Lexovisaurus*	勒蘇維族（Lexovi）的蜥蜴	Hoffstetter（1957）	侏羅紀中期	卡洛夫期	6	2t	植食	英國、法國
		鎧甲龍屬	*Loricatosaurus*	武裝的蜥蜴	Maidment 等人（2008）	侏羅紀中期	卡洛夫期	5	454~907	植食	英國、法國
	甲龍亞目甲龍科	史色甲龍屬	*Ahshislepelta*	Ah-shi-sle-pah Wash（化石產地）之盾	Burns 與 Sullivan（2011）	白堊紀晚期	坎佩尼期	-	454~907	植食	美國新墨西州
		甲龍屬	*Ankylosaurus*	僵硬的蜥蜴	Brown（1908）	白堊紀晚期	馬斯垂克期	9	0.9~3.6t	植食	加拿大、美國蒙大拿州、俄明州
		包頭龍屬	*Euoplocephalus*	裝甲完備的頭部	Lambe（1910）	白堊紀晚期	坎佩尼期～馬斯垂克期	7	0.9~3.6t	植食	加拿大，美國蒙大拿
		加斯頓龍屬	*Gastonia*	加斯頓（人名）	Kirkland（1998）	白堊紀早期	貝里亞期～豪特里維期	6	0.9~3.6t	植食	美國猶他州
		怪嘴龍屬（又名承霤口龍屬）	*Gargoyleosaurus*	滴水嘴獸蜥蜴	Carpenter 等人（1998）	侏羅紀晚期	啟莫里期～提通期	3	300	植食	美國懷俄明
		戈壁龍屬	*Gobisaurus*	戈壁沙漠的蜥蜴	Vickaryous 等人（2001）	白堊紀早期	阿普期～阿爾布期?	6	3.5t	植食	內蒙古自治
		美甲龍屬	*Saichania*	美麗的蜥蜴	Maryańska（1977）	白堊紀晚期	坎佩尼期?	7	0.9~3.6t	植食	蒙古
		沙漠龍屬	*Shamosaurus*	沙漠的蜥蜴	Tumanova（1983）	白堊紀早期	阿普第期～阿爾布期	7	0.9~3.6t	植食	蒙古
		牛頭龍屬	*Tatankacephalus*	水牛頭	Parsons, W.L. 與 Parsons, K.M.（2009）	白堊紀早期	阿普第期～阿爾布期	7	0.9~3.6t	植食	美國蒙大拿
		籃尾龍屬	*Talarurus*	柳籃般的尾巴	Maleev（1952）	白堊紀晚期	賽諾曼期～坎佩尼期	5	2t	植食	蒙古
		多智龍屬	*Tarchia*	聰明的東西	Maryańska（1977）	白堊紀晚期	坎佩尼期?～馬斯垂克期	8	0.9~3.6t	植食	蒙古
		中原龍屬	*Zhongyuansaurus*	中原地區的蜥蜴	徐星、張興遼等人（2007）	白堊紀晚期	科尼亞克期	4	227~454	植食	浙江省
		白山龍屬	*Tsagantegia*	來自於白色山脈的	Tumanova（1993）	白堊紀晚期	賽諾曼期～山唐尼期	5	0.9~3.6t	植食	蒙古
		天鎮龍屬	*Tianzhenosaurus*	天鎮縣的蜥蜴	龐其清與程政武（1998）	白堊紀晚期	-	4	227~454	植食	河北省、山西省
		結節頭龍屬	*Nodocephalosaurus*	瘤狀頭的蜥蜴	Sullivan（1999）	白堊紀晚期	坎佩尼期或馬斯垂克期	4.5	1.5t	植食	美國新墨西州
		比賽特甲龍屬	*Bissektipelta*	Bayanshiree Svita 地層	Parish 與 Barrett（2004）	白堊紀晚期	土倫期	-	-	植食	烏茲別克
		繪龍屬	*Pinacosaurus*	木板蜥蜴	Gilmore（1933）	白堊紀晚期	山唐尼期?～坎佩尼期?	5	1.9t	植食	蒙古、內蒙自治區、山西省
		牛頭怪甲龍屬	*Minotaurasaurus*	牛頭怪蜥蜴	C. A. Miles 與 C. J. Miles（2009）	白堊紀晚期		5	454~907	植食	蒙古?或中國?
		敏迷龍屬	*Minmi*	Minmi渡口（化石產地）	Molnar（1980）	白堊紀早期	阿普第期	3	300	植食	澳洲
	甲龍亞目結節龍科	活堡龍屬	*Animantarx*	有生命的堡壘	Carpenter 等人（1999）	白堊紀晚期	賽諾曼期	3	300	植食	美國猶他州
		埃德蒙頓甲龍屬	*Edmontonia*	發現化石的埃德蒙頓組	Sternberg（1928）	白堊紀晚期	坎佩尼期～馬斯垂克期	7	0.9~3.6t	植食	加拿大、美阿拉斯加、大拿州、南科他州、俄明州、德州
		雪松甲龍屬	*Cedarpelta*	雪松山組之盾	Carpenter 等人（2001）	白堊紀早期	貝里亞期～豪特里維期	9	0.9~3.6t	植食	美國猶他州
		蜥結龍屬	*Sauropelta*	蜥蜴甲盾	Ostrom（1970）	白堊紀早期	阿普第期	7.6	0.9~3.6t	植食	美國蒙大拿州、懷俄明
		林木龍屬	*Silvisaurus*	林木蜥蜴	Eaton（1960）	白堊紀早期～後期	阿普第期～賽諾曼期	4	1t	植食	美國堪薩斯
		厚甲龍屬	*Struthiosaurus*	鴕鳥蜥蜴	Bunzel（1871）	白堊紀晚期	坎佩尼期～馬斯垂克期	4	227~454	植食	法國、奧地利、羅馬尼亞
		浙江龍屬	*Zhejiangosaurus*	浙江省的蜥蜴	呂君昌等人（2007）	白堊紀晚期	賽諾曼期	4.5	1.;4t	植食	浙江省
		爪爪龍屬	*Pawpawsaurus*	發現於爪爪組（Paw Paw Formation）	Lee, Y.N（1996）	白堊紀晚期	阿爾布期	4.5	227~454	植食	美國德州
		胄甲龍屬	*Panoplosaurus*	裝甲蜥蜴	Lambe（1919）	白堊紀晚期	坎佩尼期	7	0.9~3.6t	植食	加拿大
		匈牙利龍屬	*Hungarosaurus*	匈牙利的蜥蜴	Ösi（2005）	白堊紀晚期	山唐尼期	4	1t	植食	匈牙利

分類	中文名稱	學名	學名意義	記載者（報告年）	時期		體長(m)	體重(指定以外kg)	食性	產地
甲龍亞目 結節龍科	原棄械龍屬	*Propanoplosaurus*	之前的棄械龍	Stanford 等人（2011）	白堊紀早期	阿普第期	0.6	2.3~9.1	植食	美國馬里蘭州
	重怪龍屬	*Peloroplites*	像怪物般異常重的	Carpenter 等人（2008）	白堊紀早期	阿普第期～阿爾期	6	2t	植食	美國猶他州
甲龍亞目其他	南極甲龍屬	*Antarctopelta*	南極洲的盾甲	Salgado 與 Gasparini（2006）	白堊紀晚期	坎佩尼期	6	350	植食	南極
	克氏龍屬	*Crichtonsaurus*	克萊頓（Michael Crichton）的蜥蜴	董枝明（2002）	白堊紀晚期	賽諾曼期～土倫期	3.5	500	植食	遼寧省
	竊肉龍屬	*Sarcolestes*	竊肉者	Lydekker（1893）	侏羅紀中期	卡洛夫期	3	91~227	植食	英國
	頂盾龍屬	*Stegopelta*	如屋頂般的盾	Williston（1905）	白堊紀晚期	賽諾曼期	4	1t	植食	美國懷俄明州
	德克薩斯龍屬	*Texasetes*	棲息在德州的蜥蜴	Coombs（1995）	白堊紀早期	阿普布期	3	91~227	植食	美國德州
	龍冑龍屬	*Dracopelta*	龍之盾	Galton（1980）	侏羅紀晚期	啟莫里期	3	300	植食	葡萄牙
	尼奧布拉拉龍屬	*Niobrarasaurus*	尼奧布拉拉組的蜥蜴	Carpenter 等人（1995）	白堊紀晚期	科尼亞克期～坎佩尼期	6.5	4t	植食	美國堪薩斯州
	結節龍屬	*Nodosaurus*	長著瘤狀物的蜥蜴	Marsh（1889）	白堊紀早期～晚期	阿普布期～賽諾曼期	6.1	454~907	植食	美國懷俄明州
	林龍屬	*Hylaeosaurus*	威爾德（森林之意）的蜥蜴	Mantell（1833）	白堊紀早期	貝里亞期～凡蘭今期	5	2t	植食	英國
	裝甲龍屬	*Hoplitosaurus*	搬運盾的蜥蜴	Lucas（1902）	白堊紀早期	巴列姆期	4.5	1.5t	植食	美國南達科他州
	多刺甲龍屬（又名釘背龍屬）	*Polacanthus*	許多的棘刺	Owen（1865）	白堊紀早期	巴列姆期	5	2t	植食	英國
	邁摩爾甲龍屬	*Mymoorapelta*	邁摩爾（化石產地）之盾	Kirkland 與 Carpenter（1994）	侏羅紀晚期	啟莫里期～提通期	3	300	植食	美國科羅拉多州
裝甲類其他	棄械龍屬	*Anoplosaurus*	沒有裝甲的蜥蜴	Seeley（1879）	白堊紀早期	阿爾期	-	-	植食	英國
	安吐龍屬	*Amtosaurus*	安吐地區的蜥蜴	Kurzanov 與 Tumanova（1978）	白堊紀晚期	賽諾曼期～山唐尼期	-	-	植食	蒙古、烏茲別克
	莫阿大學龍屬	*Emausaurus*	Ernst-Moritz-Arndt Universität 的蜥蜴	Haubold（1990）	侏羅紀早期	托阿爾期	2.5	50	植食	德國
	小盾龍屬	*Scutellosaurus*	有小盾的蜥蜴	Colbert（1981）	侏羅紀早期	赫唐期或辛涅繆期	1.3	3	植食	亞利桑那州
	腿龍屬	*Scelidosaurus*	腿蜥蜴	Owen（1859）	侏羅紀早期	辛涅繆爾期	4?	227~454	植食	英國
	大地龍屬	*Tatisaurus*	大地（地名）的蜥蜴	Simmons（1965）	侏羅紀早期	辛涅繆爾期？或赫唐期～普林斯巴期	1.2?	9.1~22.7?	植食	雲南省
	卞氏龍屬	*Bienosaurus*	卞氏的蜥蜴	董枝明（2001）	侏羅紀早期	辛涅繆爾期？或赫唐期～普林斯巴期	4?	227~454?	植食	雲南省
	遼寧龍屬	*Liaoningosaurus*	遼寧省的蜥蜴	徐星等人（2001）	白堊紀早期	巴列姆期	0.3	2.3~9.1	植食	遼寧省
禽龍類	高吻龍屬	*Altirhinus*	高的鼻子	Norman（1998）	白堊紀早期	阿普第期～阿普布期	8	0.9~3.6t	植食	蒙古
	鬣蜥巨龍屬	*Iguanacolossus*	巨大的鬣蜥（爬蟲類）	McDonald 等人（2010）	白堊紀早期	巴列姆期	9	0.9~3.6t	植食	美國猶他州
	禽龍屬	*Iguanodon*	鬣蜥的牙齒	Mantell（1825）	白堊紀早期	凡蘭今期～阿爾布期	13	3.6~7.2t	植食	美國南達科他州、英國、德國、比利時、法國、西班牙、蒙古
	荒漠龍屬	*Valdosaurus*	曠野蜥蜴	Galton（1977）	白堊紀早期	貝里亞期～阿普第期	3	45~91	植食	英國、羅馬尼亞、尼日
	猶他齒龍屬	*Uteodon*	猶他人（當地的印地安人）的牙齒	McDonald（2011）	侏羅紀晚期	啟莫里期～提通期	6	454~907	植食	美國猶他州
	原賴氏龍屬	*Eolambia*	早期的賴氏龍亞科	Kirkland（1998）	白堊紀晚期	賽諾曼期	6.1	0.9~3.6t	植食	美國猶他州
	馬鬃龍屬	*Equijubus*	馬的鬃毛	尤海魯等人（2003）	白堊紀早期	巴列姆期～阿普第期	7	2.5t	植食	甘肅省
	艾爾雷茲龍屬	*Elrhazosaurus*	艾爾雷茲組的蜥蜴	Galton（2009）	白堊紀早期	阿普第期	3	45~91	植食	尼日
	豪勇龍屬	*Ouranosaurus*	聰明無畏的蜥蜴	Taquet（1976）	白堊紀早期	阿普第期	8.3	2.3t	植食	尼日
	歐文齒龍屬	*Owenodon*	歐文（人名）的牙齒	Galton（2009）	白堊紀早期	貝里亞期	7?	0.9~3.6t	植食	英國
	峽谷龍屬	*Osmakasaurus*	峽谷的蜥蜴	McDonald（2011）	白堊紀早期	凡蘭今期	6	454~907	植食	美國南達科他州
	彎龍屬	*Camptosaurus*	可彎曲的蜥蜴	Marsh（1885）	侏羅紀晚期～白堊紀早期	啟莫里期～提通期、巴列姆期	7	0.9~3.6t	植食	美國懷俄明州、猶他州、科羅拉多州、奧克拉荷馬州、英國
	雪松山龍屬	*Cedrorestes*	雪松山脈的居民	Gilpin 等人（2007）	白堊紀早期	巴列姆期	6?	454~907?	植食	美國猶他州
	查摩西斯龍屬	*Zalmoxes*	蓋塔人的冥神「查摩西斯」	Weishampel 等人（2003）	白堊紀晚期	馬斯垂克期	4.5	350	植食	羅馬尼亞
	暹羅齒龍屬	*Siamodon*	暹羅（泰國的古稱）的牙齒	Buffetaut 與 Suteethorn（2011）	白堊紀早期	阿普第期	-	454~907?	植食	泰國
	雙廟龍屬	*Shuangmiaosaurus*	雙廟村的蜥蜴	季強、尤海魯等人（2003）	白堊紀晚期	賽諾曼期～土倫期	7.5	2.5t	植食	遼寧省
	錦州龍屬	*Jinzhousaurus*	錦州市的蜥蜴	汪筱林與徐星（2001）	白堊紀早期	巴列姆期	10	0.9~3.6t	植食	遼寧省
	達科塔齒龍屬	*Dakotadon*	達科塔組的蜥蜴	Paul（2008）	白堊紀早期	巴列姆期	6	1t	植食	美國南達科他州
	小頭龍屬	*Talenkauen*	小的頭	Novas 等人（2004）	白堊紀晚期	馬斯垂克期	4.7	300	植食	阿根廷
	眾神花園龍屬	*Theiophytalia*	眾神的花園	Brill 與 Carpenter（2006）	白堊紀早期	阿普第期～阿普布期	6	454~907	植食	美國科羅拉多州
	腱龍屬	*Tenontosaurus*	腱蜥蜴	Ostrom（1970）	白堊紀早期	阿普第期～阿爾布期	7	1t	植食	美國蒙大拿州、懷俄明州、德州
	德拉帕倫特龍屬	*Delapparentia*	德拉帕倫特（人名）	Ruiz-Omeñaca（2011）	白堊紀早期	巴列姆期	7?	0.9~3.6t?	植食	西班牙
	龍爪龍屬	*Draconyx*	龍的爪	Mateus與Antunes（2001）	侏羅紀晚期	提通期	6	454~907	植食	葡萄牙
	橡樹龍屬	*Dryosaurus*	橡樹蜥蜴	Marsh（1894）	侏羅紀晚期	啟莫里期～提通期	3m	100kg	植食	美國懷俄明州、猶他州、科羅拉多州、坦尚尼亞

分類		中文名稱	學名	學名意義	記載者（報告年）	時期		體長(m)	體重(指定以外kg)	食性	產地
鳥腳下目	禽龍類	南陽龍屬	*Nanyangosaurus*	南陽市的蜥蜴	徐星等人（2000）	白堊紀早期	阿爾布期？	6.1	0.9~3.6t	植食	河南省
		重骨龍屬	*Barilium*	重的髂骨	Norman（2010）	白堊紀早期	凡蘭今期	6?	454~907?	植食	英國
		馬龍屬	*Hippodraco*	像馬的龍	McDonald 等人（2010）	白堊紀早期	巴列姆期~阿普第期	4.5	227~454	植食	美國猶他州
		高刺龍屬	*Hypselospinus*	長著高的刺	Norman（2010）	白堊紀早期	凡蘭今期	6?	454~907?	植食	英國
		福井龍屬	*Fukuisaurus*	福井縣的蜥蜴	小林快次與東洋一（2003）	白堊紀早期	阿普第期~阿爾期	6	454~907	植食	日本福井縣
		扁臀龍屬	*Planicoxa*	扁平的髂骨（腰骨）	DiCroce 與 Carpenter（2001）	白堊紀早期	貝里亞期~豪特里維期	4.5	450	植食	美國猶他州
		始鴨嘴龍屬	*Protohadros*	最早的鴨嘴龍類	Head（1998）	白堊紀晚期	賽諾曼期	7	0.9~3.6t	植食	美國德州
		原巴克龍屬	*Probactrosaurus*	原始的巴克龍	Rozhdestvensky（1966）	白堊紀早期	巴列姆期~阿爾布期	5.5	1t	植食	內蒙古自治區、甘肅省
		薄氏龍屬	*Bolong*	薄氏的龍	吳文昊等人（2010）	白堊紀早期	阿普第期	-	-	植食	遼寧省
		巨謎龍屬	*Macrogryphosaurus*	大謎題的蜥蜴	Calvo 等人（2007）	白堊紀晚期	科尼亞克期	6	454~907	植食	阿根廷
		曼特爾龍屬	*Mantellisaurus*	曼特爾（人名）的蜥蜴	Paul（2006）	白堊紀早期	阿普第期	8	0.9~3.6t	植食	英國
		木他龍屬	*Muttaburrasaurus*	木他布拉（地名）的蜥蜴	Bartholomai 與 Molnar（1981）	白堊紀早期	阿爾布期	9	0.9~3.6t	植食	澳洲
		呵叻龍屬	*Ratchasimasaurus*	Ratchasima 縣的蜥蜴	柴田正輝等人（2011）	白堊紀早期	阿普第期	-	-	植食	泰國
		凹齒龍屬	*Rhabdodon*	有凹槽的牙齒	Matheron（1869）	白堊紀晚期	賽諾曼期~馬斯垂克期	4.5	91~227	植食	法國、奧地利、匈牙利、西班牙
		蘭州龍屬	*Lanzhousaurus*	蘭州市的蜥蜴	尤海魯（2005）	白堊紀早期	巴列姆期~阿爾布期	10	0.9~3.6t	植食	甘肅省
		沉龍屬	*Lurdusaurus*	沉重的蜥蜴	Taquet 與 Russell（1999）	白堊紀早期	阿普第期	9	0.9~3.6t	植食	尼日
	禽龍類鴨嘴龍科	始無冠屬	*Acristavus*	沒有冠部的祖父	Gates 等人（2011）	白堊紀晚期	坎佩尼期	8.5	0.9~3.6t	植食	美國蒙大拿州
		阿納薩齊龍屬	*Anasazisaurus*	阿納薩齊（原住民）的蜥蜴	Hunt 與 Lucas（1993）	白堊紀晚期	坎佩尼期	7.5	2.5t	植食	美國新墨西哥州
		鹹海龍屬	*Aralosaurus*	鹹海的蜥蜴	Rozhdestvensky（1968）	白堊紀晚期	土倫期?~山唐尼期	8	0.9~3.6t	植食	哈薩克
		南似鴨龍屬	*Willinakaqe*	南方的模仿鴨者	Juárez Valieri（2010）	白堊紀晚期	坎佩尼期~馬斯垂克期	9	0.9~3.6t	植食	阿根廷
		烏拉嘎龍屬	*Wulagasaurus*	烏拉嘎的蜥蜴	Godefroit 等人（2008）	白堊紀晚期	馬斯垂克期	9	3t	植食	黑龍江省
		埃德蒙頓龍屬	*Edmontosaurus*	Edmonton 市的蜥蜴	Lambe（1917）	白堊紀晚期	馬斯垂克期	12	3.6~7.2t	植食	加拿大、美國大拿州、北達他州、南達科州、懷俄明州、科羅拉多州
		計氏龍屬	*Gilmoreosaurus*	計氏（Gilmore）的蜥蜴	Brett-Surman（1979）	白堊紀晚期	坎佩尼期	8	0.9~3.6t	植食	內蒙古自治區
		破碎龍屬	*Claosaurus*	破碎的蜥蜴	Marsh（1890）	白堊紀晚期	科尼亞克期~坎佩尼期	3.7	91~227	植食	美國堪薩斯州
		泥隱龍屬	*Glishades*	隱藏在泥濘中	Prieto-Márquez（2010）	白堊紀晚期	坎佩尼期	5.5?	454~907?	植食	美國蒙大拿州
		格里芬龍屬	*Gryposaurus*	鉤鼻的蜥蜴	Lambe（1914）	白堊紀晚期	山唐尼期?~坎佩尼期	8.5	0.9~3.6t	植食	加拿大、美國蒙大拿州
		匙龍屬	*Koutalisaurus*	湯匙蜥蜴	Prieto-Marquez 等人（2006）	白堊紀晚期	馬斯垂克期	8?	0.9~3.6t?	植食	西班牙
		櫛龍屬	*Saurolophus*	蜥蜴冠飾	Brown（1912）	白堊紀晚期	坎佩尼期?~馬斯垂克期	12	9t	植食	加拿大、蒙古
		黑亞瓦提龍屬	*Jeyawati*	咀嚼的嘴部	Wolfe 與 Kirkland（2010）	白堊紀晚期	土倫期	5.5	454~907	植食	美國新墨西哥州
		山東龍屬	*Shantungosaurus*	山東省的蜥蜴	胡承志等人（1973）	白堊紀晚期	坎佩尼期	15	13t	植食	山東省、陝西省
		敘五龍屬	*Xuwulong*	敘五（人名）的蜥蜴	尤海魯、李大慶等人（2011）	白堊紀早期	阿普第期~阿爾布期	7	0.9~3.6t	植食	甘肅省
		金塔龍屬	*Jintasaurus*	金塔縣的蜥蜴	尤海魯與李大慶（2009）	白堊紀早期	阿爾布期	5.5?	454~907?	植食	甘肅省
		獨孤龍屬	*Secernosaurus*	分開的蜥蜴	Brett-Surman（1979）	白堊紀晚期	賽諾曼期~科尼亞克期	8?	0.9~3.6t	植食	阿根廷
		譚氏龍屬	*Tanius*	紀念譚錫疇	Wiman（1929）	白堊紀晚期	科尼亞克期?~馬斯垂克期?	8?	0.9~3.6t	植食	黑龍江省、山東省
		特提斯鴨嘴龍屬	*Tethyshadros*	特提斯洋（中生代的海洋）的鴨嘴龍	Dalla Vecchia（2009）	白堊紀晚期	馬斯垂克期	4	300	植食	義大利
		沼澤龍屬	*Telmatosaurus*	沼澤蜥蜴	Nopcsa（1903）	白堊紀晚期	馬斯垂克期	5	600	植食	羅馬尼亞
		納秀畢吐龍屬	*Naashoibitosaurus*	嘉德蘭組 Naashoibito 段的蜥蜴	Hunt 與 Lucas（1993）	白堊紀晚期	坎佩尼期	9	0.9~3.6t	植食	美國新墨西哥州
		南寧龍屬	*Nanningosaurus*	南寧市的蜥蜴	莫進尤等人（2007）	白堊紀晚期	坎佩尼期~馬斯垂克期	8?	0.9~3.6t?	植食	廣西壯族自治區
		巴克龍屬	*Bactrosaurus*	棍棒蜥蜴	Gilmore（1933）	白堊紀晚期	坎佩尼期	6.2	1.2t	植食	內蒙古自治區
		鴨嘴龍屬	*Hadrosaurus*	健壯的蜥蜴	Leidy（1858）	白堊紀晚期	坎佩尼期	8?	0.9~3.6t	植食	美國紐澤西州
		短冠龍屬	*Brachylophosaurus*	短頭冠的蜥蜴	Sternberg（1953）	白堊紀晚期	坎佩尼期	11	7t	植食	加拿大、美國蒙大拿州
		原櫛龍屬	*Prosaurolophus*	原始櫛龍	Brown（1916）	白堊紀晚期	坎佩尼期	8.5	3t	植食	加拿大、美國蒙大拿州
		鴨頜龍屬	*Penelopognathus*	野鴨下巴	Godefroit 等人（2005）	白堊紀早期	阿爾布期	6.1	0.9~3.6t	植食	內蒙古自治區
		慈母龍屬	*Maiasaura*	好媽媽蜥蜴	Horner 與 Makela（1979）	白堊紀晚期	坎佩尼期	9	0.9~3.6t	植食	美國蒙大拿州
		列弗尼斯氏龍屬	*Levnesovia*	列弗·尼斯（Lev Nesov）	Sues 與 Averianov（2009）	白堊紀晚期	土倫期	6.1	0.9~3.6t	植食	烏茲別克
		冠長鼻龍屬	*Lophorhothon*	有冠飾的鼻子	Langston（1960）	白堊紀晚期	坎佩尼期	8	0.9~3.6t	植食	美國北卡羅納州、阿拉巴馬州

分類	中文名稱	學名	學名意義	記載者（報告年）	時期		體長(m)	體重(指定以外kg)	食性	產地
禽龍類鴨嘴龍科賴氏龍亞科	阿穆爾龍屬	*Amurosaurus*	阿穆爾河（黑龍江的俄名）的蜥蜴	Bolotsky 與 Kurzanov（1991）	白堊紀晚期	馬斯垂克期	8	3t	植食	俄羅斯
	艾瑞龍屬	*Arenysaurus*	艾瑞（地名）的蜥蜴	Pereda-Suberbiola 等人（2009）	白堊紀晚期	馬斯垂克期	8?	0.9~3.6t?	植食	西班牙
	彎嚼龍屬	*Angulomastacator*	彎曲的咀嚼者	Wagner 與 Lehman（2009）	白堊紀晚期	坎佩尼期	8?	0.9~3.6t?	植食	美國德州
	威拉弗龍屬	*Velafrons*	有帆的額頭	Gates 等人（2007）	白堊紀晚期	坎佩尼期	8	0.9~3.6t	植食	墨西哥
	始糙齒龍屬	*Eotrachodon*	原始的粗糙牙齒	Prieto-Márquez 等人（2016）	白堊紀晚期	山唐尼期	-	-	植食	美國阿拉巴馬州
	扇冠大天鵝龍屬	*Olorotitan*	巨大的天鵝	Godefroit 等人（2003）	白堊紀晚期	馬斯垂克期	12	-	植食	俄羅斯
	克貝洛斯龍屬	*Kerberosaurus*	克貝洛斯（怪物）的蜥蜴	Bolotsky 與 Godefroit（2004）	白堊紀晚期	馬斯垂克期	8?	0.9~3.6t	植食	俄羅斯
	冠龍屬	*Corythosaurus*	戴著頭盔的蜥蜴	Brown（1914）	白堊紀晚期	坎佩尼期	9	0.9~3.6t	植食	加拿大
	黑龍江龍屬	*Sahaliyania*	黑（意指黑龍江）	Godefroit 等人（2008）	白堊紀晚期	馬斯垂克期	8?	0.9~3.6t	植食	黑龍江省
	牙克煞龍屬	*Jaxartosaurus*	牙克煞（河名）的蜥蜴	Riabinin（1937）	白堊紀晚期	土倫期？~山唐尼期	9	0.9~3.6t	植食	哈薩克
	卡戎龍屬（又名冥府渡神龍屬）	*Charonosaurus*	卡戎（負責將死者渡過冥河）的蜥蜴	Godefroit 等人（2000）	白堊紀晚期	土倫期	10	5t	植食	黑龍江省
	青島龍屬	*Tsintaosaurus*	青島市的蜥蜴	楊鍾健（1958）	白堊紀晚期	坎佩尼期？	9	0.9~3.6t	植食	山東省
	日本龍屬	*Nipponosaurus*	日本的蜥蜴	長尾巧（1936）	白堊紀晚期	山唐尼期~坎佩尼期	8	0.9~3.6t	植食	俄羅斯
	副櫛龍屬	*Parasaurolophus*	幾乎有冠飾的蜥蜴	Parks（1922）	白堊紀晚期	坎佩尼期~馬斯垂克期	10	0.9~3.6t	植食	加拿大、美國蒙大拿州、猶他州、新墨西哥州
	巴思缽氏龍屬	*Barsboldia*	巴思缽（人名）	Maryańska 與 Osmólska（1981）	白堊紀晚期	坎佩尼期？或馬斯垂克期	10	5t	植食	蒙古
	亞冠龍屬	*Hypacrosaurus*	接近最高的恐龍	Brown（1913）	白堊紀晚期	坎佩尼期~馬斯垂克期	10	0.9~3.6t	植食	加拿大、美國蒙大拿州
	華夏龍屬	*Huaxiaosaurus*	華夏族的蜥蜴	趙祺等人（2011）	白堊紀晚期	坎佩尼期	15?	7.2~14.4t	植食	山東省
	布拉西龍屬	*Blasisaurus*	布拉西（化石產地）的蜥蜴	Cruzado-Caballero 等人（2010）	白堊紀晚期	馬斯垂克期	8?	0.9~3.6t?	植食	西班牙
	原短冠龍屬	*Probrachylophosaurus*	在有短頭冠的蜥蜴之前	Freedman Fowler 與 Horner（2015）	白堊紀晚期	坎佩尼期	-	-	植食	美國蒙大拿州
	賴氏龍屬（又名蘭伯龍屬）	*Lambeosaurus*	蘭伯（人名）的蜥蜴	Parks（1923）	白堊紀晚期	坎佩尼期	9	0.9~3.6t	植食	加拿大、墨西哥
其他	靈龍屬	*Agilisaurus*	靈敏的蜥蜴	彭光照（1990）	侏羅紀中期	巴通期~卡洛夫期	1.7	12	植食	四川省
	阿納拜斯龍屬	*Anabisetia*	紀念考古學家 Ana Biset	Coria 與 Calvo（2002）	白堊紀晚期	賽諾曼期~土倫期	2.1	22.7~45	植食	阿根廷
	醒龍屬	*Abrictosaurus*	不眠的蜥蜴	Hopson（1975）	侏羅紀早期	赫唐期~辛涅繆爾期？	1.2	2.3~9.1	植食	南非、賴索托
	白峰龍屬	*Albalophosaurus*	白峰（地名）的蜥蜴	大橋（Ohashi）與 Barrett（2009）	白堊紀早期	凡蘭今期~豪特里維期	1.7?	2.3~9.1?	植食	日本石川縣
	阿特拉斯科普柯龍屬	*Atlascopcosaurus*	阿特拉斯·科普柯（公司）的蜥蜴	Rich 與 Vickers-Rich（1989）	白堊紀早期	阿爾布期	2	9.1~22.7	植食	澳洲
	棘齒龍屬	*Echinodon*	棘般的牙齒	Owen（1861）	白堊紀早期	貝里亞期	0.8	0.5~2.3	植食	英國
	奧斯尼爾龍屬	*Othnielia*	奧塞內爾（人名）的	Galton（1977）	侏羅紀晚期	啟莫里期~提通期	0.8?	0.5~2.3?	植食	美國懷俄明州、猶他州、科羅拉多州
	掘奔龍屬	*Oryctodromeus*	挖掘的奔跑者	Varricchio 等人（2007）	白堊紀晚期	賽諾曼期	2.1	22.7~45	植食	美國蒙大拿州
	奔山龍屬	*Orodromeus*	山的奔跑者	Horner 與 Weishampel（1988）	白堊紀晚期	坎佩尼期~馬斯垂克期	2.5	22.7~45	植食	加拿大、美國蒙大拿州
	加斯帕里尼龍屬	*Gasparinisaurus*	加斯帕里尼（人名）的獸類	Coria 與 Salgado（1996）	白堊紀晚期	山唐尼期~坎佩尼期	1.7	13	植食	阿根廷
	快達龍屬	*Qantassaurus*	Qantas（公司）的蜥蜴	Rich 與 Vickers-Rich（1999）	白堊紀早期	凡蘭今期~阿普期	2	20	植食	澳洲
	韓國龍屬	*Koreanosaurus*	韓國的蜥蜴	Huh 等人（2011）	白堊紀晚期	山唐尼期？~坎佩尼期	2.1	22.7~45	植食	韓國
	熱河龍屬	*Jeholosaurus*	熱河的蜥蜴	徐星等人（2000）	白堊紀早期	巴列姆期	0.8	0.5~2.3	植食	遼寧省
	斯托姆博格龍屬	*Stormbergia*	斯托姆博格統（Stormberg Series）岩層	Butler（2005）	侏羅紀早期	辛涅繆爾期~普林斯巴期	2	22.7~45	植食	賴索托
	西風龍屬	*Zephyrosaurus*	西風的蜥蜴	Sues（1980）	白堊紀早期	阿普期	2	20	植食	美國蒙大拿州
	長春龍屬	*Changchunsaurus*	長春市的蜥蜴	智淑芹等人（2005）	白堊紀早期	阿普期	4?	45~91?	植食	吉林省
	天宇龍屬	*Tianyulong*	山東天宇自然博物館的龍	鄭曉廷等人（2009）	白堊紀早期	-	0.8	0.5~2.3	植食	遼寧省
	奇異龍屬	*Thescelosaurus*	奇妙的蜥蜴	Gilmore（1913）	白堊紀晚期	坎佩尼期~馬斯垂克期	4?	45~91	植食	加拿大、美國蒙大拿州、南達科他州、科羅拉多州、懷俄明州
	德林克龍屬	*Drinker*	德林克（人名）	Bakker 等人（1990）	侏羅紀晚期	啟莫里期~提通期	2	20	植食	美國懷俄明州
	南方稜齒龍屬	*Notohypsilophodon*	南方的稜齒龍	Martínez（1998）	白堊紀晚期	賽諾曼期~科尼亞克期	1.3	6	植食	阿根廷
	何耶龍屬	*Haya*	何耶揭梨婆（神）	Makovicky 等人（2011）	白堊紀晚期	山唐尼期	1.8	9.1~22.7	植食	蒙古
	帕克氏龍屬	*Parksosaurus*	帕克（人名）的蜥蜴	Sternberg（1937）	白堊紀晚期	馬斯垂克期	2.6	22.7~45	植食	加拿大
	稜齒龍屬	*Hypsilophodon*	高冠狀的牙齒	Huxley（1869）	白堊紀早期	巴列姆期~阿普期	2	20	植食	英國、西班牙
	果齒龍屬	*Fruitadens*	弗魯塔（地名）的牙齒	Butler 等人（2010）	侏羅紀晚期	提通期	0.8	0.8	植食	美國科羅拉多州
	閃電獸龍屬	*Fulgurotherium*	閃電的獸類	Huene（1932）	白堊紀早期	凡蘭今期~阿爾布期	2	9.1~22.7	植食	澳洲
	何信祿龍屬	*Hexinlusaurus*	何信祿（人名）的蜥蜴	Barret 等人（2005）	侏羅紀中期	巴柔期？	1.8	9.1~22.7	植食	四川省

分類			中文名稱	學名	學名意義	記載者（報告年）	時期		體長(m)	體重(指定以外kg)	食性	產地
鳥腳下目	其他		畸齒龍屬（又名異齒龍屬）	*Heterodontosaurus*	有不同牙齒的蜥蜴	Crompton 與 Charig（1962）	侏羅紀早期	赫唐期~辛涅繆爾期	1.2	3.5	植食	南非
			手齒龍屬	*Manidens*	形狀像手掌的牙齒	Pol等人（2011）	侏羅紀中期	阿林期~巴通期	0.8	0.5~2.3	植食	阿根廷
			鹽都龍屬	*Yandusaurus*	鹽都（自貢市的別稱）的蜥蜴	何信祿（1979）	侏羅紀中期	巴通期~卡洛夫期	3.8	140	植食	四川省
			越龍屬	*Yueosaurus*	越（源於浙江古代所在的越國）的蜥蜴	鄭文杰等人（2012）	白堊紀早期~後期	阿爾布期~賽諾曼期	1.8	9.1~22.7	植食	浙江省
			狼嘴龍屬（又名狼鼻龍屬）	*Lycorhinus*	狼的鼻端	Haughton（1924）	侏羅紀早期	赫唐期~辛涅繆爾期？	1.2？	2.3~9.1？	植食	南非
			雷利諾龍屬	*Leaellynasaura*	雷利諾（Leaellyn Rich）的蜥蜴	里奇（Thomas Rich）與里奇（Patricia Vickers-Rich）（1989）	白堊紀早期	阿爾布期	3	90	植食	澳洲
頭飾龍類	厚頭龍下目		阿米特龍屬	*Amtocephale*	Amtgai（化石發現地）的頭	渡部真人等人（2011）	白堊紀晚期	土倫期~山唐尼期	-	9.1~22.7？	植食	蒙古
			阿拉斯加頭龍屬	*Alaskacephale*	阿拉斯加的頭	Sullivan（2006）	白堊紀晚期	坎佩尼期	-	-	植食	美國阿拉斯加
			重頭龍屬	*Gravitholus*	重的頭頂部	Wall 與 Galton（1979）	白堊紀晚期	坎佩尼期	3？	22.7~45？	植食	加拿大
			飾頭龍屬	*Goyocephale*	有冠飾的頭	Perle 等人（1982）	白堊紀晚期	山唐尼期~坎佩尼期	1.8	9.1~22.7	植食	蒙古
			冥河龍屬	*Stygimoloch*	來自於冥河的惡魔	Galton 與 Sues（1983）	白堊紀晚期	馬斯垂克期	3	91~227	植食	美國蒙大拿州、北達科他州、俄明州
			劍角龍屬	*Stegoceras*	有角的頭頂	Lambe（1902）	白堊紀晚期	坎佩尼期~馬斯垂克期	2.2	40	植食	加拿大、美國蒙大拿州
			狹盤龍屬	*Stenopelix*	狹窄的骨盆	Meyer（1857）	白堊紀早期	貝里亞期	1.5	9.1~22.7	植食	德國
			圓頭龍屬	*Sphaerotholus*	球狀的頭	Williamson與Carr（2002）	白堊紀晚期	馬斯垂克期	2.4	22.7~45	植食	美國蒙大拿州
			膨頭龍屬	*Tylocephale*	膨脹的頭	Maryanska 與 Osmolska（1974）	白堊紀晚期	坎佩尼期？	2.4	22.7~45	植食	蒙古
			德克薩斯頭龍屬	*Texacephale*	德克薩斯州的頭	Longrich 等人（2010）	白堊紀晚期	坎佩尼期~馬斯垂克期	2	22.7~45	植食	美國德州
			龍王龍屬	*Dracorex*	龍之王	Bakker 等人（2006）	白堊紀晚期	馬斯垂克期	2.4	22.7~45	植食	美國南達科他州
			厚頭龍屬	*Pachycephalo-saurus*	擁有厚頭的蜥蜴	Brown 與 Schlaikjer（1943）	白堊紀晚期	馬斯垂克期	7	227~454	植食	美國蒙大拿州、南達科他州、俄明州
			費爾干納頭龍屬	*Ferganocephale*	費爾干納盆地的蜥蜴	Averianov 等人（2005）	侏羅紀中期	卡洛夫期	-	0.5~2.3？	植食	吉爾吉斯
			傾頭龍屬	*Prenocephale*	傾斜的頭	Marya' nska 與 Osmólska（1974）	白堊紀晚期	坎佩尼期？~馬斯垂克期	2.4	22.7~45	植食	蒙古
			微腫頭龍屬（又名小腫頭龍屬）	*Micropachy-cephalosaurus*	小的腫頭龍	董枝明（1978）	白堊紀晚期	坎佩尼期	0.5	2.3~9.1	植食	山東省
			雅爾龍屬	*Yaverlandia*	Yaverland 砲台	Galton（1971）	白堊紀早期	貝里亞期	-	9.1~22.7	植食	英國
			皖南龍屬	*Wannanosaurus*	安徽省南部的蜥蜴	侯連海（1977）	白堊紀晚期	坎佩尼期	0.6	2.3~9.1	植食	安徽省
	角龍亞目	鸚鵡嘴龍科	鸚鵡嘴龍屬	*Psittacosaurus*	像鸚鵡般的蜥蜴	Osborn（1923）	白堊紀早期	凡蘭今期？~阿爾布期	1.8	9.1~22.7	植食	俄羅斯、蒙古內蒙古自治區、新疆維吾爾自治區、遼寧省、甘肅省、山東省
		角龍亞目新角龍下目尖角龍亞科	愛氏角龍屬	*Avaceratops*	Ava（人名）的有角臉孔	Dodson（1986）	白堊紀晚期	坎佩尼期	4	1t	植食	美國蒙大拿州
			河神龍屬	*Achelousaurus*	河神（希臘神話）的蜥蜴	Sampson（1995）	白堊紀晚期	坎佩尼期	6	3t	植食	美國蒙大拿州
			亞伯達角龍屬	*Albertaceratops*	亞伯達省的有角臉孔	Ryan（2007）	白堊紀晚期	坎佩尼期	6	0.9~3.6t	植食	加拿大
			溫蒂角龍屬	*Wendiceratops*	溫蒂（人名）的有角臉孔	Evans 與 Ryan（2015）	白堊紀晚期	坎佩尼期	6	1t	植食	加拿大
			野牛龍屬	*Einiosaurus*	野牛（哺乳類）的有角臉孔	Sampson（1995）	白堊紀晚期	坎佩尼期	6	0.9~3.6t	植食	美國蒙大拿州
			中國角龍屬	*Sinoceratops*	中國的有角臉孔	徐星等人（2010）	白堊紀晚期	馬斯垂克期	7	0.9~3.6t	植食	山東省
			戟龍屬（又名刺盾角龍屬）	*Styracosaurus*	有尖刺的蜥蜴	Lambe（1913）	白堊紀晚期	坎佩尼期	5.5	0.9~3.6t	植食	加拿大
			棘面龍屬	*Spinops*	有棘刺的臉孔	Farke 等人（2011）	白堊紀晚期	坎佩尼期	5.5？	0.9~3.6t	植食	加拿大
			尖角龍屬	*Centrosaurus*	長著尖刺角的臉孔	Lambe（1904）	白堊紀晚期	坎佩尼期	5.7	0.9~3.6t	植食	加拿大
			惡魔角龍屬	*Diabloceratops*	有惡魔之角的臉孔	Kirkland 等人（2010）	白堊紀晚期	坎佩尼期	5.5	0.9~3.6t	植食	美國猶他州
			大鼻角龍屬	*Nasutoceratops*	有大鼻的角臉孔	Sampson 等人（2013）	白堊紀晚期	坎佩尼期	4.5	-	植食	美國猶他州
			厚鼻龍屬	*Pachyrhinosaurus*	有厚鼻的蜥蜴	Sternberg（1950）	白堊紀晚期	馬斯垂克期	8	0.9~3.6t	植食	加拿大、阿拉斯加
			曲角龍屬	*Machairoceratops*	有劍角的臉孔	Lund 等人（2016）	白堊紀晚期	坎佩尼期	-	-	植食	美國猶他州
			刺叢龍屬	*Rubeosaurus*	刺叢的蜥蜴	McDonald 與 Horner（2010）	白堊紀晚期	坎佩尼期	6	0.9~3.6	植食	美國蒙大拿州
		角龍亞目新角龍下目開角龍亞科	阿古哈角龍屬	*Agujaceratops*	阿古哈組地層的有角臉孔	Lucas 等人（2006）	白堊紀晚期	坎佩尼期	7	0.9~3.6t	植食	美國德州
			無鼻角龍屬	*Arrhinoceratops*	無鼻的有角臉孔	Parks（1925）	白堊紀晚期	馬斯垂克期	7	0.9~3.6t	植食	加拿大
			準角龍屬	*Anchiceratops*	接近有角的臉孔	Brown（1914）	白堊紀晚期	坎佩尼期~馬斯垂克期	6	0.9~3.6t	植食	加拿大
			迷亂龍屬	*Vagaceratops*	有迷亂之角的臉孔	Sampson 等人（2010）	白堊紀晚期	坎佩尼期	7	0.9~3.6t	植食	加拿大
			始三角龍屬	*Eotriceratops*	原始的三角龍類	吳曉春等人（2007）	白堊紀晚期	馬斯垂克期	9	3.6~7.2t	植食	加拿大
			白楊山角龍屬	*Ojoceratops*	白楊山組（Ojo Alamo Formation）的有角臉孔	Sullivan 與 Lucas（2010）	白堊紀晚期	馬斯垂克期	9	3.6~7.2t	植食	美國新墨西哥州
			開角龍屬	*Chasmosaurus*	有空隙的蜥蜴	Lambe（1914）	白堊紀晚期	坎佩尼期	7	0.9~3.6	植食	加拿大
			科阿韋拉角龍屬	*Coahuilaceratops*	科阿韋拉的有角臉孔	Loewen 等人（2010）	白堊紀晚期	坎佩尼期	8	0.9~3.6	植食	墨西哥
			華麗角龍屬	*Kosmoceratops*	有裝飾的有角臉孔	Sampson 等人（2010）	白堊紀晚期	坎佩尼期	5	0.9~3.6t	植食	美國猶他州
			野牛角龍屬	*Tatankaceratops*	美洲野牛的有角臉孔	Ott 與 Larson（2010）	白堊紀晚期	馬斯垂克期	1	45~91	植食	美國南達科他州

分類	中文名稱	學名	學名意義	記載者（報告年）	時期		體長(m)	體重(指定以外kg)	食性	產地
角龍亞目新角龍下目角龍科開角龍亞科	泰坦角龍屬	*Titanoceratops*	泰坦（巨人）的有角面孔	Longrich（2011）	白堊紀晚期	坎佩尼期	9	3.6~7.2t	植食	美國新墨西哥州
	三角龍屬	*Triceratops*	有三隻角的面孔	Marsh（1890）	白堊紀晚期	馬斯垂克期	9	3.6~7.2t	植食	加拿大、美國蒙大拿州、北達科他州、南達科他州、懷俄明州、科羅拉多州
	牛角龍屬	*Torosaurus*	有孔的蜥蜴	Marsh（1891）	白堊紀晚期	馬斯垂克期	9	3.6~7.2t	植食	加拿大、美國蒙大拿州、北達科他州、南達科他州、猶他州、懷俄明州、科羅拉多州、新墨西哥州、德州
	五角龍屬	*Pentaceratops*	有五根角的面孔	Osborn（1923）	白堊紀晚期	坎佩尼期?~馬斯垂克期	8	0.9~3.6t	植食	美國新墨西哥州
	梅杜莎角龍屬	*Medusaceratops*	梅杜莎（怪物）的有角面孔	Ryan等人（2010）	白堊紀晚期	坎佩尼期	6	0.9~3.6t	植食	美國蒙大拿州
	魅惑角龍屬	*Mojoceratops*	看起來像可愛護身符的有角面孔	Longrich（2010）	白堊紀晚期	坎佩尼期	7	0.9~3.6t	植食	加拿大
	猶他角龍屬	*Utahceratops*	猶他州的有角面孔	Sampson等人（2010）	白堊紀晚期	坎佩尼期	7	0.9~3.6t	植食	美國猶他州
	皇家角龍屬	*Regaliceratops*	皇家的有角面孔	Brown與Henderson（2015）	白堊紀晚期	馬斯垂克期	-	-	植食	加拿大
角龍亞目新角龍下目其他	古角龍屬	*Archaeoceratops*	古代的有角面孔	董枝明與東洋一（1997）	白堊紀早期	阿普第期~阿爾布期	1.5	9.1~22.7	植食	甘肅省
	奧伊考角龍屬	*Ajkaceratops*	奧伊考的有角面孔	Ősi等人（2010）	白堊紀晚期	山唐尼期	1	9.1~22.7	植食	匈牙利
	黎明角龍屬	*Auroraceratops*	黎明的有角面孔	尤海魯等人（2005）	白堊紀早期	-	6	1.3t	植食	甘肅省
	安德薩角龍屬	*Udanoceratops*	Udan-Sayr（化石發現地）的有角面孔	Kurzanov（1992）	白堊紀晚期	山唐尼期?~坎佩尼期	4.5	227~454	植食	蒙古
	朝陽龍屬	*Chaoyangsaurus*	朝陽市的蜥蜴	趙喜進等人（1999）	侏羅紀晚期	提通期	1	6	植食	遼寧省
	雅角龍屬	*Graciliceratops*	華奢的有角面孔	Sereno（2000）	白堊紀晚期	賽諾曼期~山唐尼期	0.6	2.3~9.1	植食	蒙古
	刃齒龍屬	*Craspedodon*	有邊緣的牙齒	Dollo（1883）	白堊紀晚期	山唐尼期	-	-	植食	比利時
	獅鷲角龍屬	*Gryphoceratops*	獅鷲獸（怪物）的有角面孔	Ryan等人（2012）	白堊紀晚期	山唐尼期	-	9.1~22.7	植食	加拿大
	鬥吻角龍屬	*Cerasinops*	櫻桃般的紅色面孔	Chinnery與Horner（2007）	白堊紀晚期	坎佩尼期	2.5	175	植食	美國蒙大拿州
	戈壁角龍屬	*Gobiceratops*	戈壁沙漠的有角面孔	Alifanov（2008）	白堊紀晚期	山唐尼期~馬斯垂克期	-	0.5~2.3?	植食	蒙古
	朝鮮角龍屬	*Koreaceratops*	韓國的有角面孔	李永南等人（2011）	白堊紀早期	阿爾布期	1.3	9.1~22.7	植食	韓國
	諸城角龍屬	*Zhuchengceratops*	諸城市的有角面孔	徐星等人（2010）	白堊紀晚期	馬斯垂克期	2	45~91	植食	山東省
	祖尼角龍屬	*Zuniceratops*	來自祖尼部落的有角面孔	Wolfe與Kirkland（1998）	白堊紀晚期	土倫期	3.5	227~454	植食	美國新墨西哥州
	貝恩角龍屬	*Bainoceratops*	貝恩（化石產地）的有角面孔	Tereschenko與Alifanov（2003）	白堊紀晚期	坎佩尼期~馬斯垂克期	-	9.1~22.7	植食	蒙古
	弱角龍屬	*Bagaceratops*	小型的有角面孔	Maryanska與Osmolska（1975）	白堊紀晚期	坎佩尼期	0.9	2.3~9.1	植食	蒙古
	花臉角龍屬	*Hualianceratops*	有裝飾的有角面孔	Fenglu等人（2015）	侏羅紀晚期	牛津期	-	-	植食	新疆維吾爾自治區
	扁角龍屬	*Platyceratops*	平坦的有角面孔	Aliafanov（2003）	白堊紀晚期	山唐尼期~馬斯垂克期	-	22.7~45	植食	蒙古
	傾角龍屬	*Prenoceratops*	傾斜的有角面孔	Chinnery（2004）	白堊紀晚期	坎佩尼期	3	91~227	植食	美國蒙大拿州
	原角龍屬	*Protoceratops*	第一個有角的臉	Granger與Gregory（1923）	白堊紀晚期	山唐尼期~坎佩尼期	2.5	175	植食	蒙古、內蒙古自治區、甘肅省
	太陽角龍屬	*Helioceratops*	太陽的有角面孔	金利勇等人（2009）	白堊紀早期或晚期	阿爾布期或賽諾曼期	1.3	20	植食	吉林省
	巨嘴龍屬	*Magnirostris*	有大型喙狀嘴	尤海魯與董枝明（2003）	白堊紀晚期	坎佩尼期	2.5	175	植食	內蒙古自治區
	蒙大拿角龍屬	*Montanoceratops*	蒙大拿州的有角面孔	Sternberg（1951）	白堊紀晚期	馬斯垂克期	3	91~227	植食	加拿大、美國蒙大拿州
	閻王角龍屬	*Yamaceratops*	閻羅王的有角面孔	Makovicky與Norell（2006）	白堊紀晚期	-	1.5	9.1~22.7	植食	蒙古
	尤內斯克角龍屬	*Unescoceratops*	UNESCO（聯合國教科文組織）的有角面孔.	Ryan等人（2012）	白堊紀晚期	坎佩尼期	-	45~91	植食	加拿大
	喇嘛角龍屬	*Lamaceratops*	喇嘛的有角面孔	Aliafanov（2003）	白堊紀晚期	山唐尼期~馬斯垂克期	-	22.7~45	植食	蒙古
	遼寧角龍屬	*Liaoceratops*	遼寧省的有角面孔	徐星等人（2002）	白堊紀早期	巴列姆期	0.5	2	植食	遼寧省
	纖角龍屬	*Leptoceratops*	有纖細角的面孔	Brown（1914）	白堊紀晚期	馬斯垂克期	2	100	植食	加拿大、美國蒙大拿州、懷俄明州
角龍下目其他	隱龍屬	*Yinlong*	隱藏的龍	徐星等人（2006）	侏羅紀晚期	牛津期	3	22.7~45	植食	新疆維吾爾自治區
	宣化角龍屬	*Xuanhuaceratops*	宣化區的有角面孔	趙喜進等人（2006）	侏羅紀晚期	提通期	1	6	植食	河北省
其他	始奔龍屬	*Eocursor*	開始的奔跑者	Butler等人（2007）	三疊紀晚期	諾利期?	1	2.3~9.1	植食	南非
	庫林達奔龍屬	*Kulindadromeus*	庫林達（地名）的奔跑者	Godefroit等人（2014）	侏羅紀中期~後期	-	1	-	植食	俄羅斯
	科技龍屬	*Technosaurus*	德州理工大學的蜥蜴	Chatterjee（1984）	三疊紀晚期	諾利期	1?	9.1~22.7?	植食	美國德州
	皮薩諾龍屬	*Pisanosaurus*	皮薩諾（人名）的蜥蜴	Casamiquela（1967）	三疊紀晚期	卡尼期	1.3	2	植食	阿根廷
	賴索托龍屬	*Lesothosaurus*	賴索托的蜥蜴	Galton（1978）	侏羅紀早期	赫唐期~辛涅繆爾期?	1.5	2.5	植食	賴索托

	學名	中文名稱
A	Aardonyx	地爪龍屬
	Abelisaurus	阿貝力龍屬
	Abrictosaurus	醒龍屬
	Abrosaurus	文雅龍屬
	Abydosaurus	阿比杜斯龍屬
	Achelousaurus	河神龍屬
	Achillesaurus	阿基里斯龍屬
	Achillobator	阿氏英雄龍屬
	Acristavus	始無冠龍屬
	Acrocanthosaurus	高棘龍屬
	Adamantisaurus	阿達曼提龍屬
	Adasaurus	惡靈龍屬
	Adeopapposaurus	遠食龍屬
	Aegyptosaurus	埃及龍屬
	Aeolosaurus	風神龍屬
	Aerosteon	氣腔龍屬
	Afrovenator	非洲獵龍屬
	Agilisaurus	靈龍屬
	Agujaceratops	阿古哈角龍屬
	Agustinia	奧古斯丁龍屬
	Ahshislepelta	史岩甲龍屬
	Ajancingenia	雌駝龍屬
	Ajkaceratops	奧伊考角龍屬
	Alamosaurus	阿拉摩龍屬
	Alaskacephale	阿拉斯加頭龍屬
	Albalophosaurus	白峰龍屬
	Albertaceratops	亞伯達角龍屬
	Albertonykus	亞伯達爪龍屬
	Albertosaurus	亞伯達龍屬
	Albinykus	游光爪龍屬
	Alectrosaurus	獨龍屬
	Alexornis	阿克西鳥屬
	Alioramus	分支龍屬
	Allosaurus	異特龍屬
	Altirhinus	高吻龍屬
	Alvarezsaurus	阿瓦雷慈龍屬
	Alwalkeria	艾沃克龍屬
	Alxasaurus	阿拉善龍屬
	Amargasaurus	阿馬加龍屬
	Amargatitanis	阿馬格巨龍屬
	Amazonsaurus	亞馬遜龍屬
	Ambiortus	抱鳥屬
	Ammosaurus	砂龍屬
	Ampelosaurus	葡萄園龍屬
	Amphicoelias	雙腔龍屬
	Amtocephale	阿米特頭龍屬
	Amtosaurus	安吐龍屬
	Amurosaurus	阿穆爾龍屬
	Amygdalodon	杏齒龍屬
	Anabisetia	阿納拜斯龍屬
	Anasazisaurus	阿納薩齊龍屬
	Anchiceratops	準角龍屬
	Anchiornis	近鳥龍屬
	Anchisaurus	近蜥龍屬
	Andesaurus	安第斯龍屬
	Angaturama	崇高龍屬
	Angolatitan	安哥拉巨龍屬
	Angulomastacator	彎嚼龍屬
	Aniksosaurus	安尼柯龍屬
	Animantarx	活堡龍屬
	Ankylosaurus	甲龍屬
	Anoplosaurus	棄械龍屬
	Anserimimus	似鵝龍屬
	Antarctopelta	南極甲龍屬
	Antarctosaurus	南極龍屬
	Antetonitrus	雷前龍屬
	Apatornis	虛椎鳥屬
	Apatosaurus	迷惑龍屬
	Appalachiosaurus	阿巴拉契亞龍屬
	Apsaravis	神翼鳥屬
	Aragosaurus	阿拉果龍屬

	學名	中文名稱
	Aralosaurus	鹹海龍屬
	Archaeoceratops	古角龍屬
	Archaeodontosaurus	古齒龍屬
	Archaeopteryx	始祖鳥屬
	Archaeornithoides	原鳥形龍屬
	Archaeornithomimus	古似鳥龍屬
	Arcusaurus	彩虹龍屬
	Arenysaurus	艾瑞龍屬
	Argentinosaurus	阿根廷龍屬
	Argyrosaurus	銀龍屬
	Aristosuchus	極鱷龍屬
	Arrhinoceratops	無鼻角龍屬
	Asiahesperornis	亞洲黃昏鳥屬
	Asylosaurus	安然龍屬
	Atacamatitan	亞他加馬巨龍屬
	Atlasaurus	亞特拉斯龍屬
	Atlascopcosaurus	阿特拉斯科普柯龍屬
	Atrociraptor	野蠻盜龍屬
	Atsinganosaurus	吉普賽龍屬
	Aucasaurus	奧卡龍屬
	Auroraceratops	黎明角龍屬
	Australodocus	南方梁龍屬
	Australovenator	南方獵龍屬
	Austrocheirus	南手龍屬
	Austroraptor	南方盜龍屬
	Austrosaurus	澳洲南方屬
	Avaceratops	愛氏角龍屬
	Aviatyrannis	祖母暴龍屬
	Avimimus	擬鳥龍屬
	Avisaurus	鳥龍鳥屬
B	Bactrosaurus	巴克龍屬
	Bagaceratops	弱角龍屬
	Bagaraatan	小掠龍屬
	Bahariasaurus	巴哈利亞龍屬
	Bainoceratops	貝恩角龍屬
	Balaur	巴拉烏爾龍屬
	Balochisaurus	俾路支龍屬
	Bambiraptor	斑比盜龍屬
	Banji	斑嵴龍屬
	Baotianmansaurus	寶天曼龍屬
	Baptornis	潛水鳥屬
	Barapasaurus	巨腳龍屬
	Barilium	重骨龍屬
	Barosaurus	重龍屬
	Barrosasaurus	巴羅莎龍屬
	Barsboldia	巴思缽氏龍屬
	Baryonyx	重爪龍屬
	Baurutitan	包魯巨龍屬
	Becklespinax	比克爾斯棘龍屬
	Beipiaosaurus	北票龍屬
	Beishanlong	北山龍屬
	Bellusaurus	巧龍屬
	Berberosaurus	柏柏龍屬
	Bienosaurus	卞氏龍屬
	Bissektipelta	比賽特甲龍屬
	Bistahieversor	虐龍屬
	Blasisaurus	布拉西龍屬
	Blikanasaurus	貝里肯龍屬
	Bolong	薄氏龍屬
	Boluochia	波羅赤鳥屬
	Bonapartenykus	波氏爪龍屬
	Bonatitan	博納巨龍屬
	Bonitasaura	博妮塔龍屬
	Borealosaurus	北方龍屬
	Borogovia	無聊龍屬
	Brachiosaurus	腕龍屬
	Brachylophosaurus	短冠龍屬
	Brachytrachelopan	短頸潘龍屬
	Brohisaurus	布羅希龍屬
	Brontomerus	雷腳龍屬
	Buitreraptor	鷲龍屬

	學名	中文名稱
	Byronosaurus	拜倫龍屬
C	Caenagnathasia	亞洲近頜龍屬
	Camarasaurus	圓頂龍屬
	Camelotia	卡米洛特龍屬
	Camposaurus	坎普龍屬
	Camptosaurus	彎龍屬
	Carcharodontosaurus	鯊齒龍屬
	Cardiodon	央齒龍屬
	Carnotaurus	食肉牛龍屬
	Cathartesaura	鷲龍屬
	Cathayornis	華夏鳥屬
	Caudipteryx	尾羽龍屬
	Cedarosaurus	雪松龍屬
	Cedarpelta	雪松甲龍屬
	Cedrorestes	雪松山龍屬
	Centrosaurus	尖角龍屬
	Cerasinops	鬥吻角龍屬
	Ceratonykus	角爪龍屬
	Ceratosaurus	角鼻龍屬
	Cetiosauriscus	似鯨龍屬
	Cetiosaurus	鯨龍屬
	Changchengornis	長城鳥屬
	Changchunsaurus	長春龍屬
	Chaoyangia	朝陽鳥屬
	Chaoyangsaurus	朝陽龍屬
	Charonosaurus	卡戎龍屬（又名冥府渡神龍屬）
	Chasmosaurus	開角龍屬
	Chebsaurus	切布龍屬
	Chialingosaurus	嘉陵龍屬
	Chilantaisaurus	吉蘭泰龍屬
	Chilesaurus	智利龍屬
	Chindesaurus	欽迪龍屬
	Chirostenotes	纖手龍屬
	Chromogisaurus	顏地龍屬
	Chuanjiesaurus	川街龍屬
	Chubutisaurus	丘布特龍屬
	Chungkingosaurus	重慶龍屬
	Chuxiongosaurus	楚雄龍屬
	Citipati	葬火龍屬
	Claosaurus	破碎龍屬
	Coahuilaceratops	科阿韋拉角龍屬
	Coelophysis	腔骨龍屬
	Coelurus	虛骨龍屬
	Coloradisaurus	科羅拉多斯龍屬
	Compsognathus	美頜龍屬
	Concavenator	昆卡獵龍屬
	Conchoraptor	竊螺龍屬
	Concornis	昆卡鳥屬
	Condorraptor	神鷹盜龍屬
	Confuciusornis	孔子鳥屬
	Coniornis	白堊鳥屬
	Corythosaurus	冠龍屬
	Craspedodon	刃齒龍屬
	Craterosaurus	碗狀龍屬
	Crichtonsaurus	克氏龍屬
	Cristatusaurus	脊飾龍屬
	Cruxicheiros	十字手龍屬
	Cryolophosaurus	冰冠龍屬
D	Dacentrurus	銳龍屬
	Daemonosaurus	邪靈龍屬
	Dakotadon	達科塔齒龍屬
	Dashanpusaurus	大山鋪龍屬
	Daspletosaurus	懼龍屬
	Datousaurus	酋龍屬
	Daxiatitan	大夏巨龍屬
	Deinocheirus	恐手龍屬
	Deinonychus	恐爪龍屬
	Delapparentia	德拉帕倫特龍屬
	Deltadromeus	三角洲奔龍屬
	Demandasaurus	德曼達龍屬
	Diabloceratops	惡魔角龍屬

學名	中文名稱
Diamantinasaurus	迪亞曼蒂納龍屬
Dicraeosaurus	叉龍屬
Dilong	帝龍屬
Dilophosaurus	雙冠龍屬
Dinheirosaurus	丁赫羅龍屬
Diplodocus	梁龍屬
Dongbeititan	東北巨龍屬
Dongyangosaurus	東陽巨龍屬
Draconyx	龍爪龍屬
Dracopelta	龍冑龍屬
Dracoraptor	龍盜龍屬
Dracorex	龍王龍屬
Dracovenator	龍獵龍屬
Drinker	德林克龍屬
Dromaeosaurus	馳龍屬（也稱奔龍屬）
Drusilasaura	德魯斯拉龍屬
Dryosaurus	橡樹龍屬
Dryptosaurus	傷龍屬
Dubreuillosaurus	迪布勒伊洛龍屬
Duriatitan	多里亞巨龍屬
Duriavenator	多里亞獵龍屬
Dyslocosaurus	難覓龍屬
Dystrophaeus	糙節龍屬
Echinodon	棘齒龍屬
Edmontonia	埃德蒙頓甲龍屬
Edmontosaurus	埃德蒙頓龍屬
Einiosaurus	野牛龍屬
Ekrixinatosaurus	爆誕龍屬
Elaphrosaurus	輕巧龍屬
Elmisaurus	單足龍屬
Elrhazosaurus	艾爾雷茲龍屬
Emausaurus	莫阿大學龍屬
Enaliornis	大洋鳥屬
Enantiornis	反鳥屬
Enigmosaurus	秘龍屬
Eoalulavis	始小翼鳥
Eocarcharia	始鯊齒龍屬
Eocathayornis	始華夏龍屬
Eoconfuciusornis	始孔子鳥屬
Eocursor	始奔龍屬
Eodromaeus	曙奔龍屬
Eoenantiornis	始反鳥屬
Eolambia	原賴氏龍屬
Eomamenchisaurus	始馬門溪龍屬
Eoraptor	始盜龍屬
Eotrachodon	始糙齒龍屬
Eotriceratops	始三角龍屬
Eotyrannus	始暴龍屬
Epachthosaurus	沉重龍屬
Epichirostenotes	後纖手龍屬
Epidendrosaurus	擅攀鳥龍屬
Epidexipteryx	耀龍屬
Equijubus	馬鬃龍屬
Erectopus	挺足龍屬
Erketu	長生天龍屬
Erlianosaurus	二連龍屬
Erlikosaurus	死神龍屬
Eshanosaurus	峨山龍屬
Euhelopus	盤足龍屬
Euoplocephalus	包頭龍屬
Euronychodon	歐爪牙龍屬
Europasaurus	歐羅巴龍屬
Euskelosaurus	優肢龍屬
Eustreptospondylus	美扭椎龍屬
Falcarius	鑄鐮龍屬
Ferganasaurus	費爾干納龍屬
Ferganocephale	費爾干納頭龍屬
Fruitadens	果齒龍屬
Fukuiraptor	福井盜龍屬
Fukuisaurus	福井龍屬
Fukuititan	福井巨龍屬

學名	中文名稱
Fulgurotherium	閃電獸龍屬
Fusuisaurus	扶綏龍屬
Futalognkosaurus	富塔隆柯龍屬
Gallimimus	似雞龍屬
Galveosaurus	加爾瓦龍屬
Gansus	甘肅鳥屬
Gargantuavis	卡岡杜亞鳥屬
Gargoyleosaurus	怪嘴龍屬（又名承霤口龍屬）
Garudimimus	似金翅鳥龍屬
Gasosaurus	氣龍屬
Gasparinisaurus	加斯帕里尼龍屬
Gastonia	加斯頓龍屬
Geminiraptor	雙子盜龍屬
Genusaurus	膝龍屬
Giganotosaurus	南方巨獸龍屬
Gigantoraptor	巨盜龍屬
Gilmoreosaurus	計氏龍屬
Giraffatitan	長頸巨龍屬
Glacialisaurus	冰河龍屬
Glishades	泥隱龍屬
Gobiceratops	戈壁角龍屬
Gobipteryx	戈壁鳥屬
Gobisaurus	戈壁龍屬
Gobititan	戈壁巨龍屬
Gojirasaurus	哥斯拉龍屬
Gondwanatitan	岡瓦納巨龍屬
Gongxianosaurus	珙縣龍屬
Gorgosaurus	蛇髮女怪龍屬
Goyocephale	飾頭龍屬
Graciliceratops	雅角龍屬
Graciliraptor	纖細盜龍屬
Gravitholus	重頭龍屬
Gryphoceratops	獅鷲角龍屬
Gryposaurus	格里芬龍屬
Gualicho	戈瓦里龍屬
Guanlong	冠龍屬
Gurilynia	格日勒鳥屬
Hadrosaurus	鴨嘴龍屬
Hagryphus	哈格里芬龍屬
Halimornis	海積鳥屬
Haplocanthosaurus	簡棘龍屬
Haplocheirus	簡手龍屬
Harpymimus	似鳥身女妖龍屬
Haya	何耶龍屬
Helioceratops	太陽角龍屬
Herrerasaurus	艾雷拉龍屬
Hesperonychus	西爪龍屬
Hesperornis	黃昏鳥屬
Hesperosaurus	西龍屬
Heterodontosaurus	畸齒龍屬（又名異齒龍屬）
Hexinlusaurus	何信祿龍屬
Heyuannia	河源龍屬
Hippodraco	馬龍屬
Hoplitosaurus	裝甲龍屬
Horezmavis	花剌子模鳥屬
Huabeisaurus	華北龍屬
Hualianceratops	花臉角龍屬
Huaxiaosaurus	華夏頜龍屬
Huayangosaurus	華夏龍屬
Hudiesaurus	華陽龍屬
Hulsanpes	蝴蝶龍屬
Hungarosaurus	胡山足龍屬
Huxiagnathus	匈牙利龍屬
Hylaeosaurus	林龍屬
Hypacrosaurus	亞冠龍屬
Hypselospinus	高刺龍屬
Hypsilophodon	稜齒龍屬
Iberomesornis	伊比利亞鳥屬
Ichthyornis	魚鳥屬
Ignavusaurus	懦弱龍屬
Iguanacolossus	鬣蜥巨龍屬

學名	中文名稱
Iguanodon	禽龍屬
Iliosuchus	髂鱷龍屬
Ilokelesia	肌肉龍屬
Incisivosaurus	切齒龍屬
Indosaurus	印度龍屬
Indosuchus	印度鱷龍屬
Irritator	激龍屬
Isanosaurus	伊森龍屬
Isisaurus	伊希斯龍屬
Itemirus	依特米龍屬
Jainosaurus	耆那龍屬
Jaklapallisaurus	加卡帕里龍屬
Janenschia	詹尼斯龍屬
Jaxartosaurus	牙克煞龍屬
Jeholosaurus	熱河龍屬
Jeyawati	黑亞瓦提龍屬
Jianchangosaurus	建昌龍屬
Jiangjunosaurus	將軍龍屬
Jiangshanosaurus	江山龍屬
Jinfengopteryx	金鳳鳥屬
Jingshanosaurus	金山龍屬
Jintasaurus	金塔龍屬
Jinzhousaurus	錦州龍屬
Jiutaisaurus	九台龍屬
Jobaria	約巴龍屬
Judinornis	尤氏鳥屬
Juravenator	侏羅獵龍屬
Kaijiangosaurus	開江龍屬
Kakuru	彩蛇龍屬
Karongasaurus	卡龍加龍屬
Kelmayisaurus	克拉瑪依龍屬
Kemkemia	卡瑪卡瑪龍屬
Kentrosaurus	釘狀龍屬
Kerberosaurus	克貝洛斯龍屬
Khaan	可汗龍屬
Khetranisaurus	海特蘭龍屬
Kileskus	哈卡斯龍屬
Kinnareemimus	似金娜里龍屬
Kizylkumavis	克孜勒庫姆鳥屬
Klamelisaurus	克拉美麗龍屬
Kol	足龍
Koreaceratops	朝鮮角龍屬
Koreanosaurus	韓國龍屬
Kosmoceratops	華麗角龍屬
Kotasaurus	哥打龍屬
Koutalisaurus	匙龍屬
Kryptops	隱面龍屬
Kulindadromeus	庫林達奔龍屬
Kuszholia	銀河鳥屬
Labocania	嶼峽龍屬
Laevisuchus	福左輕鱷龍屬
Lamaceratops	喇嘛角龍屬
Lambeosaurus	賴氏龍屬（又名蘭伯龍屬）
Lamplughsaura	萊姆帕拉佛龍屬（又稱蘭布羅龍屬）
Lanzhousaurus	蘭州龍屬
Laplatasaurus	拉布拉達龍屬
Lapparentosaurus	拉伯龍屬
Leaellynasaura	雷利諾龍屬
Lectavis	勒庫鳥屬
Lenesornis	利尼斯鳥屬
Leonerasaurus	利奧尼拉龍屬
Leptoceratops	纖角龍屬
Leshansaurus	樂山龍屬
Lesothosaurus	賴索托龍屬
Lessemsaurus	萊森龍屬
Levnesovia	列弗尼斯氏龍屬
Lexovisaurus	勒蘇維斯龍屬
Leyesaurus	萊氏龍屬
Liaoceratops	遼寧角龍屬
Liaoningornis	遼寧鳥屬
Liaoningosaurus	遼寧龍屬

185

學名	中文名稱
Ligabueino	小力加布龍屬
Ligabuesaurus	利加布龍屬
Liliensternus	理理恩龍屬
Limenavis	閩鳥屬
Limusaurus	泥潭龍屬
Linhenykus	臨河爪龍屬
Linheraptor	臨河盜龍屬
Linhevenator	臨河獵龍屬
Lirainosaurus	細長龍屬
Liubangosaurus	六榜龍屬
Lophorhothon	冠長鼻龍屬
Lophostropheus	冠椎龍屬
Loricatosaurus	鎧甲龍屬
Losillasaurus	露絲娜龍屬
Lourinhanosaurus	盧雷亞樓龍屬
Lourinhasaurus	勞爾哈龍屬
Luanchuanraptor	欒川盜龍屬
Lufengosaurus	祿豐龍屬
Luoyanggia	洛陽龍屬
Lurdusaurus	沉龍屬
Lycorhinus	狼嘴龍屬（又名狼鼻龍屬）
Lythronax	血王龍屬
M *Machairasaurus*	曲劍龍屬
Machairoceratops	曲角龍屬
Macrogryphosaurus	巨謎龍屬
Magnirostris	巨嘴龍屬
Magnosaurus	大龍屬
Magyarosaurus	馬扎爾龍屬
Mahakala	大黑天神龍屬
Maiasaura	慈母龍屬
Majungasaurus	瑪君龍屬
Majungatholus	瑪君顱龍屬
Malarguesaurus	馬拉圭龍屬
Malawisaurus	馬拉威龍屬
Mamenchisaurus	馬門溪龍屬
Manidens	手齒龍屬
Mantellisaurus	曼特爾龍屬
Mapusaurus	馬普龍屬
Marisaurus	馬里龍屬
Marshosaurus	馬什龍屬
Masiakasaurus	惡龍屬
Massospondylus	大椎龍屬
Maxakalisaurus	馬薩卡利龍屬
Medusaceratops	梅杜莎角龍屬
Megalosaurus	巨齒龍屬（斑龍屬）
Megapnosaurus	合踝龍屬
Megaraptor	大盜龍屬
Mei	寐龍屬
Melanorosaurus	黑丘龍屬
Mendozasaurus	門多薩龍屬
Metriacanthosaurus	中棘龍屬
Micropachycephalosaurus	微頭龍屬（又名小腫頭龍屬）
Microraptor	小盜龍屬
Microvenator	小獵龍屬
Minmi	敏迷龍屬
Minotaurasaurus	牛頭怪甲龍屬
Miragaia	米拉加亞龍屬
Mirischia	小坐骨龍屬
Mojoceratops	魅惑角龍屬
Monolophosaurus	單冠龍屬
Mononykus	單爪龍屬
Montanoceratops	蒙大拿角龍屬
Murusraptor	岩壁盜龍屬
Mussaurus	鼠龍屬
Muttaburrasaurus	木他龍屬
Muyelensaurus	穆耶恩龍屬
Mymoorapelta	邁摩爾甲龍屬
N *Naashoibitosaurus*	納秀畢吐龍屬
Nambalia	南巴爾龍屬
Nanantius	侏儒鳥屬
Nanningosaurus	南寧龍屬

學名	中文名稱
Nanotyrannus	矮暴龍屬
Nanshiungosaurus	南雄龍屬
Nanyangosaurus	南陽龍屬
Narambuenatitan	納拉姆布埃納巨龍屬
Nasutoceratops	大鼻角龍屬
Nedcolbertia	內德科爾伯特屬
Neimongosaurus	內蒙古龍屬
Nemegtomaia	耐梅蓋特母龍屬
Nemegtosaurus	納摩蓋吐龍屬
Neovenator	新獵龍屬
Neuquenornis	內烏肯鳥屬
Neuquenraptor	內烏肯盜龍屬
Neuquensaurus	內烏肯龍屬
Nigersaurus	尼日龍屬
Niobrarasaurus	尼奧布拉拉龍屬
Nipponosaurus	日本龍屬
Noasaurus	西北阿根廷龍屬
Nodocephalosaurus	結節頭龍屬
Nodosaurus	結節龍屬
Noguerornis	諾蓋爾鳥屬
Nomingia	天青石龍屬
Nopcsaspondylus	諾普喬椎龍屬
Nothronychus	懶爪龍屬
Notohypsilophodon	南方稜齒龍屬
Nqwebasaurus	恩霹渥巴龍
O *Ohmdenosaurus*	歐姆殿龍屬
Ojoceratops	白楊山角龍屬
Ojoraptorsaurus	奧哈盜龍屬
Olorotitan	扇冠大天鵝龍屬
Omeisaurus	峨眉龍屬
Opisthocoelicaudia	後凹尾龍屬
Oplosaurus	武器龍屬（暫譯）
Orkoraptor	齒河盜龍屬
Ornitholestes	嗜鳥龍屬
Ornithomimus	似鳥龍屬
Ornithopsis	鳥面龍屬
Orodromeus	奔山龍屬
Oryctodromeus	掘奔龍屬
Osmakasaurus	峽谷龍屬
Othnielia	奧斯尼爾龍屬
Otogornis	鄂托克鳥屬
Ouranosaurus	豪勇龍屬
Oviraptor	偷蛋龍屬
Owenodon	歐文齒龍屬
Oxalaia	奧沙拉龍屬
Ozraptor	澳洲盜龍屬
P *Pachycephalosaurus*	厚頭龍屬
Pachyrhinosaurus	厚鼻龍屬
Pakisaurus	巴基龍屬
Paludititan	沼澤巨龍屬
Pampadromaeus	平原馳龍屬
Pamparaptor	彭巴盜龍屬
Panamericansaurus	泛美龍屬（暫譯）
Panoplosaurus	胄甲龍屬
Panphagia	濫食龍屬
Pantydraco	潘蒂龍屬
Parahesperornis	似黃昏鳥屬
Paralititan	潮汐龍屬
Paranthodon	似花君龍屬
Parasaurolophus	副櫛龍屬
Parksosaurus	帕克氏龍屬
Parvicursor	小馳龍屬
Pasquiaornis	帕斯基亞鳥屬
Patagonykus	巴塔哥尼亞爪龍屬
Patagopteryx	巴塔哥尼亞鳥屬
Patagosaurus	巴塔哥尼亞龍屬
Pawpawsaurus	爪爪龍屬
Pedopenna	足羽龍屬
Pelecanimimus	似鵜鶘龍屬
Pellegrinisaurus	柏利連尼龍屬
Peloroplites	重怪龍屬

學名	中文名稱
Pelorosaurus	畸形龍屬
Penelopognathus	鴨頜龍屬
Pentaceratops	五角龍屬
Petrobrasaurus	佩特羅布拉斯龍屬（暫譯）
Phuwiangosaurus	布萬龍屬
Piatnitzkysaurus	皮亞尼茲基龍屬
Pinacosaurus	繪龍屬
Pisanosaurus	皮薩諾龍屬
Pitekunsaurus	發現龍屬
Piveteausaurus	皮爾遜龍屬
Planicoxa	扁臀龍屬
Plateosaurus	板龍屬
Platyceratops	扁角龍屬
Pleurocoelus	側空龍屬
Pneumatoraptor	氣肩盜龍屬
Podokesaurus	快足龍屬
Poekilopleuron	雜肋龍屬
Polacanthus	多刺甲龍屬（又名釘背龍屬）
Potamornis	河鳥屬
Pradhania	普拉丹龍屬（暫譯）
Prenocephale	傾頭龍屬
Prenoceratops	傾角龍屬
Probactrosaurus	原巴克龍屬
Probrachylophosaurus	原短冠龍屬
Proceratosaurus	原角鼻龍屬
Procompsognathus	原美頜龍屬
Propanoplosaurus	原棄械龍屬
Prosaurolophus	原櫛龍屬
Protarchaeopteryx	原始祖鳥屬
Protoceratops	原角龍屬
Protohadros	始鴨嘴龍屬
Protopteryx	原羽鳥屬
Psittacosaurus	鸚鵡嘴龍屬
Puertasaurus	普爾塔龍屬
Pycnonemosaurus	密林龍屬
Pyroraptor	火盜龍屬
Q *Qantassaurus*	快達龍屬
Qianzhousaurus	虔州龍屬
Qiaowanlong	橋灣龍屬
Qingxiusaurus	清秀龍屬
Qiupalong	秋扒龍屬
Quaesitosaurus	非凡龍屬
Quilmesaurus	酋爾龍屬
R *Rahiolisaurus*	容哈拉龍屬
Rahonavis	脅空鳥龍屬
Rajasaurus	勝王龍屬
Rapator	盜龍屬
Rapetosaurus	掠食龍屬
Raptorex	暴蜥伏龍屬
Ratchasimasaurus	呵叻龍屬
Rayososaurus	雷尤守龍屬
Rebbachisaurus	雷巴齊斯龍屬
Regaliceratops	皇家角龍屬
Rhabdodon	凹齒龍屬
Rhoetosaurus	瑞拖斯龍屬
Richardoestesia	理察伊斯特斯龍屬
Rinchenia	瑞欽龍屬
Rinconsaurus	林孔龍屬
Riojasaurus	里奧哈龍屬
Rocasaurus	洛卡龍屬
Rubeosaurus	刺叢龍屬
Ruehleia	呂勒龍屬
Rugops	皺褶龍屬
Ruyangosaurus	汝陽龍屬
S *Sahaliyania*	黑龍江龍屬
Saichania	美甲龍屬
Saltasaurus	薩爾塔龍屬
Sanjuansaurus	聖胡安龍屬
Santanaraptor	桑塔納盜龍屬
Sapeornis	會鳥屬
Sarahsaurus	莎拉龍屬

學名	中文名稱
Sarcolestes	竊肉龍屬
Sarcosaurus	肉龍屬
Saturnalia	農神龍屬
Saurolophus	櫛龍屬
Sauronitholestes	蜥鳥盜龍屬
Sauropelta	蜥結龍屬
Saurophaganax	食蜥王龍屬
Sauroposeidon	波塞東龍屬
Saurornithoides	蜥鳥龍屬
Sazavis	土鳥屬
Scelidosaurus	腿龍屬
Scipionyx	棒爪龍屬
Sciurumimus	似松鼠龍屬
Scutellosaurus	小盾龍屬
Secernosaurus	獨孤龍屬
Segisaurus	斯基龍屬
Segnosaurus	慢龍屬
Seitaad	沙怪龍屬
Sellosaurus	鞍龍屬
Shamosaurus	沙漠龍屬
Shanag	佛舞龍屬
Shantungosaurus	山東龍屬
Shanyangosaurus	山陽龍屬
Shaochilong	假鯊齒龍屬
Shenzhousaurus	神州龍屬
Shidaisaurus	時代龍屬
Shixinggia	始興龍屬
Shuangmiaosaurus	雙廟龍屬
Shunosaurus	蜀龍屬
Shuvuuia	鳥面龍屬
Siamodon	暹羅齒龍屬
Siamotyrannus	暹羅暴龍屬
Sigilmassasaurus	斯基瑪薩龍屬
Silvisaurus	林木龍屬
Similicaudipteryx	似尾羽龍屬
Sinocalliopteryx	中華麗羽龍屬
Sinoceratops	中國角龍屬
Sinornis	中國鳥屬
Sinornithoides	中國鳥腳龍屬
Sinornithomimus	中國似鳥龍屬
Sinornithosaurus	中國鳥龍屬
Sinosauropteryx	中華龍鳥屬
Sinotyrannus	中國暴龍屬
Sinovenator	中國獵龍屬
Sinraptor	中華盜龍屬
Sinusonasus	曲鼻龍屬
Skorpiovenator	蠍獵龍屬
Sonidosaurus	蘇尼特龍屬
Soroavisaurus	姐妹鳥龍鳥屬
Sphaerotholus	圓頭龍屬
Spinophorosaurus	棘刺龍屬
Spinops	棘面龍屬
Spinosaurus	棘龍屬
Spinostropheus	棘椎龍屬
Staurikosaurus	南十字龍屬
Stegoceras	劍角龍屬
Stegopelta	頂盾龍屬
Stegosaurus	劍龍屬
Stenopelix	狹盤龍屬
Stokesosaurus	史托龍屬
Stormbergia	斯托姆博格龍屬
Streptospondylus	扭椎龍屬
Struthiomimus	似鴕龍屬
Struthiosaurus	厚甲龍屬
Stygimoloch	冥河龍屬
Styracosaurus	戟龍屬（又名刺盾角龍屬）
Suchomimus	似鱷龍屬
Sulaimanisaurus	蘇萊曼龍屬
Supersaurus	超龍屬
Suuwassea	春雷龍屬
Suzhousaurus	肅州龍屬

	學名	中文名稱
T	*Talarurus*	籃尾龍屬
	Talenkauen	小頭龍屬
	Talos	塔羅斯屬
	Tambatitanis	丹波巨龍屬
	Tangvayosaurus	怪味龍屬
	Tanius	譚氏龍屬
	Tanycolagreus	長臂獵龍屬
	Tapuiasaurus	塔普亞龍屬
	Tarascosaurus	塔哈斯克龍屬
	Tarbosaurus	特暴龍屬
	Tarchia	多智龍屬
	Tastavinsaurus	塔斯塔維斯龍屬
	Tatankacephalus	牛頭龍屬
	Tatankaceratops	野牛角龍屬
	Tatisaurus	大地龍屬
	Tawa	太陽神龍屬
	Tazoudasaurus	塔鄒達龍屬
	Technosaurus	科技龍屬
	Tehuelchesaurus	特維爾切龍屬
	Telmatosaurus	沼澤龍屬
	Tendaguria	湯達鳩龍屬
	Tenontosaurus	腱龍屬
	Teratophoneus	怪獵龍屬
	Tethyshadros	特提斯鴨嘴龍屬
	Texacephale	德克薩斯頭龍屬
	Texasetes	德克薩斯龍屬
	Thecodontosaurus	槽齒龍屬
	Theiophytalia	眾神花園龍屬
	Therizinosaurus	鐮刀龍屬
	Thescelosaurus	奇異龍屬
	Tianyulong	天宇龍屬
	Tianyuraptor	天宇盜龍屬
	Tianzhenosaurus	天鎮龍屬
	Timurlengia	帖木兒龍屬
	Titanoceratops	泰坦角龍屬
	Titanosaurus	泰坦巨龍屬
	Tochisaurus	鴕鳥龍屬
	Tonganosaurus	通安龍屬
	Tornieria	拖尼龍屬
	Torosaurus	牛角龍屬
	Torvosaurus	蠻龍屬
	Traukutitan	精靈巨龍屬（暫譯）
	Triceratops	三角龍屬
	Trigonosaurus	三角區龍屬
	Troodon	傷齒龍屬
	Tsaagan	白魔龍屬
	Tsagantegia	白山龍屬
	Tsintaosaurus	青島龍屬
	Tugulusaurus	吐谷魯龍屬
	Tuojiangosaurus	沱江龍屬
	Turiasaurus	圖里亞龍屬
	Tylocephale	膨頭龍屬
	Tyrannosaurus	暴龍屬
	Tyrannotitan	魁紂龍屬
U	*Uberabatitan*	烏貝拉巴巨龍屬
	Udanoceratops	安德薩角龍屬
	Unaysaurus	黑水龍屬
	Unenlagia	半鳥屬
	Unescoceratops	尤內斯克角龍屬
	Unquillosaurus	烏奎洛龍屬
	Urbacodon	烏爾巴克齒龍屬
	Utahceratops	猶他角龍屬
	Utahraptor	猶他盜龍屬
	Uteodon	猶他齒龍屬
V	*Vagaceratops*	迷亂角龍屬
	Valdoraptor	威爾頓盜龍屬
	Valdosaurus	荒漠龍屬
	Variraptor	瓦爾盜龍屬
	Velafrons	威拉弗龍屬
	Velociraptor	伶盜龍屬
	Velocisaurus	速龍屬

	學名	中文名稱
	Venenosaurus	毒癮龍屬
	Veterupristisaurus	舊鯊齒龍屬
	Vitakridrinda	維達格里龍屬
	Volkheimeria	弗克海姆龍屬
	Vorona	烏如那鳥屬
	Vulcanodon	火山齒龍屬
W	*Wannanosaurus*	皖南龍屬
	Wellnhoferia	烏禾爾龍屬
	Wendiceratops	溫蒂角龍屬
	Wiehenvenator	維恩獵龍屬
	Willinakaqe	南似鴨龍屬
	Wintonotitan	溫頓巨龍屬
	Wuerhosaurus	烏爾禾龍屬
	Wulagasaurus	烏拉嘎龍屬
X	*Xenoposeidon*	異波塞東龍屬
	Xenotarsosaurus	怪踝龍屬
	Xianshanosaurus	峴山龍屬
	Xiaotingia	曉廷龍屬
	Xinjiangovenator	新疆獵龍屬
	Xiongguanlong	雄關龍屬
	Xixianykus	西峽爪龍屬
	Xixiasaurus	西峽龍屬
	Xuanhanosaurus	宣漢龍屬
	Xuanhuaceratops	宣化角龍屬
	Xuwulong	敘五龍屬
Y	*Yamaceratops*	閻王角龍屬
	Yandusaurus	鹽都龍屬
	Yangchuanosaurus	永川龍屬
	Yaverlandia	雅爾龍屬
	Yimenosaurus	易門龍屬
	Yinlong	隱龍屬
	Yixianosaurus	義縣龍屬
	Yuanmousaurus	元謀龍屬
	Yueosaurus	越龍屬
	Yungavolucris	雲加鳥屬
	Yunnanosaurus	雲南龍屬
	Yutyrannus	羽暴龍屬
Z	*Zalmoxes*	查摩西斯龍屬
	Zanabazar	扎納巴扎爾龍屬
	Zapalasaurus	薩帕拉龍屬
	Zephyrosaurus	西風龍屬
	Zhejiangosaurus	浙江龍屬
	Zhongyuansaurus	中原龍屬
	Zhuchengceratops	諸城角龍屬
	Zhuchengtyrannus	諸城暴龍屬
	Zhyraornis	者勒鳥屬
	Zuniceratops	祖尼角龍屬
	Zuolong	左龍屬
	Zupaysaurus	惡魔龍屬

恐龍一覽表（依體長）

這裡所列的資料是根據恐龍的體長，由大至小依序排列。在166～183頁的「830種恐龍資料」中，體長資料不明的屬、大小以翼展來顯示的屬，在本一覽表中予以刪除。為使順序更為明確，將尺寸大小改成下列所示。

◇体體長40m～60m之雙腔龍屬（學名：Amphicoelias）的體長定為60m（※體長60m這個值是依據高度2.6m的脊椎骨推測的。不過，因為該標本遺失，後來無法驗證，所以現在大多推估雙腔龍的體長為18m）。

◇體長30m以上？之阿拉摩龍屬（屬名：Alamosaurus）的體長定

為30m。

◇將體長「？」的恐龍予以刪除。

◇體長10m以上者，小數點以下不計。

◇體長2m～10m者，以0.5m為刻度來表示。亦即，2.0m～2.4m定為2.0m；2.5m～2.9m定為2.5m，每0.5m的區間，皆採用較小的數字。

◇體長1m～2m者，表示至小數點以下一位數的數字。

◇體長不到1m者，表示至小數點以下二位數的數字。

體長(m)	中文名稱	學名
60※	雙腔龍屬	Amphicoelias
37	阿根廷龍屬	Argentinosaurus
35	超龍屬	Supersaurus
35	馬門溪龍屬	Mamenchisaurus
32	潮汐龍屬	Paralititan
30	阿拉摩龍屬	Alamosaurus
30	波塞東龍屬	Sauroposeidon
30	梁龍屬	Diplodocus
30	圖里亞龍屬	Turiasaurus
30	普爾塔龍屬	Puertasaurus
30	富塔隆柯龍屬	Futalognkosaurus
30	汝陽龍屬	Ruyangosaurus
28	銀龍屬	Argyrosaurus
28	雷前龍屬	Antetonitrus
27	重龍屬	Barosaurus
26	迷惑龍屬	Apatosaurus
26	長頸巨龍屬	Giraffatitan
26	拖尼龍屬	Tornieria
26	腕龍屬	Brachiosaurus
25	川街龍屬	Chuanjiesaurus
25	多里亞巨龍屬	Duriatitan
25	布萬龍屬	Phuwiangosaurus
25	蝴蝶龍屬	Hudiesaurus
25	柏利連尼屬	Pellegrinisaurus
24	約巴龍屬	Jobaria
24	畸形龍屬	Pelorosaurus
23	大夏巨龍屬	Daxiatitan
23	丘布特龍屬	Chubutisaurus
22	耆那龍屬	Jainosaurus
22	簡棘龍屬	Haplocanthosaurus
22	扶綏龍屬	Fusuisaurus
22	門多薩龍屬	Mendozasaurus
21	南方梁龍屬	Australodocus
21	春雷龍屬	Suuwassea
20	澳洲南方龍屬	Austrosaurus
20	戈壁巨龍屬	Gobititan
20	寶天曼龍屬	Baotianmansaurus
20	馬薩卡利神龍屬	Maxakalisaurus
20	雷巴齊斯龍屬	Rebbachisaurus
18	巨腳龍屬	Barapasaurus
18	亞特拉斯龍屬	Atlasaurus
18	阿比杜斯龍屬	Abydosaurus
18	阿拉果龍屬	Aragosaurus
18	南極龍屬	Antarctosaurus
18	安第斯龍屬	Andesaurus
18	伊希斯龍屬	Isisaurus
18	沉重龍屬	Epachthosaurus
18	圓頂龍屬	Camarasaurus
18	大山鋪龍屬	Dashanpusaurus
19	怪味龍屬	Tangvayosaurus
18	難見龍屬	Dyslocosaurus
18	費爾干納龍屬	Ferganasaurus
18	佩特羅布拉斯龍屬（暫譯）	Petrobrasaurus
18	拉布拉達龍屬	Laplatasaurus
18	利加布龍屬	Ligabuesaurus
18	勞爾哈龍屬	Lourinhasaurus
17	伊森龍屬	Isanosaurus
17	溫頓巨龍屬	Wintonotitan

體長(m)	中文名稱	學名
17	克拉美麗龍屬	Klamelisaurus
17	詹尼斯龍屬	Janenschia
17	塔斯塔維斯龍屬	Tastavinsaurus
17	華北龍屬	Huabeisaurus
17	元謀龍屬	Yuanmousaurus
16	葡萄園龍屬	Ampelosaurus
16	埃及龍屬	Aegyptosaurus
16	鯨龍屬	Cetiosaurus
16	棘龍屬	Spinosaurus
16	迪亞曼蒂納龍屬	Diamantinasaurus
16	巴塔哥尼亞龍屬	Patagosaurus
16	馬拉圭龍屬	Malawisaurus
15	銀神龍屬	Aeolosaurus
15	奧古斯丁龍屬	Agustinia
15	長生天龍屬	Erketu
15	峨嵋龍屬	Omeisaurus
15	雪松龍屬	Cedarosaurus
15	似鯨龍屬	Cetiosauriscus
15	山東龍屬	Shantungosaurus
15	清秀龍屬	Qingxiusaurus
15	叉龍屬	Dicraeosaurus
15	特維爾切龍屬	Tehuelchesaurus
15	德曼達龍屬	Demandasaurus
15	東陽巨龍屬	Dongyangosaurus
15	東北巨龍屬	Dongbeititan
15	尼日龍屬	Nigersaurus
15	內烏肯龍屬	Neuquensaurus
15	華夏龍屬	Huaxiaosaurus
15	掠食龍屬	Rapetosaurus
15	林孔龍屬	Rinconsaurus
15	瑞拖斯龍屬	Rhoetosaurus
14	加爾瓦龍屬	Galveosaurus
14	南方巨獸龍屬	Giganotosaurus
14	珙縣龍屬	Gongxianosaurus
14	酋龍屬	Datousaurus
14	精靈巨龍屬（暫譯）	Traukutitan
14	穆耶恩龍屬	Muyelensaurus
13	阿達曼提龍屬	Adamantisaurus
13	阿馬加龍屬	Amargasaurus
13	禽龍屬	Iguanodon
13	後凹尾龍屬	Opisthocoelicaudia
13	食蜥王龍屬	Saurophaganax
13	棘刺龍屬	Spinophorosaurus
13	吉蘭泰龍屬	Chilantaisaurus
13	糙節龍屬	Dystrophaeus
13	魁紂龍屬	Tyrannotitan
13	耐梅蓋特母龍屬	Nemegtosaurus
12	高棘龍屬	Acrocanthosaurus
12	亞馬遜龍屬	Amazonsaurus
12	杏齒龍屬	Amygdalodon
12	異特龍屬	Allosaurus
12	毒癮龍屬	Venenosaurus
12	盤足龍屬	Euhelopus
12	埃德蒙頓龍屬	Edmontosaurus
12	扇冠大天鵝龍屬	Olorotitan
12	鷲龍屬	Cathartesaura
12	鯊齒龍屬	Carcharodontosaurus
12	橋灣龍屬	Qiaowanlong

體長(m)	中文名稱	學名
12	非凡龍屬	Quaesitosaurus
12	櫛龍屬	Saurolophus
12	薩爾塔龍屬	Saltasaurus
12	泰坦巨龍屬	Titanosaurus
12	暴龍屬	Tyrannosaurus
12	蠻龍屬	Torvosaurus
12	巴哈利亞屬	Bahariasaurus
12	馬普龍屬	Mapusaurus
11	氣腔龍屬	Aerosteon
11	文雅龍屬	Abrosaurus
11	阿貝力龍屬	Abelisaurus
11	火山齒龍屬	Vulcanodon
11	爆誕龍屬	Ekrixinatosaurus
11	奧沙拉龍屬	Oxalaia
11	江山龍屬	Jiangshanosaurus
11	似鱷龍屬	Suchomimus
11	塔鄒達龍屬	Tazoudasaurus
11	恐手龍屬	Deinocheirus
11	泛美龍屬（暫譯）	Panamericansaurus
11	皮爾遜龍屬	Piveteausaurus
11	短頸潘龍屬	Brachytrachelopan
11	短冠龍屬	Brachylophosaurus
11	永川龍屬	Yangchuanosaurus
11	勝王龍屬	Rajasaurus
10	舊鯊齒龍屬	Veteupristisaurus
10	卡米洛特屬	Camelotia
10	脊飾龍屬	Cristatusaurus
10	中國暴龍屬	Sinotyrannus
10	金山龍屬	Jingshanosaurus
10	錦州龍屬	Jinzhousaurus
10	諸城暴龍屬	Zhuchengtyrannus
10	特暴龍屬	Tarbosaurus
10	卡戎龍屬（又名冥府渡神龍屬）	Charonosaurus
10	鐮刀龍屬	Therizinosaurus
10	副櫛龍屬	Parasaurolophus
10	重爪龍屬	Baryonyx
10	巴思缽氏龍屬	Barsboldia
10	亞冠龍屬	Hypacrosaurus
10	博妮塔龍屬	Bonitasaura
10	黑丘龍屬	Melanorosaurus
10	雷尤守龍屬	Rayososaurus
10	蘭州龍屬	Lanzhousaurus
10	萊姆帕拉佛龍屬（又稱蘭布羅龍屬）	Lamplughsaura
10	里奧哈龍屬	Riojasaurus
10	萊森龍屬	Lessemsaurus
9.5	蜀龍屬	Shunosaurus
9.0	甲龍屬	Ankylosaurus
9.0	鬣蜥巨龍屬	Iguanacolossus
9.0	易門龍屬	Yimenosaurus
9.0	維恩獵龍屬	Wiehenvenator
9.0	南似鴨龍屬	Willinakaqe
9.0	弗克海姆龍屬	Volkheimeria
9.0	烏拉嘎龍屬	Wulagasaurus
9.0	始三角屬	Eotriceratops
9.0	白楊山角屬	Ojoceratops
9.0	十字手龍屬	Cruxicheiros
9.0	雪松甲龍屬	Cedarpelta
9.0	哥打龍屬	Kotasaurus

體長(m)	中文名稱	學名
8.0	冠龍屬	Corythosaurus
8.0	薩帕拉龍屬	Zapalasaurus
8.0	牙克煞龍屬	Jaxartosaurus
8.0	蠍獵龍屬	Skorpiovenator
8.0	劍龍屬	Stegosaurus
8.0	蘇尼特龍屬	Sonidosaurus
8.0	懼龍屬	Daspletosaurus
8.0	切布龍屬	Chebsaurus
8.0	青島龍屬	Tsintaosaurus
8.0	泰坦角龍屬	Titanoceratops
8.0	三角龍屬	Triceratops
8.0	牛角龍屬	Torosaurus
8.0	納秀畢吐龍屬	Naashoibitosaurus
8.0	虐龍屬	Bistahieversor
8.0	雜肋龍屬	Poekilopleuron
8.0	慈母龍屬	Maiasaura
8.0	瑪君龍屬	Majungasaurus
8.0	木他龍屬	Muttaburrasaurus
8.0	大盜龍屬	Megaraptor
8.0	巨齒龍屬（斑龍屬）	Megalosaurus
8.0	羽暴龍屬	Yutyrannus
8.0	賴氏龍屬（又名蘭伯龍屬）	Lambeosaurus
8.0	祿豐龍屬	Lufengosaurus
8.0	沉龍屬	Lurdusaurus
7.5	始無冠龍屬	Acristavus
7.5	亞伯達龍屬	Albertosaurus
7.5	巨盜龍屬	Gigantoraptor
7.5	格里芬龍屬	Gryposaurus
7.5	蛇髮女怪龍屬	Gorgosaurus
7.5	中華盜龍屬	Sinraptor
7.5	怪獵龍屬	Teratophoneus
7.5	板龍屬	Plateosaurus
7.5	原櫛龍屬	Prosaurolophus
7.0	非洲獵龍屬	Afrovenator
7.0	阿穆爾龍屬	Amurosaurus
7.0	鹹海龍屬	Aralosaurus
7.0	高吻龍屬	Altirhinus
7.0	艾瑞龍屬	Arenysaurus
7.0	崇高龍屬	Angaturama
7.0	彎嚼龍屬	Angulomastacator
7.0	激龍屬	Irritator
7.0	威拉弗龍屬	Velafrons
7.0	優肢龍屬	Euskelosaurus
7.0	豪勇龍屬	Ouranosaurus
7.0	食肉牛龍屬	Carnotaurus
7.0	計氏龍屬	Gilmoreosaurus
7.0	克貝洛斯龍屬	Kerberosaurus
7.0	科阿韋拉龍屬	Coahuilaceratops
7.0	匙龍屬	Koutalisaurus
7.0	黑龍江龍屬	Sahaliyania
7.0	獨孤龍屬	Secernosaurus
7.0	銳龍屬	Dacentrurus
7.0	譚氏龍屬	Tanius
7.0	多智龍屬	Tarchia
7.0	三角洲奔龍屬	Deltadromeus
7.0	南寧龍屬	Nanningosaurus
7.0	日本龍屬	Nipponosaurus
7.0	厚鼻龍屬	Pachyrhinosaurus
7.0	鴨嘴龍屬	Hadrosaurus
7.0	布拉西龍屬	Blasisaurus
7.0	比克爾斯棘龍屬	Becklespinax
7.0	五角龍屬	Pentaceratops
7.0	曼特爾龍屬	Mantellisaurus
7.0	中棘龍屬	Metriacanthosaurus
7.0	容哈拉龍屬	Rahiolisaurus
7.0	呂勒龍屬	Ruehleia
7.0	冠長鼻龍屬	Lophorhothon
7.5	阿納薩齊龍屬	Anasazisaurus
7.5	蜥結龍屬	Sauropelta
7.5	雙廟龍屬	Shuangmiaosaurus
7.5	迪布勒伊洛龍屬	Dubreuillosaurus

體長(m)	中文名稱	學名
7.5	傷龍屬	Dryptosaurus
7.5	新獵龍屬	Neovenator
7.5	峽峽龍屬	Labocania
7.0	阿古哈角龍屬	Agujaceratops
7.0	無鼻角龍屬	Arrhinoceratops
7.0	印度鱷龍屬	Indosuchus
7.0	迷亂角龍屬	Vagaceratops
7.0	烏爾禾龍屬	Wuerhosaurus
7.0	包頭龍屬	Euoplocephalus
7.0	美扭椎龍屬	Eustreptospondylus
7.0	馬鬃龍屬	Equijubus
7.0	埃德蒙頓甲龍屬	Edmontonia
7.0	歐文齒龍屬	Owenodon
7.0	開角龍屬	Chasmosaurus
7.0	彎龍屬	Camptosaurus
7.0	角鼻龍屬	Ceratosaurus
7.0	岡瓦納巨龍屬	Gondwanatitan
7.0	美甲龍屬	Saichania
7.0	中國角龍屬	Sinoceratops
7.0	沙漠龍屬	Shamosaurus
7.0	將軍龍屬	Jiangjunosaurus
7.0	敘五龍屬	Xuwulong
7.0	肅州龍屬	Suzhousaurus
7.0	慢龍屬	Segnosaurus
7.0	牛頭龍屬	Tatankacephalus
7.0	白山龍屬	Tsagantegia
7.0	雙冠龍屬	Dilophosaurus
7.0	腱龍屬	Tenontosaurus
7.0	德拉帕倫特龍屬	Delapparentia
7.0	沱江龍屬	Tuojiangosaurus
7.0	多里亞獵龍屬	Duriavenator
7.0	龍獵龍屬	Dracovenator
7.0	厚頭龍屬	Pachycephalosaurus
7.0	冑甲龍屬	Panoplosaurus
7.0	密林龍屬	Pycnonemosaurus
7.0	始鴨嘴龍屬	Protohadros
7.0	北山龍屬	Beishanlong
7.0	魅惑角龍屬	Mojoceratops
7.0	猶他角龍屬	Utahceratops
7.0	猶他盜龍屬	Utahraptor
7.0	雲南龍屬	Yunnanosaurus
7.0	細長龍屬	Lirainosaurus
6.5	地爪龍屬	Aardonyx
6.5	南手龍屬	Austrocheirus
6.5	阿巴拉契亞龍屬	Appalachiosaurus
6.5	齒河盜龍屬	Orkoraptor
6.5	鞍龍屬	Sellosaurus
6.5	尼奧布拉拉龍屬	Niobrarasaurus
6.5	西龍屬	Hesperosaurus
6.5	米拉加亞龍屬	Miragaia
6.5	血王龍屬	Lythronax
6.0	南方盜龍屬	Austroraptor
6.0	黎明角龍屬	Auroraceratops
6.0	阿氏英雄龍屬	Achillobator
6.0	河神龍屬	Achelousaurus
6.0	分支龍屬	Alioramus
6.0	亞伯達角龍屬	Albertaceratops
6.0	準角龍屬	Anchiceratops
6.0	南極甲龍屬	Antarctopelta
6.0	維達格里龍屬	Vitakridrinda
6.0	溫蒂角龍屬	Wendiceratops
6.0	猶他齒龍屬	Uteodon
6.0	野牛龍屬	Einiosaurus
6.0	歐羅巴龍屬	Europasaurus
6.0	始鯊齒龍屬	Eocarcharia
6.0	原賴氏龍屬	Eolambia
6.0	輕巧龍屬	Elaphrosaurus
6.0	南方獵龍屬	Australovenator
6.0	峽谷龍屬	Osmakasaurus
6.0	開江龍屬	Kaijiangosaurus
6.0	加斯頓龍屬	Gastonia

體長(m)	中文名稱	學名
6.0	似雞龍屬	Gallimimus
6.0	酋爾龍屬	Quilmesaurus
6.0	冰河龍屬	Glacialisaurus
6.0	冰冠龍屬	Cryolophosaurus
6.0	隱面龍屬	Kryptops
6.0	雪松山龍屬	Cedrorestes
6.0	哥斯拉龍屬	Gojirasaurus
6.0	戈壁龍屬	Gobisaurus
6.0	昆卡獵龍屬	Concavenator
6.0	宣漢龍屬	Xuanhanosaurus
6.0	時代龍屬	Shidaisaurus
6.0	假鯊齒龍屬	Shaochilong
6.0	暹羅暴龍屬	Siamotyrannus
6.0	扭椎龍屬	Streptospondylus
6.0	棘椎龍屬	Spinostropheus
6.0	惡魔龍屬	Zupaysaurus
6.0	怪踝龍屬	Xenotarsosaurus
6.0	達科塔齒龍屬	Dakotadon
6.0	塔拉斯克龍屬	Tarascosaurus
6.0	眾神花園龍屬	Theiophytalia
6.0	龍爪龍屬	Draconyx
6.0	矮暴龍屬	Nanotyrannus
6.0	南陽龍屬	Nanyangosaurus
6.0	結節龍屬	Nodosaurus
6.0	巴克龍屬	Bactrosaurus
6.0	巨骨龍屬	Barilium
6.0	皮亞尼茲基龍屬	Piatnitzkysaurus
6.0	高刺龍屬	Hypselospinus
6.0	福井龍屬	Fukuisaurus
6.0	鴨頜龍屬	Penelopognathus
6.0	柏柏龍屬	Berberosaurus
6.0	重怪龍屬	Peloroplites
6.0	馬扎爾龍屬	Magyarosaurus
6.0	巨謎龍屬	Macrogryphosaurus
6.0	岩壁盜龍屬	Murusraptor
6.0	梅杜莎角龍屬	Medusaceratops
6.0	皺褶龍屬	Rugops
6.0	刺叢龍屬	Rubeosaurus
6.0	列弗尼斯氏龍屬	Levnesovia
6.0	勒蘇維斯龍屬	Lexovisaurus
5.5	泥隱龍屬	Glishades
5.5	黑亞瓦提龍屬	Jeyawati
5.5	金塔龍屬	Jintasaurus
5.5	戟龍屬（又名刺盾角龍屬）	Styracosaurus
5.5	棘面龍屬	Spinops
5.5	尖角龍屬	Centrosaurus
5.5	惡魔角龍屬	Diabloceratops
5.5	原巴克龍屬	Probactrosaurus
5.5	單冠龍屬	Monolophosaurus
5.5	樂山龍屬	Leshansaurus
5.0	獨龍屬	Alectrosaurus
5.0	威爾頓盜龍屬	Valdoraptor
5.0	秘龍屬	Enigmosaurus
5.0	釘狀龍屬	Kentrosaurus
5.0	華麗角龍屬	Kosmoceratops
5.0	雄關龍屬	Xiongguanlong
5.0	似鴕龍屬	Struthiomimus
5.0	籃尾龍屬	Talarurus
5.0	沼澤龍屬	Telmatosaurus
5.0	南雄龍屬	Nanshiungosaurus
5.0	懶爪龍屬	Nothronychus
5.0	似花君龍屬	Paranthodon
5.0	似鳥身女妖龍屬	Harpymimus
5.0	繪龍屬	Pinacosaurus
5.0	林龍屬	Hylaeosaurus
5.0	福井盜龍屬	Fukuiraptor
5.0	貝里肯龍屬	Blikanasaurus
5.0	巧龍屬	Bellusaurus
5.0	多刺甲龍屬（又名釘背龍屬）	Polacanthus
5.0	馬什龍屬	Marshosaurus
5.0	牛頭怪甲龍屬	Minotaurasaurus

體長(m)	中文名稱	學名
5.0	理理恩龍屬	Liliensternus
5.0	盧雷亞樓龍屬	Lourinhanosaurus
5.0	鎧甲龍屬	Loricatosaurus
4.5	安德薩角龍屬	Udanoceratops
4.5	始暴龍屬	Eotyrannus
4.5	死神龍屬	Erlikosaurus
4.5	神鷹盜龍屬	Condorraptor
4.5	查摩西斯龍屬	Zalmoxes
4.5	小頭龍屬	Talenkauen
4.5	浙江龍屬	Zhejiangosaurus
4.5	大鼻角龍屬	Nasutoceratops
4.5	結節頭龍屬	Nodocephalosaurus
4.5	爪爪龍屬	Pawpawsaurus
4.5	馬龍屬	Hippodraco
4.5	華陽龍屬	Huayangosaurus
4.5	扁臀龍屬	Planicoxa
4.5	艾雷拉龍屬	Herrerasaurus
4.5	裝甲龍屬	Hoplitosaurus
4.5	大龍屬	Magnosaurus
4.5	凹齒龍屬	Rhabdodon
4.0	愛氏角龍屬	Avaceratops
4.0	祖母暴龍屬	Aviatyrannis
4.0	奧卡龍屬	Aucasaurus
4.0	阿拉善龍屬	Alxasaurus
4.0	砂龍屬	Ammosaurus
4.0	肌肉龍屬	Ilokelesia
4.0	二連龍屬	Erlianosaurus
4.0	歐姆殿龍屬	Ohmdenosaurus
4.0	似金翅鳥龍屬	Garudimimus
4.0	嘉陵龍屬	Chialingosaurus
4.0	碗狀龍屬	Craterosaurus
4.0	科羅拉多斯龍屬	Coloradisaurus
4.0	莎拉龍屬	Sarahsaurus
4.0	林木龍屬	Silvisaurus
4.0	新疆獵龍屬	Xinjiangovenator
4.0	腿龍屬	Scelidosaurus
4.0	頂盾龍屬	Stegopelta
4.0	厚甲龍屬	Struthiosaurus
4.0	史托龍屬	Stokesosaurus
4.0	長臂獵龍屬	Tanycolagreus
4.0	長春龍屬	Changchunsaurus
4.0	中原龍屬	Zhongyuansaurus
4.0	天鎮龍屬	Tianzhenosaurus
4.0	恐爪龍屬	Deinonychus
4.0	奇異龍屬	Thescelosaurus
4.0	特提斯鴨嘴龍屬	Tethyshadros
4.0	匈牙利龍屬	Hungarosaurus
4.0	卞氏龍屬	Bienosaurus
4.0	鑄鐮龍屬	Falcarius
4.0	普拉丹龍屬（暫譯）	Pradhania
4.0	原角鼻龍屬	Proceratosaurus
4.0	大椎龍屬	Massospondylus
3.5	半鳥屬	Unenlagia
3.5	似鳥龍屬	Ornithomimus
3.5	氣龍屬	Gasosaurus
3.5	冠龍屬	Guanlong
3.5	克氏龍屬	Crichtonsaurus
3.5	破碎龍屬	Claosaurus
3.5	祖尼角龍屬	Zuniceratops
3.5	重慶龍屬	Chungkingosaurus
3.5	鹽都龍屬	Yandusaurus
3.0	古似鳥龍屬	Archaeornithomimus
3.0	遠食龍屬	Adeopapposaurus
3.0	活堡龍屬	Animantarx
3.0	似鵝龍屬	Anserimimus
3.0	隱龍屬	Yinlong
3.0	荒漠龍屬	Valdosaurus
3.0	烏奎洛龍屬	Unquillosaurus
3.0	艾爾雷茲龍屬	Elrhazosaurus
3.0	怪嘴龍屬（又名承雷口龍屬）	Gargoyleosaurus
3.0	坎普龍屬	Camposaurus

體長(m)	中文名稱	學名
3.0	秋扒龍屬	Qiupalong
3.0	哈卡斯龍屬	Kileskus
3.0	似金娜里龍屬	Kinnareemimus
3.0	重頭龍屬	Gravitholus
3.0	膝龍屬	Genusaurus
3.0	腔骨龍屬	Coelophysis
3.0	肉龍屬	Sarcosaurus
3.0	竊肉龍屬	Sarcolestes
3.0	聖胡安龍屬	Sanjuansaurus
3.0	左龍屬	Zuolong
3.0	冥河龍屬	Stygimoloch
3.0	智利龍屬	Chilesaurus
3.0	帖木兒龍屬	Timurlengia
3.0	德克薩斯龍屬	Texasetes
3.0	龍胄龍屬	Dracopelta
3.0	橡樹龍屬	Dryosaurus
3.0	內蒙古龍屬	Neimongosaurus
3.0	小掠龍屬	Bagaraatan
3.0	哈格里芬龍屬	Hagryphus
3.0	傾角龍屬	Prenoceratops
3.0	邁摩爾甲龍屬	Mymoorapelta
3.0	敏迷龍屬	Minmi
3.0	蒙大拿角龍屬	Montanoceratops
3.0	暴蜥伏龍屬	Raptorex
3.0	雷利諾龍屬	Leaellynasaura
3.0	冠椎龍屬	Lophostropheus
2.5	安尼柯龍屬	Aniksosaurus
2.5	彩虹龍屬	Arcusaurus
2.5	瓦爾盜龍屬	Variraptor
2.5	伶盜龍屬	Velociraptor
2.5	黑水龍屬	Unaysaurus
2.5	莫阿大學龍屬	Emausaurus
2.5	奔山龍屬	Orodromeus
2.5	鬥吻角龍屬	Cerasinops
2.5	虛骨龍屬	Coelurus
2.5	葬火龍屬	Citipati
2.5	中國似鳥龍屬	Sinornithomimus
2.5	加卡帕里龍屬	Jaklapallisaurus
2.5	沙怪龍屬	Seitaad
2.5	槽齒龍屬	Thecodontosaurus
2.5	帕克氏龍屬	Parksosaurus
2.5	潘蒂龍屬	Pantydraco
2.5	原角龍屬	Protoceratops
2.5	似鵜鶘龍屬	Pelecanimimus
2.5	波氏爪龍屬	Bonapartenykus
2.5	巨嘴龍屬	Magnirostris
2.0	安然龍屬	Asylosaurus
2.0	惡靈龍屬	Adasaurus
2.0	阿納拜斯龍屬	Anabisetia
2.0	極鱷龍屬	Aristosuchus
2.0	阿特拉斯科普柯龍屬	Atlascopcosaurus
2.0	近蜥龍屬	Anchisaurus
2.0	後纖手龍屬	Epichirostenotes
2.0	單足龍屬	Elmisaurus
2.0	澳洲盜龍屬	Ozraptor
2.0	奧哈盜龍屬	Ojoraptorsaurus
2.0	掘奔龍屬	Oryctodromeus
2.0	嗜鳥龍屬	Ornitholestes
2.0	快達龍屬	Qantassaurus
2.0	纖手龍屬	Chirostenotes
2.0	西峽龍屬	Xixiasaurus
2.0	角爪龍屬	Ceratonykus
2.0	韓國龍屬	Koreanosaurus
2.0	足龍屬	Kol
2.0	蜥鳥龍屬	Saurornithoides
2.0	扎納巴扎爾龍屬	Zanabazar
2.0	建昌龍屬	Jianchangosaurus
2.0	神州龍屬	Shenzhousaurus
2.0	始興龍屬	Shixinggia
2.0	中華麗羽龍屬	Sinocalliopteryx
2.0	南十字龍屬	Staurikosaurus

體長(m)	中文名稱	學名
2.0	諸城角龍屬	Zhuchengceratops
2.0	劍角龍屬	Stegoceras
2.0	斯托姆博格龍屬	Stormbergia
2.0	圓頭龍屬	Sphaerotholus
2.0	西風龍屬	Zephyrosaurus
2.0	邪靈龍屬	Daemonosaurus
2.0	塔羅斯龍屬	Talos
2.0	太陽神龍屬	Tawa
2.0	欽迪龍屬	Chindesaurus
2.0	白魔龍屬	Tsaagan
2.0	吐谷魯龍屬	Tugulusaurus
2.0	膨頭龍屬	Tylocephale
2.0	德克薩斯頭龍屬	Texacephale
2.0	龍盜龍屬	Dracoraptor
2.0	龍王龍屬	Dracorex
2.0	德林克龍屬	Drinker
2.0	傷齒龍屬	Troodon
2.0	馳龍屬（也稱奔龍屬）	Dromaeosaurus
2.0	耐梅蓋特母龍屬	Nemegtomaia
2.0	西北阿根廷龍屬	Noasaurus
2.0	簡手龍屬	Haplocheirus
2.0	巴拉烏爾龍屬	Balaur
2.0	稜齒龍屬	Hypsilophodon
2.0	拜倫龍屬	Byronosaurus
2.0	閃電獸龍屬	Fulgurotherium
2.0	傾頭龍屬	Prenocephale
2.0	無聊龍屬	Borogovia
2.0	惡龍屬	Masiakasaurus
2.0	小坐骨龍屬	Mirischia
2.0	合踝龍屬	Megapnosaurus
2.0	理察伊斯特斯龍屬	Richardoestesia
2.0	泥潭龍屬	Limusaurus
2.0	臨河獵龍屬	Linhevenator
2.0	萊氏龍屬	Leyesaurus
2.0	利奧尼拉龍屬	Leonerasaurus
2.0	纖角龍屬	Leptoceratops
1.9	北票龍屬	Beipiaosaurus
1.8	野蠻盜龍屬	Atrociraptor
1.8	飾頭龍屬	Goyocephale
1.8	蜥鳥盜龍屬	Sauronitholestes
1.8	內烏肯盜龍屬	Neuquenraptor
1.8	何耶龍屬	Haya
1.8	鸚鵡嘴龍屬	Psittacosaurus
1.8	華夏頜龍屬	Huaxiagnathus
1.8	何信祿龍屬	Hexinlusaurus
1.8	越龍屬	Yueosaurus
1.8	臨河盜龍屬	Linheraptor
1.8	欒川盜龍屬	Luanchuanraptor
1.7	靈龍屬	Agilisaurus
1.7	白峰龍屬	Albalophosaurus
1.7	始盜龍屬	Eoraptor
1.7	加斯帕里尼龍屬	Gasparinisaura
1.7	山陽龍屬	Shanyangosaurus
1.7	天青石龍屬	Nomingia
1.7	巴塔哥尼亞爪龍屬	Patagonykus
1.7	濫食龍屬	Panphagia
1.7	瑞欽龍屬	Rinchenia
1.6	偷蛋龍屬	Oviraptor
1.6	天宇盜龍屬	Tianyuraptor
1.6	帝龍屬	Dilong
1.5	擬鳥龍屬	Avimimus
1.5	古角龍屬	Archaeoceratops
1.5	艾沃克龍屬	Alwalkeria
1.5	懦弱龍屬	Ignavusaurus
1.5	髂鱷龍屬	Iliosuchus
1.5	烏爾巴克齒龍屬	Urbacodon
1.5	曙奔龍屬	Eodromaeus
1.5	可汗龍屬	Khaan
1.5	彩蛇龍屬	Kakuru
1.5	顏地龍屬	Chromogisaurus
1.5	雙子盜龍屬	Geminiraptor

長(m)	中文名稱	學名
1.5	竊螺龍屬	Conchoraptor
1.5	農神龍屬	Saturnalia
1.5	桑塔納盜龍屬	Santanaraptor
1.5	佛舞龍屬	Shanag
1.5	狹盤龍屬	Stenopelix
1.5	斯基龍屬	Segisaurus
1.5	斑嵴龍屬	Banji
1.5	平原馳龍屬	Pampadromaeus
1.5	鷲龍屬	Buitreraptor
1.5	河源龍屬	Heyuannia
1.5	快足龍屬	Podokesaurus
1.5	曲劍龍屬	Machairasaurus
1.5	閻王角龍屬	Yamaceratops
1.5	洛陽龍屬	Luoyanggia
1.5	賴索托龍屬	Lesothosaurus
1.4	阿基里斯龍屬	Achillesaurus
1.4	阿瓦拉慈龍屬	Alvarezsaurus
1.4	黃昏鳥屬	Hesperornis
1.3	朝鮮角龍屬	Koreaceratops
1.3	美頜龍屬	Compsognathus
1.3	中華龍鳥屬	Sinosauropteryx
1.3	小盾龍屬	Scutellosaurus
1.3	南方稜齒龍屬	Notohypsilophodon
1.3	斑比盜龍屬	Bambiraptor
1.3	皮薩諾龍屬	Pisanosaurus
1.3	太陽角龍屬	Helioceratops
1.3	小獵龍屬	Microvenator
1.2	醒龍屬	Abrictosaurus
1.2	會鳥屬	Sapeornis
1.2	曲鼻龍屬	Sinusonasus
1.2	中國獵龍屬	Sinovenator
1.2	中國鳥腳龍屬	Sinornithoides
1.2	中國鳥龍屬	Sinornithosaurus
1.2	大地龍屬	Tatisaurus
1.2	潛水鳥屬	Baptornis
1.2	似黃昏鳥屬	Parahesperornis
1.2	畸齒龍屬（又名異齒龍屬）	Heterodontosaurus
1.2	狼嘴龍屬（又名狼鼻龍屬）	Lycorhinus
1.1	亞伯達爪龍屬	Albertonykus
1.1	原美頜龍屬	Procompsognathus
1.0	奧伊考角龍屬	Ajkaceratops
1.0	義縣龍屬	Yixianosaurus
1.0	始奔龍屬	Eocursor
1.0	亞洲近頜龍屬	Caenagnathasia
1.0	朝陽龍屬	Chaoyangsaurus
1.0	纖細盜龍屬	Graciliraptor
1.0	庫林達奔龍屬	Kulindadromeus
1.0	似尾羽龍屬	Similicaudipteryx
1.0	宣化角龍屬	Xuanhuaceratops
1.0	鳥面龍屬	Shuvuuia
1.0	野牛角龍屬	Tatankaceratops
1.0	科技龍屬	Technosaurus
1.0	西爪龍屬	Hesperonychus
1.0	足羽龍屬	Pedopenna
1.0	單爪龍屬	Mononykus
1.0	恩霣渥巴龍	Nqwebasaurus
0.90	切齒龍屬	Incisivosaurus
0.90	尾羽龍屬	Caudipteryx
0.90	弱角龍屬	Bagaceratops
0.90	小盜龍屬	Microraptor
0.80	奧斯尼爾龍屬	Othnielia
0.80	熱河龍屬	Jeholosaurus
0.80	侏羅獵龍屬	Juravenator
0.75	棘齒龍屬	Echinodon
0.75	天宇龍屬	Tianyulong
0.75	果齒龍屬	Fruitadens
0.75	手齒龍屬	Manidens
0.73	氣肩盜龍屬	Pneumatoraptor
0.70	金鳳鳥屬	Jinfengopteryx
0.70	原始祖鳥屬	Protarchaeopteryx
0.70	大黑天神龍屬	Mahakala

體長(m)	中文名稱	學名
0.70	寐龍屬	Mei
0.70	脅空鳥龍屬	Rahonavis
0.70	小力加布龍屬	Ligabueino
0.60	游光爪龍屬	Albinykus
0.60	雅角龍屬	Graciliceratops
0.60	彭巴盜龍屬	Pamparaptor
0.60	原棄械龍屬	Propanoplosaurus
0.60	臨河爪龍屬	Linhenykus
0.60	皖南龍屬	Wannanosaurus
0.50	始祖鳥屬	Archaeopteryx
0.50	孔子鳥屬	Confuciusornis
0.50	西峽爪龍屬	Xixianykus
0.50	巴塔哥尼亞鳥屬	Patagopteryx
0.50	微腫頭龍屬（又名小腫頭龍屬）	Micropachycephalosaurus
0.50	遼寧角龍屬	Liaoceratops
0.45	烏禾爾龍屬	Wellnhoferia
0.45	曉廷龍屬	Xiaotingia
0.40	近鳥龍屬	Anchiornis
0.40	小馳龍屬	Parvicursor
0.34	遼寧龍屬	Liaoningosaurus
0.30	耀龍屬	Epidexipteryx
0.30	擅攀鳥龍屬	Epidendrosaurus
0.30	棒爪龍屬	Scipionyx
0.25	魚鳥屬	Ichthyornis
0.20	長城鳥屬	Changchengornis
0.20	鼠龍屬	Mussaurus
0.15	始孔子鳥屬	Eoconfuciusornis
0.15	昆卡鳥屬	Concornis
0.15	朝陽鳥屬	Chaoyangia
0.14	華夏鳥屬	Cathayornis
0.14	中國鳥屬	Sinornis
0.13	原羽鳥屬	Protopteryx
0.10	始反鳥屬	Eoenantiornis

191

恐龍一覽表（依出現時代順序）

時期		中文名稱	學名
三疊紀中期或晚期	拉丁期或卡尼期	農神龍屬	*Saturnalia*
三疊紀晚期	卡尼期	艾沃克龍屬	*Alwalkeria*
		曙奔龍屬	*Eodromaeus*
		始盜龍屬	*Eoraptor*
		坎普龍屬	*Camposaurus*
		顏地龍屬	*Chromogisaurus*
		聖胡安龍屬	*Sanjuansaurus*
		南十字龍屬	*Staurikosaurus*
		平原馳龍屬	*Pampadromaeus*
		濫食龍屬	*Panphagia*
		皮薩諾龍屬	*Pisanosaurus*
		艾雷拉龍屬	*Herrerasaurus*
	卡尼期～諾利期	黑水龍屬	*Unaysaurus*
		腔骨龍屬	*Coelophysis*
		欽迪龍屬	*Chindesaurus*
		貝里肯龍屬	*Blikanasaurus*
	卡尼期或諾利期	優肢龍屬	*Euskelosaurus*
		雷前龍屬	*Antetonitrus*
		哥斯拉龍屬	*Gojirasaurus*
		科羅拉多斯龍屬	*Coloradisaurus*
		惡魔龍屬	*Zupaysaurus*
	諾利期	鞍龍屬	*Sellosaurus*
		太陽神龍屬	*Tawa*
		科技龍屬	*Technosaurus*
		板龍屬	*Plateosaurus*
		原美頜龍屬	*Procompsognathus*
		里奧哈龍屬	*Riojasaurus*
		理理恩龍屬	*Liliensternus*
		呂勒龍屬	*Ruehleia*
		萊森龍屬	*Lessemsaurus*
	諾利期？	始奔龍屬	*Eocursor*
		鼠龍屬	*Mussaurus*
	諾利期～瑞替期	伊森龍屬	*Isanosaurus*
		槽齒龍屬	*Thecodontosaurus*
		加卡帕里龍屬	*Jaklapallisaurus*
		南巴爾龍屬	*Nambalia*
三疊紀晚期～侏羅紀早期	諾利期～辛涅繆爾期？	黑丘龍屬	*Melanorosaurus*
三疊紀晚期	瑞替期	安然龍屬	*Asylosaurus*
		卡米洛特屬	*Camelotia*
		邪靈龍屬	*Daemonosaurus*
三疊紀晚期～侏羅紀早期	瑞替期～赫唐期	冠椎龍屬	*Lophostropheus*
三疊紀晚期～侏羅紀早期	瑞替期？～普林斯巴期	元謀龍屬	*Yunnanosaurus*
三疊紀晚期～侏羅紀早期	瑞替期？～巴柔期	祿豐龍屬	*Lufengosaurus*
三疊紀晚期或侏羅紀早期	瑞替期或侏羅紀早期	潘蒂龍屬	*Pantydraco*
三疊紀晚期～侏羅紀早期		萊氏龍屬	*Leyesaurus*
侏羅紀早期		地爪龍屬	*Aardonyx*
		遠食龍屬	*Adeopapposaurus*
		彩虹龍屬	*Arcusaurus*
		冰河龍屬	*Glacialisaurus*
		哥打龍屬	*Kotasaurus*
		琪縣龍屬	*Gongxianosaurus*
		龍獵龍屬	*Dracovenator*
		通安龍屬	*Tonganosaurus*
		利奧尼拉龍屬	*Leonerasaurus*
	赫唐期	龍盜龍屬	*Dracoraptor*
		懦弱龍屬	*Ignavusaurus*
	赫唐期？	火山齒龍屬	*Vulcanodon*
		峨山龍屬	*Eshanosaurus*
	赫唐期～辛涅繆爾期	畸齒龍屬（又名異齒龍屬）	*Heterodontosaurus*
		合踝龍屬	*Megapnosaurus*
		醒龍屬	*Abrictosaurus*
		狼嘴龍屬（又名狼鼻龍屬）	*Lycorhinus*
		賴索托龍屬	*Lesothosaurus*
	赫唐期～普林斯巴期	金山龍屬	*Jingshanosaurus*
		大椎龍屬	*Massospondylus*

時期		中文名稱	學名
侏羅紀早期	赫唐期～普林斯巴期或普林斯巴期～托阿爾期	巨腳龍屬	*Barapasaurus*
	赫唐期或辛涅繆爾期	小盾龍屬	*Scutellosaurus*
		雙冠龍屬	*Dilophosaurus*
	辛涅繆爾期	肉龍屬	*Sarcosaurus*
		腿龍屬	*Scelidosaurus*
		普拉丹龍屬（暫譯）	*Pradhania*
		萊姆帕拉佛羅龍屬（又稱蘭布羅龍屬）	*Lamplughsaura*
	辛涅繆爾期？或赫唐期～普林斯巴期	大地龍屬	*Tatisaurus*
		卞氏龍屬	*Bienosaurus*
	辛涅繆爾期～普林斯巴期	冰冠龍屬	*Cryolophosaurus*
		莎拉龍屬	*Sarahsaurus*
		斯托姆博格龍屬	*Stormbergia*
		楚雄龍屬	*Chuxiongosaurus*
	普林斯巴期	沙怪龍屬	*Seitaad*
		塔鄒達龍屬	*Tazoudasaurus*
	普林斯巴期～托阿爾期	斯基龍屬	*Segisaurus*
		柏柏龍屬	*Berberosaurus*
		快足龍屬	*Podokesaurus*
侏羅紀早期～中期	普林斯巴期～巴柔期	砂龍屬	*Ammosaurus*
侏羅紀早期	普林斯巴期或托阿爾期	近蜥龍屬	*Anchisaurus*
		易門龍屬	*Yimenosaurus*
	托阿爾期	莫阿大學龍屬	*Emausaurus*
		歐姆殿龍屬	*Ohmdenosaurus*
侏羅紀中期	—	始馬門溪龍屬	*Eomamenchisaurus*
		克拉美麗龍屬	*Klamelisaurus*
		時代龍屬	*Shidaisaurus*
		切布龍屬	*Chebsaurus*
		川街龍屬	*Chuanjiesaurus*
		巧龍屬	*Bellusaurus*
		單冠龍屬	*Monolophosaurus*
		元謀龍屬	*Yuanmousaurus*
	阿林期～巴柔期	大龍屬	*Magnosaurus*
	阿林期～巴通期	手齒龍屬	*Manidens*
	巴柔期	杏齒龍屬	*Amygdalodon*
		澳洲盜龍屬	*Ozraptor*
		多里亞龍屬	*Duriavenator*
		瑞拖斯龍屬	*Rhoetosaurus*
	巴柔期？	何信祿龍屬	*Hexinlusaurus*
	巴柔期？～巴通期？	棘刺龍屬	*Spinophorosaurus*
	巴通期	古齒龍屬	*Archaeodontosaurus*
		亞特拉斯龍屬	*Atlasaurus*
		髂鱷龍屬	*Iliosuchus*
		央齒龍屬	*Cardiodon*
		哈卡斯龍屬	*Kileskus*
		十字手龍屬	*Cruxicheiros*
		迪布勒伊洛龍屬	*Dubreuillosaurus*
		原角鼻龍屬	*Proceratosaurus*
		雜肋龍屬	*Poekilopleuron*
		巨齒龍屬（斑龍屬）	*Megalosaurus*
		拉伯龍屬	*Lapparentosaurus*
	巴通期～卡洛夫期	靈龍屬	*Agilisaurus*
		文雅龍屬	*Abrosaurus*
		峨眉龍屬	*Omeisaurus*
		開江龍屬	*Kaijiangosaurus*
		氣龍屬	*Gasosaurus*
		宣漢龍屬	*Xuanhanosaurus*
		蜀龍屬	*Shunosaurus*
		大山鋪龍屬	*Dashanpusaurus*
		酋龍屬	*Datousaurus*
		華陽龍屬	*Huayangosaurus*
		鹽都龍屬	*Yandusaurus*
侏羅紀中期～晚期	巴通期～牛津期	中華盜龍屬	*Sinraptor*
	巴通期～？	馬門溪龍屬	*Mamenchisaurus*
侏羅紀中期	卡洛夫期	維恩獵龍屬	*Wiehenvenator*
		弗克海姆龍屬	*Volkheimeria*
		美扭椎龍屬	*Eustreptospondylus*
		似鯨龍屬	*Cetiosauriscus*

疊紀（2億5217萬年前～2億130萬年前）
羅紀（2億130萬年前～1億4500萬年前）
堊紀（1億4500萬年前～6600萬年前）

時期	中文名稱	學名
侏羅紀中期　卡洛夫期	鯨龍屬	Cetiosaurus
	神鷹盜龍屬	Condorraptor
	竊肉龍屬	Sarcolestes
	特維爾切龍屬	Tehuelchesaurus
	巴塔哥尼亞龍屬	Patagosaurus
	皮亞尼茲基龍屬	Piatnitzkysaurus
	皮爾遜龍屬	Piveteausaurus
	費爾干納龍屬	Ferganasaurus
	費爾干納頭龍屬	Ferganocephale
	勒蘇維斯龍屬	Lexovisaurus
	鎧甲龍屬	Loricatosaurus
羅紀中期~期　卡洛夫期~牛津期	糙節龍屬	Dystrophaeus
羅紀中期或期　卡洛夫期或牛津期	扭椎龍屬	Streptospondylus
羅紀中期~期	耀龍屬	Epidexipteryx
	庫林達奔龍屬	Kulindadromeus
羅紀中期或期	足羽龍屬	Pedopenna
-	嘉陵龍屬	Chialingosaurus
	重慶龍屬	Chungkingosaurus
	沱江龍屬	Tuojiangosaurus
	永川龍屬	Yangchuanosaurus
	樂山龍屬	Leshansaurus
侏羅紀晚期　牛津期	隱龍屬	Yinlong
	冠龍屬	Guanlong
	曉廷龍屬	Xiaotingia
	將軍龍屬	Jiangjunosaurus
	左龍屬	Zuolong
	簡手龍屬	Haplocheirus
	花臉角龍屬	Hualianceratops
	中棘龍屬	Metriacanthosaurus
	泥潭龍屬	Limusaurus
牛津期？	近鳥龍屬	Anchiornis
牛津期~啟莫里期	勞爾哈龍屬	Lourinhasaurus
牛津期~提通期	長臂獵龍屬	Tanycolagreus
啟莫里期	祖母暴龍屬	Aviatyrannis
	始祖鳥屬	Archaeopteryx
	舊鯊齒龍屬	Veterupristisaurus
	烏禾爾龍屬	Wellnhoferia
	歐羅巴龍屬	Europasaurus
	輕巧龍屬	Elaphrosaurus
	釘狀龍屬	Kentrosaurus
	美頜龍屬	Compsognathus
	詹尼斯龍屬	Janenschia
	侏羅獵龍屬	Juravenator
	似松鼠龍屬	Sciurumimus
	叉龍屬	Dicraeosaurus
	丁赫羅龍屬	Dinheirosaurus
	湯達鳩龍屬	Tendaguria
	多里亞巨龍屬	Duriatitan
	龍胄龍屬	Dracopelta
	拖尼龍屬	Tornieria
	腕龍屬	Brachiosaurus
	布羅希龍屬	Brohisaurus
啟莫里期~提通期	迷惑龍屬	Apatosaurus
	異特龍屬	Allosaurus
	雙腔龍屬	Amphicoelias
	猶他齒龍屬	Uteodon
	奧斯尼爾龍屬	Othnielia
	嗜鳥龍屬	Ornitholestes
	圓頂龍屬	Camarasaurus
	怪嘴龍屬（又名承霤口龍屬）	Gargoyleosaurus
	角鼻龍屬	Ceratosaurus
	虛骨龍屬	Coelurus
	食蜥王龍屬	Saurophaganax
	長頸巨龍屬	Giraffatitan
	超龍屬	Supersaurus
	劍龍屬	Stegosaurus
	史托龍屬	Stokesosaurus
	龍屬	Dacentrurus
	梁龍屬	Diplodocus
	橡樹龍屬	Dryosaurus

時期	中文名稱	學名
侏羅紀晚期　啟莫里期~提通期	德林克龍屬	Drinker
	蠻龍屬	Torvosaurus
	簡棘龍屬	Haplocanthosaurus
	西龍屬	Hesperosaurus
	馬什龍屬	Marshosaurus
	邁摩爾甲龍屬	Mymoorapelta
	米拉加亞屬	Miragaia
	盧雷亞樓龍屬	Lourinhanosaurus
侏羅紀晚期~白堊紀早期　啟莫里期~提通期，巴列姆期	彎龍屬	Camptosaurus
侏羅紀晚期，白堊紀晚期？　啟莫里期~提通期，賽諾曼期？	重龍屬	Barosaurus
啟莫里期或提通期	盤足龍屬	Euhelopus
侏羅紀晚期　提通期	南方梁龍屬	Australodocus
	朝陽龍屬	Chaoyangsaurus
	宣化角龍屬	Xuanhuaceratops
	智利龍屬	Chilesaurus
	龍爪龍屬	Draconyx
	蝴蝶龍屬	Hudiesaurus
	短頸潘龍屬	Brachytrachelopan
	果齒龍屬	Fruitadens
提通期？	春雷龍屬	Suuwassea
侏羅紀晚期~白堊紀早期　提通期~貝里亞期	圖里亞龍屬	Turiasaurus
提通期~巴列姆期	加爾瓦龍屬	Galveosaurus
侏羅紀晚期？　-	擅攀鳥龍屬	Epidendrosaurus
	露絲娜龍屬	Losillasaurus
侏羅紀晚期~白堊紀早期　侏羅紀晚期~凡蘭今期	似花君龍屬	Paranthodon
侏羅紀晚期？~白堊紀早期　侏羅紀晚期?~凡蘭今期	恩霹渥巴龍	Nqwebasaurus
白堊紀早期　-	黎明角龍屬	Auroraceratops
	始華夏鳥屬	Eocathayornis
	長生天龍屬	Erketu
	鄂托克鳥屬	Otogornis
	華夏鳥屬	Cathayornis
	卡龍加龍屬	Karongasaurus
	甘肅鳥屬	Gansus
	碗狀龍屬	Craterosaurus
	會鳥屬	Sapeornis
	建昌龍屬	Jianchangosaurus
	中國鳥屬	Sinornis
	佛舞龍屬	Shanag
	金鳳鳥屬	Jinfengopteryx
	朝陽鳥屬	Chaoyangia
	天宇龍屬	Tianyulong
	波羅赤鳥屬	Boluochia
	閻王角龍屬	Yamaceratops
	羽暴龍屬	Yutyrannus
	六榜龍屬	Liubangosaurus
貝里亞期	棘齒龍屬	Echinodon
	歐文齒龍屬	Owenodon
	狹盤龍屬	Stenopelix
	雅爾龍屬	Yaverlandia
貝里亞期~凡蘭今期	威爾頓盜龍屬	Valdoraptor
	異波塞東龍屬	Xenoposeidon
	林龍屬	Hylaeosaurus
	比克爾斯棘龍屬	Becklespinax
貝里亞期~凡蘭今期或巴列姆期	阿馬加龍屬	Amargasaurus
貝里亞期~豪特里維階	加斯頓龍屬	Gastonia
	雪松甲龍屬	Cedarpelta
	扁臀龍屬	Planicoxa
	猶他盜龍屬	Utahraptor
貝里亞期~巴列姆期	諾蓋爾鳥屬	Noguerornis
貝里亞期~阿普第期	荒漠龍屬	Valdosaurus
凡蘭今期	峽谷龍屬	Osmakasaurus
	棘椎龍屬	Spinostropheus
	重骨龍屬	Barilium
	高刺龍屬	Hypselospinus
	畸形龍屬	Pelorosaurus

恐龍一覽表（依出現時代順序）

時期		中文名稱	學名
白堊紀早期	凡蘭今期~豪特里維期	白峰龍屬	*Albalophosaurus*
	凡蘭今期~阿普第期	快達龍屬	*Qantassaurus*
	凡蘭今期~阿爾布期	禽龍屬	*Iguanodon*
		閃電獸龍屬	*Fulgurotherium*
	凡蘭今期?~阿爾布期	烏爾禾龍屬	*Wuerhosaurus*
		克拉瑪依龍屬	*Kelmayisaurus*
		吐谷魯龍屬	*Tugulusaurus*
		鸚鵡嘴龍屬	*Psittacosaurus*
	凡蘭今期或豪特里維期	似金娜里龍屬	*Kinnareemimus*
	豪特里維期	始孔子鳥屬	*Eoconfuciusornis*
	豪特里維期~巴列姆期	阿拉果龍屬	*Aragosaurus*
		毒癮龍屬	*Venenosaurus*
		布萬龍屬	*Phuwiangosaurus*
		暴蜥伏龍屬	*Raptorex*
	豪特里維期~阿普第期	抱鳥屬	*Ambiortus*
白堊紀早期~晚期	豪特里維期~賽諾曼期	約巴龍屬	*Jobaria*
白堊紀早期	巴列姆期	非洲獵龍屬	*Afrovenator*
		阿馬格巨龍屬	*Amargatitanis*
		極鱷龍屬	*Aristosuchus*
		義縣龍屬	*Yixianosaurus*
		鬣蜥巨龍屬	*Iguanacolossus*
		伊比利亞鳥屬	*Iberomesornis*
		切齒龍屬	*Incisivosaurus*
		始小翼鳥	*Eoalulavis*
		始反鳥屬	*Eoenantiornis*
		始暴龍屬	*Eotyrannus*
		武器龍屬（暫譯）	*Oplosaurus*
		鳥面龍屬	*Ornithopsis*
		尾羽龍屬	*Caudipteryx*
		纖細盜龍屬	*Graciliraptor*
		雪松龍屬	*Cedarosaurus*
		雪松山龍屬	*Cedrorestes*
		昆卡獵龍屬	*Concavenator*
		昆卡鳥屬	*Concornis*
		孔子鳥屬	*Confuciusornis*
		熱河龍屬	*Jeholosaurus*
		神州龍屬	*Shenzhousaurus*
		曲鼻龍屬	*Sinusonasus*
		中國獵龍屬	*Sinovenator*
		中華龍鳥屬	*Sinosauropteryx*
		中國鳥龍屬	*Sinornithosaurus*
		錦州龍屬	*Jinzhousaurus*
		達科塔齒龍屬	*Dakotadon*
		長城鳥屬	*Changchengornis*
		帝龍屬	*Dilong*
		德拉帕倫特龍屬	*Delapparentia*
		新獵龍屬	*Neovenator*
		內德科爾伯特龍屬	*Nedcolbertia*
		重爪龍屬	*Baryonyx*
		鑄鐮龍屬	*Falcarius*
		福井巨龍屬	*Fukuititan*
		原始祖鳥屬	*Protarchaeopteryx*
		原羽鳥屬	*Protopteryx*
		北票龍屬	*Beipiaosaurus*
		似鵜鶘龍屬	*Pelecanimimus*
		裝甲龍屬	*Hoplitosaurus*
		多刺甲龍屬（又名釘背龍屬）	*Polacanthus*
		小盜龍屬	*Microraptor*
		寐龍屬	*Mei*
		小力加布龍屬	*Ligabueino*
		遼寧角龍屬	*Liaoceratops*
		遼寧龍屬	*Liaoningosaurus*
		遼寧鳥屬	*Liaoningornis*
	巴列姆期?	雙子盜龍屬	*Geminiraptor*
	巴列姆期~阿普第期	薩帕拉龍屬	*Zapalasaurus*
		德曼達龍屬	*Demandasaurus*
		馬龍屬	*Hippodraco*
		稜齒龍屬	*Hypsilophodon*
		馬鬃龍屬	*Equijubus*
		原巴克龍屬	*Probactrosaurus*
		蘭州龍屬	*Lanzhousaurus*

時期		中文名稱	學名
白堊紀早期與晚期	巴列姆期~阿爾布期、坎佩尼期	南雄龍屬	*Nanshiungosaurus*
白堊紀早期	阿普第期	艾爾雷茲龍屬	*Elrhazosaurus*
		豪勇龍屬	*Ouranosaurus*
		彩蛇龍屬	*Kakuru*
		脊飾龍屬	*Cristatusaurus*
		蜥結龍屬	*Sauropelta*
		九台龍屬	*Jiutaisaurus*
		中華麗羽龍屬	*Sinocalliopteryx*
		中國暴龍屬	*Sinotyrannus*
		似尾羽龍屬	*Similicaudipteryx*
		暹羅暴龍屬	*Siamotyrannus*
		暹羅齒龍屬	*Siamodon*
		似鱷龍屬	*Suchomimus*
		西風龍屬	*Zephyrosaurus*
		塔斯塔維斯龍屬	*Tastavinsaurus*
		塔普亞龍屬	*Tapuiasaurus*
		長春龍屬	*Changchunsaurus*
		天宇盜龍屬	*Tianyuraptor*
		魁紂龍屬	*Tyrannotitan*
		東北巨龍屬	*Dongbeititan*
		華夏頜龍屬	*Huxiagnathus*
		扶綏龍屬	*Fusuisaurus*
		原棄械龍屬	*Propanoplosaurus*
		薄氏龍屬	*Bolong*
		馬拉威龍屬	*Malawisaurus*
		曼特爾龍屬	*Mantellisaurus*
		小獵龍屬	*Microvenator*
		敏迷龍屬	*Minmi*
		呵叻龍屬	*Ratchasimasaurus*
		沉龍屬	*Lurdusaurus*
	阿普第期~阿爾布期	奧古斯丁龍屬	*Agustinia*
		高棘龍屬	*Acrocanthosaurus*
		古角龍屬	*Archaeoceratops*
		亞馬遜龍屬	*Amazonsaurus*
		高吻龍屬	*Altirhinus*
		始鯊齒龍屬	*Eocarcharia*
		橋灣龍屬	*Qiaowanlong*
		隱面龍屬	*Kryptops*
		波塞東龍屬	*Sauroposeidon*
		雄關龍屬	*Xiongguanlong*
		沙漠龍屬	*Shamosaurus*
		敘五龍屬	*Xuwulong*
		肅州龍屬	*Suzhousaurus*
		牛頭龍屬	*Tatankacephalus*
		怪味龍屬	*Tangvayosaurus*
		眾神花園龍屬	*Theiophytalia*
		恐爪龍屬	*Deinonychus*
		腱龍屬	*Tenontosaurus*
		尼日龍屬	*Nigersaurus*
		福井龍屬	*Fukuisaurus*
		福井盜龍屬	*Fukuiraptor*
		側空龍屬	*Pleurocoelus*
		雷腳龍屬	*Brontomerus*
		北山龍屬	*Beishanlong*
		重怪龍屬	*Peloroplites*
白堊紀早期	阿普第期~阿爾布期	利加布龍屬	*Ligabuesaurus*
	阿普第期?~阿爾布期	吉蘭泰龍屬	*Chilantaisaurus*
	阿普第期~阿爾布期?	戈壁龍屬	*Gobisaurus*
		中國似鳥龍屬	*Sinornithomimus*
白堊紀早期~晚期	阿普第期~賽諾曼期	鯊齒龍屬	*Carcharodontosaurus*
		林木龍屬	*Silvisaurus*
	阿普第期、賽諾曼期~土倫期或阿爾布期~賽諾曼期	雷尤守龍屬	*Rayososaurus*
白堊紀早期	阿普第期或阿爾布期	新疆獵龍屬	*Xinjiangovenator*
	阿爾布期	澳洲南方龍屬	*Austrosaurus*
		棄械龍屬	*Anoplosaurus*
		阿比杜斯龍屬	*Abydosaurus*
		阿特拉斯科普柯龍屬	*Atlascopcosaurus*
		崇高龍屬	*Angaturama*
		激龍屬	*Irritator*
		大洋鳥屬	*Enaliornis*

時期		中文名稱	學名
白堊紀早期	阿爾布期	挺足龍屬	*Erectopus*
		南方獵龍屬	*Australovenator*
		膝龍屬	*Genusaurus*
		戈壁巨龍屬	*Gobititan*
		朝鮮角龍屬	*Koreaceratops*
		江山龍屬	*Jiangshanosaurus*
		金塔龍屬	*Jintasaurus*
		棒爪龍屬	*Scipionyx*
		大夏巨龍屬	*Daxiatitan*
		丹波巨龍屬	*Tambatitanis*
		丘布特龍屬	*Chubutisaurus*
		迪亞曼蒂納屬	*Diamantinasaurus*
		德克薩斯龍屬	*Texasetes*
		侏儒鳥屬	*Nanantius*
		爪爪龍屬	*Pawpawsaurus*
		似鳥身女妖龍屬	*Harpymimus*
		鴨頜龍屬	*Penelopognathus*
		花刺子模鳥屬	*Horezmavis*
		小坐骨龍屬	*Mirischia*
		木他龍屬	*Muttaburrasaurus*
		盜龍屬	*Rapator*
		雷利諾龍屬	*Leaellynasaura*
		雷巴齊斯龍屬	*Rebbachisaurus*
	阿爾布期？	阿拉善龍屬	*Alxasaurus*
		桑塔納盜龍屬	*Santanaraptor*
		南陽龍屬	*Nanyangosaurus*
白堊紀早期~晚期	阿爾布期~賽諾曼期	結節龍屬	*Nodosaurus*
		越龍屬	*Yueosaurus*
白堊紀早期~晚期或白堊紀晚期	阿爾布期~賽諾曼期或賽諾曼期~土倫期	阿根廷龍屬	*Argentinosaurus*
		安第斯龍屬	*Andesaurus*
		南方巨獸龍屬	*Giganotosaurus*
白堊紀早期~晚期	阿爾布期~土倫期？	溫頓巨龍屬	*Wintonotitan*
	阿爾布期？~賽諾曼期，馬斯垂克期	巴哈利亞龍屬	*Bahariasaurus*
白堊紀早期晚期	阿爾布期或賽諾曼期	太陽角龍屬	*Helioceratops*
白堊紀晚期	-	亞他加馬巨龍屬	*Atacamatitan*
		安尼柯龍屬	*Aniksosaurus*
		秋扒龍屬	*Qiupalong*
		岡瓦納巨龍屬	*Gondwanatitan*
		中國鳥腳龍屬	*Sinornithoides*
		山陽龍屬	*Shanyangosaurus*
		天鎮龍屬	*Tianzhenosaurus*
		寶天曼龍屬	*Baotianmansaurus*
		斑嵴龍屬	*Banji*
		密林龍屬	*Pycnonemosaurus*
		華北龍屬	*Huabeisaurus*
		河源龍屬	*Heyuannia*
		牛頭怪甲龍屬	*Minotaurasaurus*
		欒川盜龍屬	*Luanchuanraptor*
	賽諾曼期	活堡龍屬	*Animantarx*
		原賴氏龍屬	*Eolambia*
		奧沙拉龍屬	*Oxalaia*
		掘奔龍屬	*Oryctodromeus*
		卡瑪卡瑪龍屬	*Kemkemia*
		斯基瑪薩龍屬	*Sigilmassasaurus*
		峴山龍屬	*Xianshanosaurus*
		頂盾龍屬	*Stegopelta*
		棘龍屬	*Spinosaurus*
		浙江龍屬	*Zhejiangosaurus*
		三角洲奔龍屬	*Deltadromeus*
		帕斯基亞鳥屬	*Pasquiaornis*
		鷲龍屬	*Buitreraptor*
		始鴨嘴龍屬	*Protohadros*
		馬普龍屬	*Mapusaurus*
		洛陽龍屬	*Luoyanggia*
	賽諾曼期	皺褶龍屬	*Rugops*
		汝陽龍屬	*Ruyangosaurus*
	賽諾曼期？	埃及龍屬	*Aegyptosaurus*
		潮汐龍屬	*Paralititan*
	賽諾曼期~土倫期	阿納拜斯龍屬	*Anabisetia*
		肌肉龍屬	*Ilokelesia*
		烏爾巴克齒龍屬	*Urbacodon*

時期		中文名稱	學名
白堊紀晚期	賽諾曼期~土倫期	戈瓦里龍屬	*Gualicho*
		克氏龍屬	*Crichtonsaurus*
		雙廟龍屬	*Shuangmiaosaurus*
		蠍獵龍屬	*Skorpiovenator*
		德魯斯拉屬	*Drusilasaura*
		北方龍屬	*Borealosaurus*
	賽諾曼期~科尼亞克期	鷲龍屬	*Cathartesaura*
		獨孤龍屬	*Secernosaurus*
		怪踝龍屬	*Xenotarsosaurus*
		東陽巨龍屬	*Dongyangosaurus*
		南方稜齒龍屬	*Notohypsilophodon*
	賽諾曼期~山唐尼期	阿氏英雄龍屬	*Achillobator*
		安吐龍屬	*Amtosaurus*
		秘龍屬	*Enigmosaurus*
		死神龍屬	*Erlikosaurus*
		似金翅鳥龍屬	*Garudimimus*
		雅角龍屬	*Graciliceratops*
		慢龍屬	*Segnosaurus*
		白山龍屬	*Tsagantegia*
	賽諾曼期~坎佩尼期	籃尾龍屬	*Talarurus*
	賽諾曼期~坎佩尼期？	獨龍屬	*Alectrosaurus*
	土倫期	安哥拉巨龍屬	*Angolatitan*
		假鯊齒龍屬	*Shaochilong*
		黑亞瓦提龍屬	*Jeyawati*
		祖尼角龍屬	*Zuniceratops*
		卡戎龍屬（又名冥府渡神龍屬）	*Charonosaurus*
		帖木兒龍屬	*Timurlengia*
		內烏肯盜龍屬	*Neuquenraptor*
		懶爪龍屬	*Nothronychus*
		比賽特甲龍屬	*Bissektipelta*
		列弗尼斯氏龍屬	*Levnesovia*
	土倫期~科尼亞克期	半鳥屬	*Unenlagia*
		爆誕龍屬	*Ekrixinatosaurus*
		亞洲近頜龍屬	*Caenagnathasia*
		克孜勒庫姆鳥屬	*Kizylkumavis*
		銀河鳥屬	*Kuszholia*
		土鳥屬	*Sazavis*
		者勒鳥屬	*Zhyraornis*
		巴塔哥尼亞爪龍屬	*Patagonykus*
		彭巴盜龍屬	*Pamparaptor*
		富塔隆柯龍屬	*Futalognkosaurus*
		馬薩卡利神龍屬	*Maxakalisaurus*
		馬拉圭龍屬	*Malarguesaurus*
		穆耶恩龍屬	*Muyelensaurus*
		大盜龍屬	*Megaraptor*
		門多薩龍屬	*Mendozasaurus*
		林孔龍屬	*Rinconsaurus*
	土倫期~科尼亞克期	利尼斯鳥屬	*Lenesornis*
	土倫期~山唐尼期	阿米特頭屬	*Amtocephale*
		依特米龍屬	*Itemirus*
		鹹海龍屬	*Aralosaurus*
		牙克煞龍屬	*Jaxartosaurus*
	土倫期~馬斯垂克期	反鳥屬	*Enantiornis*
	科尼亞克期	中原龍屬	*Zhongyuansaurus*
		諾普喬椎龍屬	*Nopcsaspondylus*
		巨謎龍屬	*Macrogryphosaurus*
		岩壁盜龍屬	*Murusraptor*
	科尼亞克期~山唐尼期	西峽爪龍屬	*Xixianykus*
	科尼亞克期~山唐尼期或山唐尼期~坎佩尼期	內烏肯龍屬	*Neuquensaurus*
	科尼亞克期~坎佩尼期	虛椎鳥屬	*Apatornis*
		魚鳥屬	*Ichthyornis*
		西峽龍屬	*Xixiasaurus*
		破碎龍屬	*Claosaurus*
		尼奧布拉拉龍屬	*Niobrarasaurus*
		潛水鳥屬	*Baptornis*
		似黃昏鳥屬	*Parahesperornis*

恐龍一覽表（依出現時代順序）

時期		中文名稱	學名
白堊紀晚期	科尼亞克期~馬斯垂克期	蘇尼特龍屬	*Sonidosaurus*
		黃昏鳥屬	*Hesperornis*
	科尼亞克期?~馬斯垂克期?	譚氏龍屬	*Tanius*
	山唐尼期	奧伊考角龍屬	*Ajkaceratops*
	山唐尼期	氣腔龍屬	*Aerosteon*
		阿基里斯龍屬	*Achillesaurus*
		游光爪龍屬	*Albinykus*
		始糙齒龍屬	*Eotrachodon*
		巨盜龍屬	*Gigantoraptor*
		刃齒龍屬	*Craspedodon*
		獅鷲角龍屬	*Gryphoceratops*
		角爪龍屬	*Ceratonykus*
		精靈巨龍屬（暫譯）	*Traukutitan*
		何耶龍屬	*Haya*
		匈牙利龍屬	*Hungarosaurus*
		氣肩盜龍屬	*Pneumatoraptor*
		佩特羅布拉斯龍屬（暫譯）	*Petrobrasaurus*
		博妮塔龍屬	*Bonitasaura*
	山唐尼期~坎佩尼期	亞洲黃昏鳥屬	*Asiahesperornis*
		阿瓦拉慈龍屬	*Alvarezsaurus*
		加斯帕里尼龍屬	*Gasparinisaurus*
		飾頭龍屬	*Goyocephale*
		日本龍屬	*Nipponosaurus*
		內烏肯鳥屬	*Neuquenornis*
		巴塔哥尼亞鳥屬	*Patagopteryx*
		海積鳥屬	*Halimornis*
		原角龍屬	*Protoceratops*
	山唐尼期~坎佩尼期?	阿貝力龍屬	*Abelisaurus*
		速龍屬	*Velocisaurus*
	山唐尼期?~坎佩尼期	安德薩角龍屬	*Udanoceratops*
		格里芬龍屬	*Gryposaurus*
		韓國龍屬	*Koreanosaurus*
	山唐尼期?~坎佩尼期?	繪龍屬	*Pinacosaurus*
	山唐尼期~馬斯垂克期	戈壁角龍屬	*Gobiceratops*
		薩爾塔龍屬	*Saltasaurus*
		清秀龍屬	*Qingxiusaurus*
		扁角龍屬	*Platyceratops*
		凹齒龍屬	*Rhabdodon*
		喇嘛角龍屬	*Lamaceratops*
		理察伊斯特斯龍屬	*Richardoestesia*
	山唐尼期?~馬斯垂克期	伶盜龍屬	*Velociraptor*
	山唐尼期或坎佩尼期	足龍屬	*Kol*
	坎佩尼期	愛氏角龍屬	*Avaceratops*
		擬鳥龍屬	*Avimimus*
		奧卡龍屬	*Aucasaurus*
		阿古哈角龍屬	*Agujaceratops*
		始無冠龍屬	*Acristavus*
		原鳥形龍屬	*Archaeornithoides*
		河神龍屬	*Achelousaurus*
		吉普賽龍屬	*Atsinganosaurus*
		阿納薩齊龍屬	*Anasazisaurus*
		阿巴拉契亞龍屬	*Appalachiosaurus*
		神翼鳥屬	*Apsaravis*
		史色甲龍屬	*Ahshislepelta*
		阿拉斯加頭龍屬	*Alaskacephale*
		亞伯達角龍屬	*Albertaceratops*
		阿克西鳥屬	*Alexornis*
		彎嚼龍屬	*Angulomastacator*
		南極甲龍屬	*Antarctopelta*
		迷亂角龍屬	*Vagaceratops*
		威拉弗龍屬	*Velafrons*
		溫蒂角龍屬	*Wendiceratops*
		烏如那鳥屬	*Vorona*
		野牛龍屬	*Einiosaurus*
		開角龍屬	*Chasmosaurus*
		可汗龍屬	*Khaan*
		酋爾龍屬	*Quilmesaurus*
		計氏龍屬	*Gilmoreosaurus*
		非凡龍屬	*Quaesitosaurus*
		重頭龍屬	*Gravitholus*
		泥隱龍屬	*Glishades*

時期		中文名稱	學名
白堊紀晚期	坎佩尼期	鬥吻角龍屬	*Cerasinops*
		科阿韋拉角龍屬	*Coahuilaceratops*
		華麗角龍屬	*Kosmoceratops*
		白堊鳥屬	*Coniornis*
		戈壁鳥屬	*Gobipteryx*
		冠龍屬	*Corythosaurus*
		蛇髮女怪龍屬	*Gorgosaurus*
		葬火龍屬	*Citipati*
		山東龍屬	*Shantungosaurus*
		諸城暴龍屬	*Zhuchengtyrannus*
		戟龍屬（又名刺盾角龍屬）	*Styracosaurus*
		棘面龍屬	*Spinops*
		尖角龍屬	*Centrosaurus*
		懼龍屬	*Daspletosaurus*
		塔哈斯克龍屬	*Tarascosaurus*
		塔羅斯龍屬	*Talos*
		白魔龍屬	*Tsaagan*
		惡魔角龍屬	*Diabloceratops*
		泰坦角龍屬	*Titanoceratops*
		怪獵龍屬	*Teratophoneus*
		納秀畢吐龍屬	*Naashoibitosaurus*
		大鼻角龍屬	*Nasutoceratops*
		納拉姆布埃納巨龍屬	*Narambuenatitan*
		弱角龍屬	*Bagaceratops*
		巴克龍屬	*Bactrosaurus*
		哈格里芬龍屬	*Hagryphus*
		鴨嘴龍屬	*Hadrosaurus*
		冑甲龍屬	*Panoplosaurus*
		小馳龍屬	*Parvicursor*
		巴羅莎龍屬	*Barrosasaurus*
		斑比盜龍屬	*Bambiraptor*
		虐龍屬	*Bistahieversor*
		發現龍屬	*Pitekunsaurus*
		亞冠龍屬	*Hypacrosaurus*
		拜倫龍屬	*Byronosaurus*
		華夏龍屬	*Huaxiaosaurus*
		短冠龍屬	*Brachylophosaurus*
		傾角龍屬	*Prenoceratops*
		原櫛龍屬	*Prosaurolophus*
		原短冠龍屬	*Probrachylophosaurus*
		西爪龍屬	*Hesperonychus*
		柏利連尼龍屬	*Pellegrinisaurus*
		慈母龍屬	*Maiasaura*
		曲劍龍屬	*Machairasaurus*
		曲角龍屬	*Machairoceratops*
		巨嘴龍屬	*Magnirostris*
		惡龍屬	*Masiakasaurus*
		瑪君龍屬	*Majungasaurus*
		瑪君顱龍屬	*Majungatholus*
		大黑天神屬	*Mahakala*
		微腫頭龍屬（又名小腫頭龍屬）	*Micropachycephalosaurus*
		梅杜莎角龍屬	*Medusaceratops*
		魅惑角龍屬	*Mojoceratops*
		單爪龍屬	*Mononykus*
		猶他角龍屬	*Utahceratops*
		尤內斯克角龍屬	*Unescoceratops*
		掠食龍屬	*Rapetosaurus*
		脅空鳥龍屬	*Rahonavis*
		賴氏龍屬（又名蘭伯龍屬）	*Lambeosaurus*
		血王龍屬	*Lythronax*
		闊鳥屬	*Limenavis*
		細長龍屬	*Lirainosaurus*
		臨河獵龍屬	*Linhevenator*
		臨河爪龍屬	*Linhenykus*
		臨河盜龍屬	*Linheraptor*
		刺叢龍屬	*Rubeosaurus*
		洛卡龍屬	*Rocasaurus*
		冠長鼻龍屬	*Lophorhothon*
		皖南龍屬	*Wannanosaurus*
	坎佩尼期?	古似鳥龍屬	*Archaeornithomimus*
		烏奎洛索屬	*Unquillosaurus*
		二連龍屬	*Erlianosaurus*
		偷蛋龍屬	*Oviraptor*
		竊螺龍屬	*Conchoraptor*

時期	中文名稱	學名
坎佩尼期？	美甲龍屬	Saichania
	鳥面龍屬	Shuvuuia
	青島龍屬	Tsintaosaurus
	膨頭龍屬	Tylocephale
	內蒙古龍屬	Neimongosaurus
	胡山足龍屬	Hulsanpes
	嶼峽龍屬	Labocania
坎佩尼期～馬斯垂克期	鳥龍鳥屬	Avisaurus
	南方盜龍屬	Austroraptor
	風神龍屬	Aeolosaurus
	阿達曼提龍屬	Adamantisaurus
	銀龍屬	Argyrosaurus
	亞伯達龍屬	Albertosaurus
	準角龍屬	Anchiceratops
	南極龍屬	Antarctosaurus
	瓦爾盜龍屬	Variraptor
	南似鴨龍屬	Willinakaqe
	包頭龍屬	Euoplocephalus
	埃德蒙頓甲龍屬	Edmontonia
	沉重龍屬	Epachthosaurus
	似鳥龍屬	Ornithomimus
	奔山龍屬	Orodromeus
	食肉牛龍屬	Carnotaurus
	纖手龍屬	Chirostenotes
	蜥鳥龍屬	Saurornithoides
	蜥鳥盜龍屬	Saurornitholestes
	劍角龍屬	Stegoceras
	厚甲龍屬	Struthiosaurus
	似鴕龍屬	Struthiomimus
	姐妹鳥龍鳥屬	Soroavisaurus
	特暴龍屬	Tarbosaurus
	德克薩斯頭龍屬	Texacephale
	奇異龍屬	Thescelosaurus
	傷龍屬	Dryptosaurus
	傷齒龍屬	Troodon
	馳龍屬（也稱奔龍屬）	Dromaeosaurus
	南寧龍屬	Nanningosaurus
	貝恩角龍屬	Bainoceratops
	泛美龍屬（暫譯）	Panamericansaurus
	副櫛龍屬	Parasaurolophus
	波氏爪龍屬	Bonapartenykus
	歐爪牙龍屬	Euronychodon
	雲加鳥屬	Yungavolucris
	拉布拉達龍屬	Laplatasaurus
坎佩尼期～馬斯垂克期	勒庫鳥屬	Lectavis
坎佩尼期？～馬斯垂克期	雌駝龍屬	Ajancingenia
	櫛龍屬	Saurolophus
	多智龍屬	Tarchia
	暴龍屬	Tyrannosaurus
	西北阿根廷龍屬	Noasaurus
	傾頭龍屬	Prenocephale
	五角龍屬	Pentaceratops
坎佩尼期或是馬斯垂克期	野蠻盜龍屬	Atrociraptor
	扎納巴扎爾龍屬	Zanabazar
	耐梅蓋特母龍屬	Nemegtomaia
	結節頭龍屬	Nodocephalosaurus
坎佩尼期？或是馬斯垂克期	巴思缽氏龍屬	Barsboldia
馬斯垂克期	南手龍屬	Austrocheirus
	惡靈龍屬	Adasaurus
	阿穆爾龍屬	Amurosaurus
	阿拉摩龍屬	Alamosaurus
	亞伯達爪龍屬	Albertonykus
	無鼻角龍屬	Arrhinoceratops
	艾瑞龍屬	Arenysaurus
	甲龍屬	Ankylosaurus
	似鵝龍屬	Anserimimus
	葡萄園龍屬	Ampelosaurus
	伊希斯龍屬	Isisaurus
	印度龍屬	Indosaurus
	印度鱷龍屬	Indosuchus
	維達格里龍屬	Vitakridrinda
	烏貝拉巴巨龍屬	Uberabatitan

左欄時期總標題：白堊紀晚期

時期	中文名稱	學名
馬斯垂克期	烏拉嘎龍屬	Wulagasaurus
	始三角龍屬	Eotriceratops
	埃德蒙頓龍屬	Edmontosaurus
	後纖手龍屬	Epichirostenotes
	單足龍屬	Elmisaurus
	白楊山角龍屬	Ojoceratops
	奧哈盜龍屬	Ojoraptorsaurus
	後凹尾龍屬	Opisthocoelicaudia
	齒河盜龍屬	Orkoraptor
	扇冠大天鵝龍屬	Olorotitan
	似雞龍屬	Gallimimus
	卡岡杜亞鳥屬	Gargantuavis
	虔州龍屬	Qianzhousaurus
	格日勒鳥屬	Gurilynia
	海特蘭龍屬	Khetranisaurus
	克貝洛斯龍屬	Kerberosaurus
	匙龍屬	Koutalisaurus
	黑龍江龍屬	Sahaliyania
	查摩西斯屬	Zalmoxes
	始興龍屬	Shixingia
	中國角龍屬	Sinoceratops
	耆那龍屬	Jainosaurus
	尤氏鳥屬	Judinornis
	諸城角龍屬	Zhuchengceratops
	冥河龍屬	Stygimoloch
	圓頭龍屬	Sphaerotholus
	蘇萊曼龍屬	Sulaimanisaurus
	野牛角龍屬	Tatankaceratops
	小頭龍屬	Talenkauen
	泰坦巨龍屬	Titanosaurus
	恐手龍屬	Deinocheirus
	特提斯鴨嘴龍屬	Tethyshadros
	鐮刀龍屬	Therizinosaurus
	沼澤龍屬	Telmatosaurus
	舵鳥龍屬	Tochisaurus
	龍王屬	Dracorex
	三角龍屬	Triceratops
	三角區龍屬	Trigonosaurus
	牛角龍屬	Torosaurus
	矮暴龍屬	Nanotyrannus
	納摩蓋吐龍屬	Nemegtosaurus
	天青石龍屬	Nomingia
	包魯巨龍屬	Baurutitan
	小掠屬	Bagaraatan
	厚頭龍屬	Pachycephalosaurus
	巴基龍屬	Pakisaurus
	厚鼻龍屬	Pachyrhinosaurus
	巴拉烏爾龍屬	Balaur
	帕克氏龍屬	Parksosaurus
	沼澤巨龍屬	Paludititan
	俾路支龍屬	Balochisaurus
	火盜龍屬	Pyroraptor
	普爾塔龍屬	Puertasaurus
	布拉西龍屬	Blasisaurus
	河鳥屬	Potamornis
	博納巨龍屬	Bonatitan
	無聊龍屬	Borogovia
	馬扎爾龍屬	Magyarosaurus
	馬里龍屬	Marisaurus
	蒙大拿角龍屬	Montanoceratops
	福左輕鱷龍屬	Laevisuchus
	勝王龍屬	Rajasaurus
	容哈拉龍屬	Rahiolisaurus
	瑞欽龍屬	Rinchenia
	皇家角龍屬	Regaliceratops
	纖角龍屬	Leptoceratops
馬斯垂克期？	分支龍屬	Alioramus
白堊紀晚期？或侏羅紀晚期？ 馬斯垂克期？或（啟莫里期～提通期）？	難覓龍屬	Dyslocosaurus

右欄時期總標題：白堊紀晚期

197

北美洲

產地	中文名稱	學名
加拿大	野蠻盜龍屬	Atrociraptor
	亞伯達角龍屬	Albertaceratops
	亞伯達爪龍屬	Albertonykus
	無鼻角龍屬	Arrhinoceratops
	準角龍屬	Anchiceratops
	迷亂角龍屬	Vagaceratops
	溫蒂角龍屬	Wendiceratops
	始三角龍屬	Eotriceratops
	後纖手龍屬	Epichirostenotes
	開角龍屬	Chasmosaurus
	重頭龍屬	Gravitholus
	獅鷲角龍屬	Gryphoceratops
	冠龍屬	Corythosaurus
	櫛龍屬	Saurolophus
	戟龍屬（又名刺盾角龍屬）	Styracosaurus
	似鴕龍屬	Struthiomimus
	棘面龍屬	Spinops
	尖角龍屬	Centrosaurus
	帕斯基亞鳥屬	Pasquiaornis
	冑甲龍屬	Panoplosaurus
	帕克氏龍屬	Parksosaurus
	西爪龍屬	Hesperonychus
	魅惑角龍屬	Mojoceratops
	尤內斯克角龍屬	Unescoceratops
	皇家角龍屬	Regaliceratops
加拿大、美國（阿拉斯加州）	厚鼻龍屬	Pachyrhinosaurus
加拿大、美國（阿拉斯加州、蒙大拿州）	馳龍屬（也稱奔龍屬）	Dromaeosaurus
加拿大、美國（阿拉斯加州、蒙大拿州、南達科他州、懷俄明州、德州）	埃德蒙頓甲龍屬	Edmontonia
加拿大、美國（阿拉斯加州、蒙大拿州、新墨西哥州、德州）	蜥鳥盜龍屬	Saurornitholestes
加拿大、美國（阿拉斯加州、蒙大拿州、懷俄明州）、墨西哥	傷齒龍屬	Troodon
加拿大、美國（蒙大拿州）	包頭龍屬	Euoplocephalus
	奔山龍屬	Orodromeus
	格里芬龍屬	Gryposaurus
	劍角龍屬	Stegoceras
	亞冠龍屬	Hypacrosaurus
	短冠龍屬	Brachylophosaurus
	原櫛龍屬	Prosaurolophus
	蒙大拿角龍屬	Montanoceratops
加拿大、美國（蒙大拿州、北達科他州、南達科他州、懷俄明州、科羅拉多州）	埃德蒙頓龍屬	Edmontosaurus
	三角龍屬	Triceratops
加拿大、美國（蒙大拿州、北達科他州、南達科他州、懷俄明州、猶他州、科羅拉多州、新墨西哥州、德州）	暴龍屬	Tyrannosaurus
	牛角龍屬	Torosaurus
加拿大、美國（蒙大拿州、南達科他州）	纖手龍屬	Chirostenotes
加拿大、美國（蒙大拿州、南達科他州、懷俄明州、科羅拉多州）	奇異龍屬	Thescelosaurus
加拿大、美國（蒙大拿州、懷俄明州）	亞伯達龍屬	Albertosaurus
	甲龍屬	Ankylosaurus
	纖角龍屬	Leptoceratops
加拿大、美國（蒙大拿州、猶他州、新墨西哥州）	副櫛龍屬	Parasaurolophus
加拿大、美國（蒙大拿州、亞利桑那州）	蛇髮女怪龍屬	Gorgosaurus
加拿大、美國（蒙大拿州、新墨西哥州）	懼龍屬	Daspletosaurus
加拿大、美國（蒙大拿州、德州）	理察伊斯特斯龍屬	Richardoestesia
加拿大、美國（懷俄明州，猶他州，科羅拉多州）	似鳥龍屬	Ornithomimus
加拿大、美國（內布拉斯加州、堪薩斯州）	黃昏鳥屬	Hesperornis

產地	中文名稱	學名
加拿大、墨西哥	賴氏龍屬（又名蘭伯龍屬）	Lambeosaurus
美國（阿拉斯加州）	阿拉斯加頭龍屬	Alaskacephale
美國（蒙大拿州）	愛氏角龍屬	Avaceratops
	鳥龍鳥屬	Avisaurus
	始無冠龍屬	Acristavus
	河神龍屬	Achelousaurus
	野牛龍屬	Einiosaurus
	掘奔龍屬	Oryctodromeus
	泥隱龍屬	Glishades
	門吻角龍屬	Cerasinops
	白堊鳥屬	Coniornis
	春雷龍屬	Suuwassea
	圓頭龍屬	Sphaerotholus
	西風龍屬	Zephyrosaurus
	牛頭龍屬	Tatankacephalus
	矮暴龍屬	Nanotyrannus
	斑比盜龍屬	Bambiraptor
	傾角龍屬	Prenoceratops
	原短冠龍屬	Probrachylophosaurus
	慈母龍屬	Maiasaura
	梅杜莎角龍屬	Medusaceratops
	刺叢龍屬	Rubeosaurus
美國（蒙大拿州、北達科他州、懷俄明州）	冥河龍屬	Stygimoloch
美國（蒙大拿州、南達科他州、懷俄明州）	厚頭龍屬	Pachycephalosaurus
美國（蒙大拿州、南達科他州、懷俄明州、猶他州、科羅拉多州、新墨西哥州、奧克拉荷馬州）	異特龍屬	Allosaurus
美國（蒙大拿州、懷俄明州）	蜥結龍屬	Sauropelta
	小獵龍屬	Microvenator
美國（蒙大拿州、懷俄明州、猶他州、科羅拉多州、新墨西哥州）	圓頂龍屬	Camarasaurus
美國（蒙大拿州、懷俄明州、奧克拉荷馬州）	恐爪龍屬	Deinonychus
美國（蒙大拿州、懷俄明州、德州）	腱龍屬	Tenontosaurus
美國（南達科他州）	禽龍屬	Iguanodon
	峽谷龍屬	Osmakasaurus
	達科塔齒龍屬	Dakotadon
	野牛角龍屬	Tatankaceratops
	龍王屬	Dracorex
	裝甲龍屬	Hoplitosaurus
美國（南達科他州、猶他州？）	重龍屬	Barosaurus
美國（懷俄明州）	怪嘴龍屬（又名承霤口龍屬）	Gargoyleosaurus
	頂盾龍屬	Stegopelta
	長臂獵龍屬	Tanycolagreus
	難覓龍屬	Dyslocosaurus
	德林克龍屬	Drinker
	結節龍屬	Nodosaurus
	西龍屬	Hesperosaurus
	河鳥屬	Potamornis
美國（懷俄明州、猶他州）	嗜鳥龍屬	Ornitholestes
	虛骨龍屬	Coelurus
美國（懷俄明州、猶他州、科羅拉多州）	奧斯尼爾龍屬	Othnielia
	劍龍屬	Stegosaurus
	橡樹龍屬	Dryosaurus
	蠻龍屬	Torvosaurus
美國（懷俄明州、猶他州、科羅拉多州、新墨西哥州）	梁龍屬	Diplodocus
美國（懷俄明州、猶他州、科羅拉多州、奧克拉荷馬州）	迷惑龍屬	Apatosaurus
	彎龍屬	Camptosaurus
美國（懷俄明州、科羅拉多州）	簡棘龍屬	Haplocanthosaurus
美國（內布拉斯加州、堪薩斯州）	虛椎鳥屬	Apatornis
美國（麻薩諸塞州）	快足龍屬	Podokesaurus
美國（麻薩諸塞州、康乃狄克州）	近蜥龍屬	Anchisaurus
美國（康乃狄克州、亞利桑那州）	砂龍屬	Ammosaurus

國（紐澤西州）	傷龍屬	Dryptosaurus
	鴨嘴龍屬	Hadrosaurus
	活堡龍屬	Animantarx
	阿比杜斯龍屬	Abydosaurus
	鬣蜥巨龍屬	Iguanacolossus
	毒癮龍屬	Venenosaurus
	猶他齒龍屬	Uteodon
	原賴氏龍屬	Eolambia
	加斯頓龍屬	Gastonia
	雪松甲龍屬	Cedarpelta
	雪松龍屬	Cedarosaurus
	雪松山龍屬	Cedrorestes
	雙子盜龍屬	Geminiraptor
	華麗角龍屬	Kosmoceratops
	史托龍屬	Stokesosaurus
	沙怪龍屬	Seitaad
國（猶他州）	塔羅斯龍屬	Talos
	惡魔角龍屬	Diabloceratops
	糙節龍屬	Dystrophaeus
	怪獵龍屬	Teratophoneus
	大鼻角龍屬	Nasutoceratops
	內德科爾伯特龍屬	Nedcolbertia
	哈格里芬龍屬	Hagryphus
	馬龍屬	Hippodraco
	鑄鐮龍屬	Falcarius
	扁臀龍屬	Planicoxa
	雷腳龍屬	Brontomerus
	重怪龍屬	Peloroplites
	馬什龍屬	Marshosaurus
	曲角龍屬	Machairoceratops
	猶他角龍屬	Utahceratops
	猶他盜龍屬	Utahraptor
	血王龍屬	Lythronax
國（猶他州、科羅拉多州）	角鼻龍屬	Ceratosaurus
	長頸巨龍屬	Giraffatitan
國（猶他州、新墨西哥州、德州）	阿拉摩龍屬	Alamosaurus
	雙腔龍屬	Amphicoelias
	超龍屬	Supersaurus
國（科羅拉多州）	眾神花園龍屬	Theiophytalia
	果齒龍屬	Fruitadens
	邁摩爾甲龍屬	Mymoorapelta
國（馬里蘭州）	原棄械龍屬	Propanoplosaurus
國（馬里蘭州、德州）	側空龍屬	Pleurocoelus
	破碎龍屬	Claosaurus
	林木龍屬	Silvisaurus
國（堪薩斯州）	尼奧布拉拉龍屬	Niobrarasaurus
	潛水鳥屬	Baptornis
	似黃昏鳥屬	Parahesperornis
國（堪薩斯州、阿拉巴馬州）	魚鳥屬	Ichthyornis
	坎普龍屬	Camposaurus
	莎拉龍屬	Sarahsaurus
國（亞利桑那州）	小盾龍屬	Scutellosaurus
	斯基龍屬	Segisaurus
	雙冠龍屬	Dilophosaurus
	合踝龍屬	Megapnosaurus
國（亞利桑那州、新墨西哥州）	腔骨龍屬	Coelophysis
國（亞利桑那州、新墨西哥州、德州）	欽迪龍屬	Chindesaurus
	阿納薩齊龍屬	Anasazisaurus
	史色甲龍屬	Ahshislepelta
	白楊山角龍屬	Ojoceratops
國（新墨西哥州）	奧哈盜龍屬	Ojoraptorsaurus
	哥斯拉龍屬	Gojirasaurus
	黑亞瓦提龍屬	Jeyawati
	祖尼角龍屬	Zuniceratops
	邪靈龍屬	Daemonosaurus

美國（新墨西哥州）	太陽神龍屬	Tawa
	泰坦角龍屬	Titanoceratops
	納秀畢吐龍屬	Naashoibitosaurus
	結節頭龍屬	Nodocephalosaurus
	懶爪龍屬	Nothronychus
	虐龍屬	Bistahieversor
	五角龍屬	Pentaceratops
美國（奧克拉荷馬州）	食蜥王龍屬	Saurophaganax
	波塞東龍屬	Sauroposeidon
美國（奧克拉荷馬州、德州）	高棘龍屬	Acrocanthosaurus
美國（北卡羅萊納州、阿拉巴馬州）	冠長鼻龍屬	Lophorhothon
	阿古哈角龍屬	Agujaceratops
	彎嚼龍屬	Angulomastacator
	德克薩斯頭龍屬	Texacephale
美國（德州）	德克薩斯龍屬	Texasetes
	科技龍屬	Technosaurus
	爪爪龍屬	Pawpawsaurus
	始鴨嘴龍屬	Protohadros
	阿巴拉契亞龍屬	Appalachiosaurus
美國（阿拉巴馬州）	始糙齒龍屬	Eotrachodon
	海積鳥屬	Halimornis
	阿克西鳥屬	Alexornis
墨西哥	威拉弗龍屬	Velafrons
	科阿韋拉角龍屬	Coahuilaceratops
	嶼峽龍屬	Labocania

南美洲

產地	中文名稱	學名
	阿達曼提龍屬	Adamantisaurus
	亞馬遜龍屬	Amazonsaurus
	崇高龍屬	Angaturama
	激龍屬	Irritator
	黑水龍屬	Unaysaurus
	烏貝拉巴巨龍屬	Uberabatitan
	奧沙拉龍屬	Oxalaia
	岡瓦納巨龍屬	Gondwanatitan
	農神龍屬	Saturnalia
巴西	桑塔納盜龍屬	Santanaraptor
	南十字龍屬	Staurikosaurus
	塔普亞龍屬	Tapuiasaurus
	三角區龍屬	Trigonosaurus
	包魯巨龍屬	Baurutitan
	平原馳龍屬	Pampadromaeus
	密林龍屬	Pycnonemosaurus
	馬薩卡利神龍屬	Maxakalisaurus
	小坐骨龍屬	Mirischia
智利	亞他加馬巨龍屬	Atacamatitan
	智利龍屬	Chilesaurus
智利、阿根廷、烏拉圭	南極龍屬	Antarctosaurus
	鳥態鳥屬	Avisaurus
	奧卡龍屬	Aucasaurus
	南手龍屬	Austrocheirus
	南方盜龍屬	Austroraptor
	風神龍屬	Aeolosaurus
	氣腔龍屬	Aerosteon
	阿基里斯龍屬	Achillesaurus
	奧古斯丁龍屬	Agustinia
	遠食龍屬	Adeopapposaurus
	阿納拜斯龍屬	Anabisetia
阿根廷	安尼柯龍屬	Aniksosaurus
	阿貝力龍屬	Abelisaurus
	阿馬加龍屬	Amargasaurus
	阿馬格巨龍屬	Amargatitanis
	杏齒龍屬	Amygdalodon
	阿瓦拉慈龍屬	Alvarezsaurus
	銀龍屬	Argyrosaurus
	阿根廷龍屬	Argentinosaurus
	安第斯龍屬	Andesaurus
	肌肉龍屬	Ilokelesia

產地	中文名稱	學名
阿根廷	南似鴨龍屬	*Willinakaqe*
	速龍屬	*Velocisaurus*
	弗克海姆龍屬	*Volkheimeria*
	半鳥屬	*Unenlagia*
	烏奎洛龍屬	*Unquillosaurus*
	曙奔龍屬	*Eodromaeus*
	始盜龍屬	*Eoraptor*
	爆誕龍屬	*Ekrixinatosaurus*
	反鳥屬	*Enantiornis*
	沉重龍屬	*Epachthosaurus*
	齒河盜龍屬	*Orkoraptor*
	加斯帕里尼龍屬	*Gasparinisaurus*
	鷲龍屬	*Cathartesaura*
	食肉牛龍屬	*Carnotaurus*
	南方巨獸龍屬	*Giganotosaurus*
	酋爾龍屬	*Quilmesaurus*
	戈瓦里龍屬	*Gualicho*
	顏地龍屬	*Chromogisaurus*
	鯨龍屬	*Cetiosaurus*
	科羅拉多斯龍屬	*Coloradisaurus*
	神鷹盜龍屬	*Condorraptor*
	薩帕拉龍屬	*Zapalasaurus*
	薩爾塔龍屬	*Saltasaurus*
	聖胡安龍屬	*Sanjuansaurus*
	蠍獵龍屬	*Skorpiovenator*
	惡魔龍屬	*Zupaysaurus*
	獨孤龍屬	*Secernosaurus*
	怪踝龍屬	*Xenotarsosaurus*
	姐妹鳥龍鳥屬	*Soroavisaurus*
	小頭龍屬	*Talenkauen*
	丘布特龍屬	*Chubutisaurus*
	魁紂龍屬	*Tyrannotitan*
	特維爾切龍屬	*Tehuelchesaurus*
	德魯斯拉龍屬	*Drusilasaura*
	精靈巨龍屬（暫譯）	*Traukutitan*
	納拉姆布埃納巨龍屬	*Narambuenatitan*
	內烏肯鳥屬	*Neuquenornis*
	內烏肯盜龍屬	*Neuquenraptor*
	西北阿根廷龍屬	*Noasaurus*
	南方稜齒龍屬	*Notohypsilophodon*
	諾普喬椎龍屬	*Nopcsaspondylus*
	巴塔哥尼亞龍屬	*Patagosaurus*
	巴塔哥尼亞爪龍屬	*Patagonykus*
	巴塔哥尼亞鳥屬	*Patagopteryx*
	泛美龍屬（暫譯）	*Panamericansaurus*
	巴羅莎龍屬	*Barrosasaurus*
	彭巴盜龍屬	*Pamparaptor*
	濫食龍屬	*Panphagia*
	皮亞尼茲基龍屬	*Piatnitzkysaurus*
	皮薩諾龍屬	*Pisanosaurus*
	發現龍屬	*Pitekunsaurus*
	鷲龍屬	*Buitreraptor*
	普爾塔龍屬	*Puertasaurus*
	富塔隆柯龍屬	*Futalognkosaurus*
	短頸潘龍屬	*Brachytrachelopan*
	佩特羅布拉斯龍屬（暫譯）	*Petrobrasaurus*
	柏利連尼龍屬	*Pellegrinisaurus*
	艾雷拉龍屬	*Herrerasaurus*
	博納巨龍屬	*Bonatitan*
	波氏爪龍屬	*Bonapartenykus*
	博妮塔龍屬	*Bonitasaura*
	巨謎龍屬	*Macrogryphosaurus*
	手齒龍屬	*Manidens*
	馬普龍屬	*Mapusaurus*
	馬拉圭龍屬	*Malarguesaurus*
	穆耶恩龍屬	*Muyelensaurus*
	鼠龍屬	*Mussaurus*
	岩壁盜龍屬	*Murusraptor*
	大盜龍屬	*Megaraptor*
	門多薩龍屬	*Mendozasaurus*
	雲加鳥屬	*Yungavolucris*
阿根廷	雷尤守龍屬	*Rayososaurus*
	里奧哈龍屬	*Riojasaurus*
	小力加布龍屬	*Ligabueino*
	利加布龍屬	*Ligabuesaurus*
	閩鳥屬	*Limenavis*
	林孔龍屬	*Rinconsaurus*
	萊氏龍屬	*Leyesaurus*
	利奧尼拉龍屬	*Leonerasaurus*
	勒庫鳥屬	*Lectavis*
	萊森龍屬	*Lessemsaurus*
	洛卡龍屬	*Rocasaurus*
阿根廷、烏拉圭	內烏肯龍屬	*Neuquensaurus*
	拉布拉達龍屬	*Laplatasaurus*

歐洲

產地	中文名稱	學名
格陵蘭、德國、法國、瑞士	板龍屬	*Plateosaurus*
英國	安然龍屬	*Asylosaurus*
	棄械龍屬	*Anoplosaurus*
	極鱷龍屬	*Aristosuchus*
	髂鱷龍屬	*Iliosuchus*
	威爾頓盜龍屬	*Valdoraptor*
	美扭椎龍屬	*Eustreptospondylus*
	始暴龍屬	*Eotyrannus*
	棘齒龍屬	*Echinodon*
	大洋鳥屬	*Enaliornis*
	歐文齒龍屬	*Owenodon*
	武器龍屬（暫譯）	*Oplosaurus*
	鳥面龍屬	*Ornithopsis*
	卡米洛特龍屬	*Camelotia*
	央齒龍屬	*Cardiodon*
	彎龍屬	*Camptosaurus*
	碗狀龍屬	*Craterosaurus*
	十字手龍屬	*Cruxicheiros*
	似鯨龍屬	*Cetiosauriscus*
	肉龍屬	*Sarcosaurus*
	竊肉龍屬	*Sarcolestes*
	腿龍屬	*Scelidosaurus*
	異波塞東龍屬	*Xenoposeidon*
	槽齒龍屬	*Thecodontosaurus*
	多里亞獵龍屬	*Duriavenator*
	多里亞巨龍屬	*Duriatitan*
	龍盜龍屬	*Dracoraptor*
	新獵龍屬	*Neovenator*
	重爪龍屬	*Baryonyx*
	重骨龍屬	*Barilium*
	潘蒂龍屬	*Pantydraco*
	高刺龍屬	*Hypselospinus*
	林龍屬	*Hylaeosaurus*
	原角鼻龍屬	*Proceratosaurus*
	比克爾斯棘龍屬	*Becklespinax*
	畸形龍屬	*Pelorosaurus*
	多刺甲龍屬（又名釘背龍屬）	*Polacanthus*
	大龍屬	*Magnosaurus*
	曼特爾龍屬	*Mantellisaurus*
	巨齒龍屬（斑龍屬）	*Megalosaurus*
	中棘龍屬	*Metriacanthosaurus*
	雅爾龍屬	*Yaverlandia*
英國、法國	勒蘇維斯龍屬	*Lexovisaurus*
	鎧甲龍屬	*Loricatosaurus*
英國、法國、西班牙、葡萄牙	銳龍屬	*Dacentrurus*
英國、德國、比利時、法國、西班牙、蒙古	禽龍屬	*Iguanodon*
英國、羅馬尼亞、尼日	荒漠龍屬	*Valdosaurus*
英國、西班牙	稜齒龍屬	*Hypsilophodon*
德國	始祖鳥屬	*Archaeopteryx*
	維恩獵龍屬	*Wiehenvenator*
	烏禾爾龍屬	*Wellnhoferia*
	歐羅巴龍屬	*Europasaurus*

產地	中文名稱	學名
國	莫阿大學龍屬	Emausaurus
	歐姆殿龍屬	Ohmdenosaurus
	侏羅獵龍屬	Juravenator
	似松鼠龍屬	Sciurumimus
	狹盤龍屬	Stenopelix
	鞍龍屬	Sellosaurus
	原美頜龍屬	Procompsognathus
	理理恩龍屬	Liliensternus
	呂勒龍屬	Ruehleia
國、法國	美頜龍屬	Compsognathus
利時	刃齒龍屬	Craspedodon
國	吉普賽龍屬	Atsinganosaurus
	葡萄園龍屬	Ampelosaurus
	瓦爾盜龍屬	Variraptor
	挺足龍屬	Erectopus
	卡岡杜亞鳥屬	Gargantuavis
	膝龍屬	Genusaurus
	扭椎龍屬	Streptospondylus
	塔哈斯克龍屬	Tarascosaurus
	迪布勒伊洛龍屬	Dubreuillosaurus
	皮爾遜龍屬	Piveteausaurus
	火盜龍屬	Pyroraptor
	雜肋龍屬	Poekilopleuron
	冠椎龍屬	Lophostropheus
國、奧地利、匈牙利、班牙	凹齒龍屬	Rhabdodon
國、奧地利、羅馬尼亞	厚甲龍屬	Struthiosaurus
牙利	奧伊考角龍屬	Ajkaceratops
	匈牙利龍屬	Hungarosaurus
	氣肩盜龍屬	Pneumatoraptor
	理察伊斯特斯龍屬	Richardoestesia
馬尼亞	查摩西斯龍屬	Zalmoxes
	沼澤龍屬	Telmatosaurus
	巴拉烏爾屬	Balaur
	沼澤巨龍屬	Paludititan
	馬扎爾龍屬	Magyarosaurus
大利	棒爪龍屬	Scipionyx
	特提斯鴨嘴龍屬	Tethyshadros
班牙	阿拉果龍屬	Aragosaurus
	艾瑞龍屬	Arenysaurus
	伊比利亞鳥屬	Iberomesornis
	始小翼鳥	Eoalulavis
	加爾瓦龍屬	Galveosaurus
	匙龍屬	Koutalisaurus
	昆卡獵龍屬	Concavenator
	昆卡鳥屬	Concornis
	塔斯塔維斯龍屬	Tastavinsaurus
	德曼達龍屬	Demandasaurus
	德拉帕倫特龍屬	Delapparentia
	圖里亞龍屬	Turiasaurus
	諾蓋爾鳥屬	Noguerornis
	布拉西龍屬	Blasisaurus
	似鵜鶘龍屬	Pelecanimimus
	細長龍屬	Lirainosaurus
	露絲娜龍屬	Losillasaurus
	祖母暴龍屬	Aviatyrannis
	角鼻龍屬	Ceratosaurus
	丁赫羅龍屬	Dinheirosaurus
	龍爪龍屬	Draconyx
萄牙	龍冑龍屬	Dracopelta
	蠻龍屬	Torvosaurus
	米拉加亞屬	Miragaia
	歐爪牙龍屬	Euronychodon
	勞爾哈龍屬	Lourinhasaurus
	盧雷亞樓屬	Lourinhanosaurus

亞

產地	中文名稱	學名
薩克	亞洲黃昏鳥屬	Asiahesperornis
	鹹海龍屬	Aralosaurus
	牙克煞龍屬	Jaxartosaurus

烏茲別克	依特米龍屬	Itemirus
	烏爾巴克齒龍屬	Urbacodon
	反鳥屬	Enantiornis
	亞洲近頜龍屬	Caenagnathasia
	克孜勒庫姆鳥屬	Kizylkumavis
	銀河鳥屬	Kuszholia
	土鳥屬	Sazavis
	者勒鳥屬	Zhyraornis
	帖木兒龍屬	Timurlengia
	比賽特甲龍屬	Bissektipelta
	花刺子模鳥屬	Horezmavis
	列弗尼斯氏龍屬	Levnesovia
	利尼斯鳥屬	Lenesornis
烏茲別克、蒙古	安吐龍屬	Amtosaurus
吉爾吉斯	費爾干納龍屬	Ferganasaurus
	費爾干納頭龍屬	Ferganocephale

東北亞

產地	中文名稱	學名
俄羅斯（西伯利亞）	哈卡斯龍屬	Kileskus
	庫林達奔龍屬	Kulindadromeus
	克貝洛龍屬	Kerberosaurus
俄羅斯（楚科奇自治區）？	傷齒龍屬	Troodon
俄羅斯（阿爾泰共和國）、蒙古、中國（內蒙古自治區、新疆維吾爾自治區、遼寧省、甘肅省、山東省）	鸚鵡嘴龍屬	Psittacosaurus
俄羅斯（薩哈林州）	日本龍屬	Nipponosaurus
俄羅斯（猶太自治州）	阿穆爾龍屬	Amurosaurus
	扇冠大天鵝龍屬	Olorotitan
蒙古	阿英英雄龍屬	Achillobator
	原鳥形龍屬	Archaeornithoides
	雌駝龍屬	Ajancingenia
	惡靈龍屬	Adasaurus
	神翼鳥屬	Apsaravis
	阿米特頭龍屬	Amtocephale
	分支龍屬	Alioramus
	高吻龍屬	Altirhinus
	游光爪龍屬	Albinykus
	似鵝龍屬	Anserimimus
	抱鳥屬	Ambiortus
	安德薩角龍屬	Udanoceratops
	秘龍屬	Enigmosaurus
	長生天龍屬	Erketu
	單足龍屬	Elmisaurus
	死神龍屬	Erlikosaurus
	偷蛋龍屬	Oviraptor
	後凹尾龍屬	Opisthocoelicaudia
	可汗龍屬	Khaan
	似雞龍屬	Gallimimus
	似金翅鳥龍屬	Garudimimus
	非凡龍屬	Quaesitosaurus
	雅角龍屬	Graciliceratops
	格日勒鳥屬	Gurilynia
	角爪龍屬	Ceratonykus
	戈壁角龍屬	Gobiceratops
	戈壁鳥屬	Gobipteryx
	飾頭龍屬	Goyocephale
	足龍屬	Kol
	竊螺龍屬	Conchoraptor
	美甲龍屬	Saichania
	蜥鳥龍屬	Saurornithoides
	櫛龍屬	Saurolophus
	扎納巴扎爾龍屬	Zanabazar
	葬火龍屬	Citipati
	佛舞龍屬	Shanag
	沙漠龍屬	Shamosaurus
	鳥面龍屬	Shuvuuia
	尤氏鳥屬	Judinornis
	慢龍屬	Segnosaurus
	藍尾龍屬	Talarurus

地區	中文名	學名
蒙古	多智龍屬	Tarchia
	白魔龍屬	Tsaagan
	白山龍屬	Tsagantegia
	恐手龍屬	Deinocheirus
	膨頭龍屬	Tylocephale
	鐮刀龍屬	Therizinosaurus
	鴕鳥龍屬	Tochisaurus
	納摩蓋吐龍屬	Nemegtosaurus
	耐梅蓋特母龍屬	Nemegtomaia
	天青石龍屬	Nomingia
	貝恩角龍屬	Bainoceratops
	弱角龍屬	Bagaceratops
	小掠龍屬	Bagaraatan
	何耶龍屬	Haya
	小馳龍屬	Parvicursor
	巴思缽氏龍屬	Barsboldia
	似鳥身女妖龍屬	Harpymimus
	拜倫龍屬	Byronosaurus
	扁角龍屬	Platyceratops
	胡山足龍屬	Hulsanpes
	傾頭龍屬	Prenocephale
	無聊龍屬	Borogovia
	大黑天神龍屬	Mahakala
	閻王角龍屬	Yamaceratops
	喇嘛角龍屬	Lamaceratops
	瑞欽龍屬	Rinchenia
蒙古、中國（黑龍江省、新疆維吾爾自治區、山東省、河南省、廣東省）	特暴龍屬	Tarbosaurus
蒙古、中國（內蒙古自治區）	擬鳥龍屬	Avimimus
	獨龍屬	Alectrosaurus
	伶盜龍屬	Velociraptor
	單爪龍屬	Mononykus
蒙古、中國（內蒙古自治區、山東省）	繪龍屬	Pinacosaurus
蒙古、中國（內蒙古自治區、甘肅省）	原角龍屬	Protoceratops
蒙古？或中國？	暴蜥伏龍屬	Raptorex
蒙古？或中國？	牛頭怪甲龍屬	Minotaurasaurus
中國（黑龍江省）	烏拉嘎龍屬	Wulagasaurus
	黑龍江龍屬	Sahaliyania
	卡戎龍屬（又名冥府渡神龍屬）	Charonosaurus
中國（黑龍江省、山東省）	譚氏龍屬	Tanius
中國（內蒙古自治區）	古似鳥龍屬	Archaeornithomimus
	阿拉善龍屬	Alxasaurus
	耀龍屬	Epidexipteryx
	擅攀鳥龍屬	Epidendrosaurus
	二連龍屬	Erlianosaurus
	鄂托克鳥屬	Otogornis
	巨盜龍屬	Gigantoraptor
	計氏龍屬	Gilmoreosaurus
	戈壁龍屬	Gobisaurus
	中國鳥腳龍屬	Sinornithoides
	中國似鳥龍屬	Sinornithomimus
	假鯊齒龍屬	Shaochilong
	蘇尼特龍屬	Sonidosaurus
	內蒙古龍屬	Neimongosaurus
	巴克龍屬	Bactrosaurus
	足羽龍屬	Pedopenna
	鴨頜龍屬	Penelopognathus
	曲劍龍屬	Machairasaurus
	巨嘴龍屬	Magnirostris
	臨河獵氏龍屬	Linhevenator
	臨河爪龍屬	Linhenykus
	臨河盜龍屬	Linheraptor
中國（內蒙古自治區）、俄羅斯？	吉蘭泰龍屬	Chilantaisaurus
中國（內蒙古自治區、新疆維吾爾自治區）	烏爾禾龍屬	Wuerhosaurus
中國（內蒙古自治區、甘肅省）	原巴克龍屬	Probactrosaurus
中國（新疆維吾爾自治區）	隱龍屬	Yinlong
	冠龍屬	Guanlong
	克拉美麗龍屬	Klamelisaurus
中國（新疆維吾爾族自治區）	克拉瑪依龍屬	Kelmayisaurus
	將軍龍屬	Jiangjunosaurus
	新疆獵龍屬	Xinjiangovenator
	左龍屬	Zuolong
	吐谷魯龍屬	Tugulusaurus
	簡手龍屬	Haplocheirus
	花臉角龍屬	Hualianceratops
	蝴蝶龍屬	Hudiesaurus
	巧龍屬	Bellusaurus
	單冠龍屬	Monolophosaurus
	泥潭龍屬	Limusaurus
中國（新疆維吾爾自治區、四川省）	中華盜龍屬	Sinraptor
中國（吉林省）	九台龍屬	Jiutaisaurus
	長春龍屬	Changchunsaurus
	太陽角龍屬	Helioceratops
中國（甘肅省）	黎明角龍屬	Auroraceratops
	古角龍屬	Archaeoceratops
	馬鬃龍屬	Equijubus
	甘肅鳥屬	Gansus
	橋灣龍屬	Qiaowanlong
	戈壁巨屬	Gobititan
	雄關龍屬	Xiongguanlong
	敘五龍屬	Xuwulong
	金塔龍屬	Jintasaurus
	肅州龍屬	Suzhousaurus
	大夏巨龍屬	Daxiatitan
	北山龍屬	Beishanlong
	蘭州龍屬	Lanzhousaurus
中國（甘肅省、四川省、新疆維吾爾自治區？）	馬門溪龍屬	Mamenchisaurus
中國（甘肅省、廣東省）	南雄龍屬	Nanshiungosaurus
中國（遼寧省）	近鳥龍屬	Anchiornis
	義縣龍屬	Yixianosaurus
	切齒龍屬	Incisivosaurus
	始反鳥屬	Eoenantiornis
	始華夏龍屬	Eocathayornis
	尾羽龍屬	Caudipteryx
	朝陽龍屬	Chaoyangsaurus
	華夏鳥屬	Cathayornis
	克氏龍屬	Crichtonsaurus
	纖細盜龍屬	Graciliraptor
	孔子鳥屬	Confuciusornis
	會鳥屬	Sapeornis
	建昌龍屬	Jianchangosaurus
	熱河龍屬	Jeholosaurus
	神州龍屬	Shenzhousaurus
	曲鼻龍屬	Sinusonasus
	中國獵龍屬	Sinovenator
	中華麗羽龍屬	Sinocalliopteryx
	中華龍鳥屬	Sinosauropteryx
	中國暴龍屬	Sinotyrannus
	中國鳥屬	Sinornis
	中國鳥龍屬	Sinornithosaurus
	似尾羽龍屬	Similicaudipteryx
	曉廷龍屬	Xiaotingia
	雙廟龍屬	Shuangmiaosaurus
	錦州龍屬	Jinzhousaurus
	朝陽鳥屬	Chaoyangia
	長城鳥屬	Changchengornis
	天宇盜龍屬	Tianyuraptor
	天宇龍屬	Tianyulong
	帝龍屬	Dilong
	東北巨龍屬	Dongbeititan
	華夏頜龍屬	Huaxiagnathus
	原始祖鳥屬	Protarchaeopteryx
	原羽鳥屬	Protopteryx
	北票龍屬	Beipiaosaurus
	波羅赤鳥屬	Boluochia
	北方龍屬	Borealosaurus
	薄氏龍屬	Bolong
	小盜龍屬	Microraptor

	寐龍屬	Mei
國（遼寧省）	羽暴龍屬	Yutyrannus
	遼寧角龍屬	Liaoceratops
	遼寧龍屬	Liaoningosaurus
	遼寧鳥屬	Liaoningornis
國（河北省）	始孔子鳥屬	Eoconfuciusornis
	宣化角龍屬	Xuanhuaceratops
	金鳳鳥屬	Jinfengopteryx
國（河北省、山西省）	天鎮龍屬	Tianzhenosaurus
	華北龍屬	Huabeisaurus
國（陝西省）	山陽龍屬	Shanyangosaurus
國（陝西省、山東省）	山東龍屬	Shantungosaurus
	盤足龍屬	Euhelopus
	中國角龍屬	Sinoceratops
	諸城暴龍屬	Zhuchengtyrannus
國（山東省）	諸城角龍屬	Zhuchengceratops
	青島龍屬	Tsintaosaurus
	華夏龍屬	Huaxiaosaurus
	微腫頭龍屬（又名小腫頭龍屬）	Micropachycephalosaurus
	秋扒龍屬	Qiupalong
	西峽龍屬	Xixiasaurus
	西峽爪龍屬	Xixianykus
	峴山龍屬	Xianshanosaurus
國（河南省）	南陽龍屬	Nanyangosaurus
	寶天曼龍屬	Baotianmansaurus
	欒川盜龍屬	Luanchuanraptor
	洛陽龍屬	Luoyanggia
	汝陽龍屬	Ruyangosaurus
	靈龍屬	Agilisaurus
	文雅龍屬	Abrosaurus
	峨眉龍屬	Omeisaurus
	開江龍屬	Kaijiangosaurus
	氣龍屬	Gasosaurus
	嘉陵龍屬	Chialingosaurus
	珙縣龍屬	Gongxianosaurus
	宣漢龍屬	Xuanhanosaurus
	蜀龍屬	Shunosaurus
國（四川省）	大山鋪龍屬	Dashanpusaurus
	酋龍屬	Datousaurus
	重慶龍屬	Chungkingosaurus
	沱江龍屬	Tuojiangosaurus
	通安龍屬	Tonganosaurus
	華陽龍屬	Huayangosaurus
	何信祿龍屬	Hexinlusaurus
	永川龍屬	Yangchuanosaurus
	鹽都龍屬	Yandusaurus
	樂山龍屬	Leshansaurus
國（四川省、雲南省）	祿豐龍屬	Lufengosaurus
國（安徽省）	皖南龍屬	Wannanosaurus
	江山龍屬	Jiangshanosaurus
	浙江龍屬	Zhejiangosaurus
國（浙江省）	中原龍屬	Zhongyuansaurus
	東陽巨龍屬	Dongyangosaurus
	越龍屬	Yueosaurus
國（江西省）	虔州龍屬	Qianzhousaurus
	斑嵴龍屬	Banji
	易門龍屬	Yimenosaurus
	始馬門溪龍屬	Eomamenchisaurus
	峨山龍屬	Eshanosaurus
	時代龍屬	Shidaisaurus
	金山龍屬	Jingshanosaurus
國（雲南省）	大地龍屬	Tatisaurus
	楚雄龍屬	Chuxiongosaurus
	川街龍屬	Chuanjiesaurus
	卞氏龍屬	Bienosaurus
	元謀龍屬	Yuanmousaurus
	雲南龍屬	Yunnanosaurus
	清秀龍屬	Qingxiusaurus
國（廣西壯族自治區）	南寧龍屬	Nanningosaurus
	扶綏龍屬	Fusuisaurus
	六榜龍屬	Liubangosaurus
國（廣東省）	始興龍屬	Shixinggia
	河源龍屬	Heyuannia

	朝鮮角龍屬	Koreaceratops
韓國	韓國龍屬	Koreanosaurus
日本（石川縣）	白峰龍屬	Albalophosaurus
	福井龍屬	Fukuisaurus
日本（福井縣）	福井巨龍屬	Fukuititan
	福井盜龍屬	Fukuiraptor
日本（兵庫縣）	丹波巨龍屬	Tambatitanis

南亞

產地	中文名稱	學名
	維達格里龍屬	Vitakridrinda
	海特蘭龍屬	Khetranisaurus
	蘇萊曼龍屬	Sulaimanisaurus
巴基斯坦	巴基龍屬	Pakisaurus
	俾路支屬	Balochisaurus
	布羅希屬	Brohisaurus
	馬里龍屬	Marisaurus
	艾沃克龍屬	Alwalkeria
	伊希斯龍屬	Isisaurus
	印度龍屬	Indosaurus
	印度鱷龍屬	Indosuchus
	哥打龍屬	Kotasaurus
	奢那龍屬	Jainosaurus
	加卡帕里龍屬	Jaklapallisaurus
印度	泰坦巨龍屬	Titanosaurus
	南巴爾龍屬	Nambalia
	巨腳龍屬	Barapasaurus
	普拉丹龍屬（暫譯）	Pradhania
	福左輕鱷龍屬	Laevisuchus
	勝王龍屬	Rajasaurus
	容哈拉龍屬	Rahiolisaurus
	萊姆帕拉佛龍屬 （又稱蘭布羅龍屬）	Lamplughsaura

東南亞

產地	中文名稱	學名
寮國	怪味龍屬	Tangvayosaurus
	伊森龍屬	Isanosaurus
	似金娜里龍屬	Kinnareemimus
泰國	暹羅暴龍屬	Siamotyrannus
	暹羅齒龍屬	Siamodon
	布萬龍屬	Phuwiangosaurus
	呵叻龍屬	Ratchasimasaurus

非洲

產地	中文名稱	學名
突尼西亞、阿爾及利亞、尼日	尼日龍屬	Nigersaurus
阿爾及利亞	切布龍屬	Chebsaurus
阿爾及利亞、摩洛哥、埃及、尼日	鯊齒龍屬	Carcharodontosaurus
	亞特拉斯龍屬	Atlasaurus
	卡瑪卡瑪龍屬	Kemkemia
	斯基瑪薩龍屬	Sigilmassasaurus
摩洛哥	塔鄒達龍屬	Tazoudasaurus
	三角洲奔龍屬	Deltadromeus
	柏柏龍屬	Berberosaurus
	雷巴齊斯龍屬	Rebbachisaurus
摩洛哥、埃及	棘龍屬	Spinosaurus
埃及	埃及龍屬	Aegyptosaurus
	潮汐龍屬	Paralititan
埃及、尼日	巴哈利亞龍屬	Bahariasaurus
	非洲獵龍屬	Afrovenator
	荒漠龍屬	Valdosaurus
	始鯊齒龍屬	Eocarcharia
	艾爾雷茲龍屬	Elrhazosaurus
	豪勇龍屬	Ouranosaurus
	脊飾龍屬	Cristatusaurus
尼日	隱面龍屬	Kryptops
	約巴龍屬	Jobaria
	似鱷龍屬	Suchomimus
	棘椎龍屬	Spinostropheus
	棘刺龍屬	Spinophorosaurus
	皺褶龍屬	Rugops
	沉龍屬	Lurdusaurus

產地	中文名稱	學名
坦尚尼亞	南方梁龍屬	Australodocus
	舊鯊齒龍屬	Veterupristisaurus
	輕巧龍屬	Elaphrosaurus
	角鼻龍屬	Ceratosaurus
	釘狀龍屬	Kentrosaurus
	詹尼斯龍屬	Janenschia
	叉龍屬	Dicraeosaurus
	湯達鳩龍屬	Tendaguria
	橡樹龍屬	Dryosaurus
	拖尼龍屬	Tornieria
	腕龍屬	Brachiosaurus
安哥拉	安哥拉巨龍屬	Angolatitan
馬拉威	卡龍加龍屬	Karongasaurus
	馬拉威龍屬	Malawisaurus
辛巴威	火山齒龍屬	Vulcanodon
辛巴威、南非	優肢龍屬	Euskelosaurus
	合踝龍屬	Megapnosaurus
辛巴威、南非、賴索托	大椎龍屬	Massospondylus
南非	地爪龍屬	Aardonyx
	彩虹龍屬	Arcusaurus
	雷前龍屬	Antetonitrus
	始奔龍屬	Eocursor
	龍獵龍屬	Dracovenator
	似花君龍屬	Paranthodon
	貝里肯龍屬	Blikanasaurus
	畸齒龍屬（又名異齒龍屬）	Heterodontosaurus
	狼嘴龍屬（又名狼鼻龍屬）	Lycorhinus
	恩露渥巴龍	Nqwebasaurus
南非、賴索托	醒龍屬	Abrictosaurus
	黑丘龍屬	Melanorosaurus
賴索托	懦弱龍屬	Ignavusaurus
	斯托姆博格龍屬	Stormbergia
	賴索托龍屬	Lesothosaurus

產地	中文名稱	學名
馬達加斯加	古齒龍屬	Archaeodontosaurus
	烏如那鳥屬	Vorona
	惡龍屬	Masiakasaurus
	瑪君龍屬	Majungasaurus
	瑪君顱龍屬	Majungatholus
	拉伯龍屬	Lapparentosaurus
	掠食龍屬	Rapetosaurus
	脅空鳥龍屬	Rahonavis

澳洲

產地	中文名稱	學名
澳洲	澳洲南方龍屬	Austrosaurus
	阿特拉斯科普柯龍屬	Atlascopcosaurus
	溫頓巨龍屬	Wintonotitan
	澳洲盜龍屬	Ozraptor
	南方獵龍屬	Australovenator
	彩蛇龍屬	Kakuru
	快達龍屬	Qantassaurus
	迪亞曼蒂納龍屬	Diamantinasaurus
	侏儒鳥屬	Nanantius
	閃電獸龍屬	Fulgurotherium
	敏迷龍屬	Minmi
	木他龍屬	Muttaburrasaurus
	盜龍屬	Rapator
	雷利諾龍屬	Leaellynasaura
	瑞拖斯龍屬	Rhoetosaurus

南極

產地	中文名稱	學名
南極	南極甲龍屬	Antarctopelta
	冰河龍屬	Glacialisaurus
	冰冠龍屬	Cryolophosaurus

Part5 之參考文獻

Apesteguía S., Smith N.D., Juárez Valieri R., Makovicky P.J. (2016) An Unusual New Theropod with a Didactyl Manus from the Upper Cretaceous of Patagonia, Argentina. PLoS ONE, 11(7): e0157793

Brown C.M., Henderson D.M. (2015) A New Horned Dinosaur Reveals Convergent Evolution in Cranial Ornamentation in Ceratopsidae. Current Biology, 25, 1641-1648

Brusatte , S.L., Averianov A., Sues H.-D., Muir A., Butler I.B. (2016) New tyrannosaur from the mid-Cretaceous of Uzbekistan clarifies evolution of giant body sizes and advanced senses in tyrant dinosaurs. Proceedings of the National Academy of Sciences of the United States of America, 113(13), 3447-3452

Coria R.A., Currie P.J. (2016) A New Megaraptoran Dinosaur (Dinosauria, Theropoda, Megaraptoridae) from the Late Cretaceous of Patagonia. PLoS ONE, 11(7): e0157973

Evans D.C., Ryan M.J. (2015) Cranial Anatomy of Wendiceratops pinhornensis gen. et sp. nov., a Centrosaurine Ceratopsid (Dinosauria: Ornithischia) from the Oldman Formation (Campanian), Alberta, Canada, and the Evolution of Ceratopsid Nasal Ornamentation. PLoS ONE, 10(7): e0130007

Freedman Fowler E.A., Horner J.R. (2015) A New Brachylophosaurin Hadrosaur (Dinosauria: Ornithischia) with an Intermediate Nasal Crest from the Campanian Judith River Formation of Northcentral Montana. PLoS ONE, 10(11): e0141304

Godefroit P., Sinitsa S.M.,Dhouailly D., Bolotsky Y.L., Sizov A.V, McNamara M.E., Benton M.J, Spagna P. (2014) A Jurassic ornithischian dinosaur from Siberia with both feathers and scales. Science, 345(6195), 451-455

Han F., Forster C.A., Clark J.M., Xu X. (2015) A New Taxon of Basal Ceratopsian from China and the Early Evolution of Ceratopsia. PLoS ONE, 10(12): e0143369

Holtz T.R.Jr., (2013) Supplementary Information to Dinosaurs: The Most Complete, Up-to-Date Encyclopedia for Dinosaur Lovers of All Ages.

Larson P., Carpenter K. (eds.) (2008) Tyrannosaurus rex, the Tyrant King. Indiana University Press

Loewen M.A., Irmis R.B., Sertich J.J..W, Currie P.J., Sampson S.D. (2013) Tyrant Dinosaur Evolution Tracks the Rise and Fall of Late Cretaceous Oceans. PLoS ONE, 8(11): e79420

Lund E.K., O' Connor P.M., Loewen M.A., Jinnah Z.A. (2016) A New Centrosaurine Ceratopsid, Machairoceratops cronusi gen et sp. nov., from the Upper Sand Member of the Wahweap Formation (Middle Campanian), Southern Utah. PLoS ONE, 11(5): e0154403

Martill D.M.., Vidovic S.U., Howells C., Nudds J.R. (2016) The Oldest Jurassic Dinosaur: A Basal Neotheropod from the Hettangian of Great Britain. PLoS ONE, 11(1): e0145713.

Novas F.E., Salgado L., Suarez M., Agnolin F.L., Ezcurra M.D., ChimentoM.R., de la Cruz R., Isasi M.P, Vargas A.O., Rubilar-Rogers D. (2015) An enigmatic plant-eating theropod from the Late Jurassic period of Chile. Nature, 522, 331–334

Paul G.S. (2010) Dinosaurs: A Field Guide. A & C Black Publishers Ltd

Prieto-Marquez A., Erickson G.M., Ebersole J.A. (2016) A primitive hadrosaurid from southeastern North America and the origin and early evolution of 'duck-billed' dinosaurs. Journal of Vertebrate Paleontology, 36(2), e1054495

Pu H., Kobayashi Y., Lu J., Xu L., Wu Y., Chang H., Zhang J., Jia S. (2013) An Unusual Basal Therizinosaur Dinosaur with an Ornithischian Dental Arrangement from Northeastern China. PLoS ONE, 8(5): e63423

Rauhut, O.W.M., Hübner, T.R., and Lanser, K.-P. (2016) A new megalosaurid theropod dinosaur from the late Middle Jurassic (Callovian) of north-western Germany: Implications for theropod evolution and faunal turnover in the Jurassic. Palaeontologia Electronica, 19.2.26A: 1-65

Ryan M.J., Chinnery-Allgeier B.J., Eberth D.A. (eds.) (2010) New Perspectives on Horned Dinosaurs: The Royal Tyrrell Museum Ceratopsian Symposium. Indiana University Press

Saegusa H., Ikeda T. (2014) A new titanosauriform sauropod (Dinosauria: Saurischia) from the Lower Cretaceous of Hyogo, Japan. Zootaxa, 3848 (1): 001–066

Sampson S.D., Lund E.K., Loewen M.A., Farke A.A., Clayton K.E. (2013) A remarkable short-snouted horned dinosaur from the Late Cretaceous (late Campanian) of southern Laramidia. Proceedings of the Royal Society B, 280, 20131186

Weishampel D.B., Dodson P, Osmolska H. (eds.) (2004) The Dinosauria second edition. University of California Press

Xu X., Wang K., Zhang K., Ma Q., Xing L., Sullivan C., Hu D., Cheng S., Wang S. (2012) A gigantic feathered dinosaur from the Lower Cretaceous of China. Nature, 484, 92–95

《小學館圖鑑 NEO「新版」恐龍》監修・執筆：富田幸光、植物監修：大花民子、插畫：伊藤丙雄等人、2014年、小學館

標本編號	暱稱	發現年	發現場所	保存率	有無頭骨	收藏場所
BMNH R7994	-	1900 年	懷俄明州	13%	有	倫敦自然史博物館（英國）
CM 9380	-	1902 年	蒙大拿州	11%	有	卡內基自然史博物館（美國）
CM 1400	-	1902 年	懷俄明州	10%	有	卡內基自然史博物館（美國）
AMNH 5027	-	1908 年	蒙大拿州	48%	有	美國自然史博物館（美國）
MOR 008	-	1967 年	蒙大拿州	15%	有	洛磯山脈博物館（美國）
LACM 23844	-	1966 年	蒙大拿州	25%	有	洛杉磯自然史博物館（美國）
LACM 23845	-	1969 年	蒙大拿州	12%	有	洛杉磯自然史博物館（美國）
SDSM 12047	-	1980 年	南達科他州	27%	有	南達科他礦業及理工學院地質博物館（美國）
RTMP 81.12.1	-	1946 年	亞伯達省	16%	有	皇家蒂勒爾博物館（加拿大）
RTMP 81.6.1	Black Beauty	1980 年	亞伯達省	28%	有	皇家蒂勒爾博物館（加拿大）
MOR 009	Hager rex	1981 年	蒙大拿州	19%	無	洛磯山脈博物館（美國）
NMMNH P-1013-1	-	1982 年	新墨西哥州	3%	有	新墨西哥州自然史博物館（美國）
MOR 555	Wankel T.Rex	1988 年	蒙大拿州	49%	有	洛磯山脈博物館（美國）
FMNH PR2081	Sue	1990 年	南達科他州	73%	有	菲爾德自然歷史博物館（美國）
BHI 3033	Stan	1987 年	南達科他州	63%	有	黑山地質學研究機構（美國）
-	Samson	1987 年	南達科他州	40%	有	個人收藏，卡內基自然史博物館（美國）
DMNH 2827	-	1992 年	科羅拉多州	3%	無	丹佛自然科學博物館（美國）
-	Bowman	1992 年	北達科他州	15% 以上	無	Pioneer Trails Regional Museum（美國）
BHI 4100	Duffy	1993 年	南達科他州	26%	有	黑山地質學研究機構（美國）
UWGM 181	-	1993 年	蒙大拿州	7%	有	威斯康辛大學地質學博物館（美國）
RSM 2523.8	Scotty	1991 年	薩斯喀徹溫省	40% 以上	有	暴龍探索中心（加拿大）
BHI 6219	007	1994 年	北達科他州	2%	有	黑山地質學研究機構（美國）等
BHI 6249	Steven	1995 年	南達科他州	5%	無	黑山地質學研究機構（美國）
LDP 977-2	Pete	1995 年	懷俄明州	12% 以上	無	紐奧良大學（美國）
-	Barnum	1995 年	懷俄明州	16%	無	個人收藏
BHI 4182	Fox	1994 年	南達科他州	10%	有	黑山地質學研究機構（美國）
MOR 980	Peck's Rex	1997 年	蒙大拿州	40% 以上	有	Fort Peck 古生物野外牧場（美國）
-	Tinker	1997 年	南達科他州	24%	有	個人收藏
-	Ollie	1998 年	蒙大拿州	41%	有	Great Plains Paleontology（美國）
-	Rex B	1998 年	南達科他州	8%	有	黑山地質學研究機構（美國）
-	Rex c	1999 年	南達科他州	6%	有	個人收藏
BHI 6248	E.D. Cope	1999 年	南達科他州	10%	有	黑山地質學研究機構（美國）
-	Monty	1999 年	懷俄明州	18%	有	Babiarz 古生物學研究機構（美國）
MOR 1125	B-rex	2000 年	蒙大拿州	37%	有	洛磯山脈博物館（美國）
MOR 1126	C-rex	2000 年	蒙大拿州	9%	有	洛磯山脈博物館（美國）
UCRC PV1	-	1950 年以前	懷俄明州	20% 以上	無	芝加哥大學（美國）
UMNH 110000	-	2001 年	猶他州	9%	有	猶他州自然史博物館（美國）
TCM 2001.90.1	Bucky	1998 年	南達科他州	34%	無	印第安納波利斯兒童博物館（美國）
MOR 1128	G-rex	2001 年	蒙大拿州	7%	無	洛磯山脈博物館（美國）
MOR 1152	F-rex	2001 年	蒙大拿州	8%?	無	洛磯山脈博物館（美國）
-	Otto	2001 年	蒙大拿州	11%	無	Great Plains Paleontology（美國）
MOR/USNM	N-rex	2001 年	蒙大拿州	13%	有	國立自然史博物館（美國）
BHI 6230	Wyrex	2002 年	蒙大拿州	38%	有	黑山地質學研究機構（美國）
LACM 7509/150167	Thomas	2003 年	蒙大拿州	37% 以上	有	洛杉磯自然史博物館（美國）
-	Wayne	2004 年	北達科他州	8%	無	個人收藏
-	Ivan	2005 年	南達科他州	39%	無	個人收藏

精美易懂的插圖剖析，鞭辟入裡的介紹說明，只要本書，絕對能透徹明白全部118種元素和週期表。隨書附上收錄有新元素「鉨」的最新週期表海報！

人人伽利略科學叢書03

完全圖解元素與週期表

解讀美麗的週期表與全部118種元素！

2015年底，元素週期表出現了極大的變化，有四個新的元素加入，化學元素個數增加到118種。新加入的113號元素是日本理化學研究所合成出來的，因此由他們命名為「鉨」（Nh）。

所謂元素，就是這個世界所有物質的根本，不管是地球、空氣、人體等等，都是由碳、氧、氮、鐵等許許多多的元素所構成。元素的發現史是人類探究世界根源成分的歷史。彙整了目前發現的118種化學元素而成的「元素週期表」可以說是人類科學知識的集大成。

本書利用豐富的插圖以深入淺出的方式詳細介紹元素與週期表，讀者很容易就能明白元素週期表看起來如此複雜的原因，也能清楚理解各種元素的特性和應用。

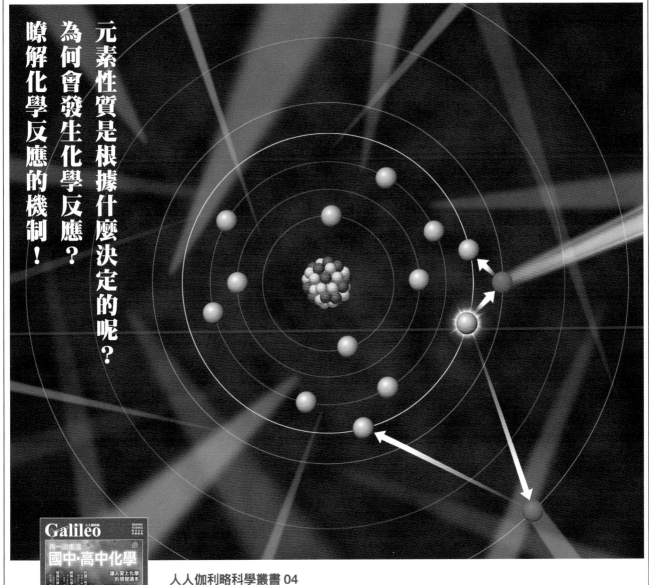

元素性質是根據什麼決定的呢？
為何會發生化學反應？
瞭解化學反應的機制！

人人伽利略科學叢書 04

再一次溫習 國中·高中化學

讓人愛上化學的視覺讀本

　　流動的水、堅硬的岩石、具有複雜生命活動的我們身體等等，這個世界充滿了各式各樣的物質，而這些物質全由種類不同的「原子」，透過形形色色的組合而成的。

　　「化學」就是研究物質性質、反應的學問。所有的物質、生活中的各種現象都是化學的對象，而我們的生活充滿了化學的成果，了解化學，對於我們所面臨的各種狀況的了解與處理應該都有幫助。

　　本書從了解物質的根源「原子」的本質開始，再詳盡介紹化學的導覽地圖「週期表」、化學鍵結、生活中的化學反應、以碳為主角的有機化學等等。希望對正在學習化學的學生、想要重溫學生生涯的大人們，都能因本書而受益。

【 人人伽利略系列 02 】

恐龍視覺大圖鑑
徹底瞭解恐龍的種類、生態和演化！

作者／Newton Press
翻譯／賴貞秀
編輯／賴貞秀
校對／賴貞秀、邱秋梅
發行人／周元白
出版者／人人出版股份有限公司
地址／23145 新北市新店區寶橋路235巷6弄6號7樓
電話／（02）2918-3366（代表號）
傳真／（02）2914-0000
網址／www.jjp.com.tw
郵政劃撥帳號／16402311 人人出版股份有限公司
製版印刷／長城製版印刷股份有限公司
電話／（02）2918-3366（代表號）
經銷商／聯合發行股份有限公司
電話／（02）2917-8022
第一版第一刷／2019年8月
定價／新台幣450元
　　　港幣150元

國家圖書館出版品預行編目（CIP）資料

恐龍視覺大圖鑑：徹底瞭解恐龍的種類、生態和演化!
/ Newton Press作；賴貞秀翻譯. ——
第一版. —— 新北市：人人, 2019.08 面；
公分. ——（人人伽利略系列；2）
ISBN 978-986-461-193-5（平裝）

1.爬蟲類化石　2.動物圖鑑

359.574　　　　　　　　　　　108011733

Photograph

Cover Design	デザイン室 宮本理惠子 (CG：Masato Hattori)	93	Ryan Carney / Museum für Naturkunde Berlin
表2	Masato Hattori	94～95	Kent A. Stevens
2	Masato Hattori	96～97	John R. Hutchinson
3	Masato Hattori	101	Lawrence Witmer
13～83	Masato Hattori	103	マークスタジオ /Newton Press
90～91	Science Vol.30, p1952~p1955, Fig2. Fig.4, Mar 25, 2005	107	Philip Currie
92	Xing Xu	165	Masato Hattori
92-93	Masato Hattori	表4	Masato Hattori

Illustration

2	Newton Press, 藤井康文, 黒田清桐	96～99	Newton Press	122～125	Newton Press
		100	黒田清桐	126～131	山本 匠
3	藤井康文	101～106	Newton Press	132～135	Newton Press
5～11	藤井康文	109	藤井康文	136-137	山本 匠
85	Newton Press	110-111	Newton Press	138-139	藤井康文
86-87	黒田清桐	112-113	藤井康文	140-141	山本 匠
88～91	Newton Press	114-115	風 美衣	143～151	藤井康文
92～93	立花 一	116-117	Newton Press	152-153	山本聖士
94～95	Newton Press	118-119	山本 匠	154～163	藤井康文
95	山本 匠	120-121	藤井康文	207	山本 匠